苏州大学出版基金资助

理工科电子信息类DIY系列丛书

# Verilog HDL 实验教程（第二版）

钱　敏　黄　旭　胡丹峰　编著

苏州大学出版社
Soochow University Press

图书在版编目(CIP)数据

Verilog HDL 实验教程 / 钱敏，黄旭，胡丹峰编著. -- 2 版. -- 苏州：苏州大学出版社，2023.9
(理工科电子信息类 DIY 系列丛书)
ISBN 978-7-5672-4525-9

Ⅰ. ①V… Ⅱ. ①钱… ②黄… ③胡… Ⅲ. ①VHDL 语言—程序设计—实验—高等学校—教材 Ⅳ. ①TP312-33

中国国家版本馆 CIP 数据核字(2023)第 161819 号

**Verilog HDL 实验教程(第二版)**
钱 敏　黄 旭　胡丹峰　编著
责任编辑　征　慧

---

苏州大学出版社出版发行
(地址:苏州市十梓街 1 号　邮编:215006)
广东虎彩云印刷有限公司印装
(地址：东莞市虎门镇黄村社区厚虎路20号C幢一楼　邮编：523898)

---

开本 787 mm×1 092 mm　1/16　印张 15.5　字数 359 千
2023 年 9 月第 2 版　2023 年 9 月第 1 次印刷
ISBN 978-7-5672-4525-9　定价：49.00 元

---

图书若有印装错误,本社负责调换
苏州大学出版社营销部　电话:0512-67481020
苏州大学出版社网址　http://www.sudapress.com
苏州大学出版社邮箱　sdcbs@suda.edu.cn

# 前　　言

随着现代电子技术的迅速发展,数字系统的硬件设计正朝着速度快、体积小、容量大、重量轻的方向发展。推动该潮流迅猛发展的就是日趋进步和完善的专用集成电路(Application Specific Integrated Circuit,ASIC)技术。目前,数字系统的设计可以直接面向用户的需求,根据系统的行为和功能要求,自上而下地逐层完成相应的描述、综合、优化、仿真与验证,直至生成整个电子系统。其中绝大部分设计过程可以通过计算机自动完成,即电子设计自动化(Electronic Design Automation,EDA)。

实现 EDA 的主要载体就是硬件描述语言,目前主要流行的语言有 VHDL 和 Verilog HDL。尽管国内较早流行的是 VHDL,但在集成电路(Integrated Circuit,IC)设计界更为流行的是 Verilog HDL。现在国内高校在微电子相关专业普遍开设的是 Verilog HDL,当然这两门语言内在是相通的。

目前 EDA 技术在电子信息、通信、自动控制和计算机技术等领域发挥着越来越重要的作用,为了适应 EDA 技术的发展和高校的教学要求,我们编写了 Verilog HDL 的实验教程。本教程突出了 Verilog HDL 的实用性,以及面向工程实际的特点和对学生自主创新能力的培养。Verilog HDL 是数字电路的后续课程,为了更好地和数字电路衔接,我们分两章介绍了组合电路和时序电路中典型电路的设计,通过这些实验,读者能够掌握 Verilog HDL 语言的一般编程方法、硬件描述语言程序设计的基本思想和方法,尽快进入 EDA 的设计实践阶段,熟悉 EDA 开发工具和相关软硬件的使用方法。本书的第 4 章涵盖了 15 个综合设计型实验,这些实验不仅涉及的技术领域宽,而且具有很好的自主创新的启示性。每个实验都给出了一个设计提示和参考方案,这些方案只是许多方案中的一种,仅供参考,读者可以自行设计其他方案。通过这些实验,读者能够掌握模块化程序设计的思想和方法,提高分析问题和解决问题的能力。

利用硬件描述语言设计电路后,必须借助 EDA 软件才能使此设计在现场可编程逻辑门阵列(Field Programmable Gate Array,FPGA)上利用硬件仿真工具进行验证。为了让读者快速掌握 EDA 软件的使用方法,本书的第 1 章介绍了 Quartus 的使用方法,使用的版本是 Quartus II 9.0。读者只要根据书中的步骤,就能掌握包括设计输入、综合、适配、仿真和编程下载的方法。考虑到有的学校和专业的硬件实现平台还未来得及更新换代,本书在附录 3 中介绍了 MAX + plus II EDA 软件的使用。Xilinx 器件和设计软件在国内 FPGA 市场也占相当份额，附录5中我们对ISE集成开发环境及简要使用方法作了一些必要的介绍。目前在IC设计界，编译型仿真软件ModelSim使用相当广泛，本书在附录6中也进行了简要介绍。

本书中的所有实验都通过了EDA工具的仿真测试并通过了FPGA平台的硬件验证，每个实验都给出了详细的实验目的、实验原理或设计说明与提示及实验报告的要求，教师可以根据学时数、教学实验的要求及不同的学生对象，布置不同任务的实验项目。

本书自第一版出版以来，在微电子相关专业课程（如Verilog HDL及数字系统设计、基于FPGA的数字系统设计等）的教学中，作为配套教材，取得了良好的教学效果。此次再版修订，新增了第5章和附录7。第5章以实际项目设计来展开论述，更加体现了Verilog HDL语言的实用性。附录7汇辑了部分常用数字电路模块的Verilog HDL程序，方便查阅。

本书在编写过程中引用了诸多学者和专家的著作与研究成果，在这里向他们表示衷心的感谢。

由于作者水平有限且时间仓促，错误和不当之处在所难免，敬请读者不吝赐教。

# 目录

# 第 1 章　Quartus II 入门向导

Quartus II 软件的操作顺序：

- 编辑 Verilog HDL 程序（使用 Text Editor）；
- 编译 Verilog HDL 程序（使用 Complier）；
- 仿真验证 Verilog HDL 程序（使用 Waveform Editor、Simulator）；
- 进行芯片的时序分析（使用 Timing Analyzer）；
- 安排芯片脚位（使用 Floorplan Editor）；
- 下载程序至芯片（使用 Programmer）。

下面以 4 位二进制计数器和七段译码为例介绍 Quartus II Verilog HDL 文件的使用方法，使用的版本是 Quartus II 9.0。

## 1.1　建立工作库文件夹和编辑设计文件

### 1. 新建文件夹

可以利用 Windows 资源管理器新建一个文件夹，如"E:\edaexp"，文件夹名不能用中文，也不能建在 C 盘。

### 2. 创建工程

执行"File"→"New Project Wizard"命令，如图 1.1 所示，创建工程，工程名可直接用文件的实体名，如图 1.2 中的"top"，然后单击"Finish"按钮。

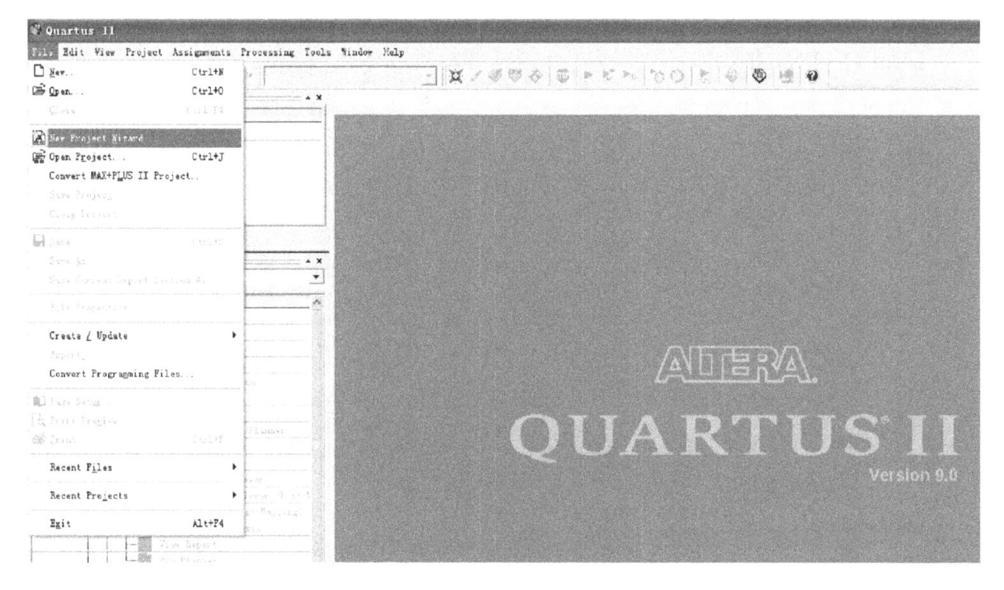


图 1.1　创建工程

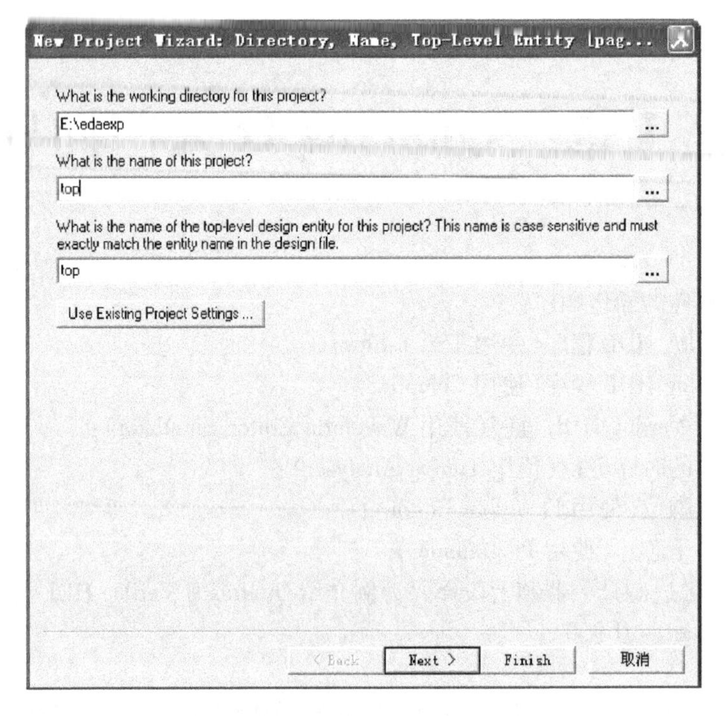


图 1.2　创建工程 top

3. 新建 Verilog HDL 文件

执行“File”→“New”命令,弹出如图 1.3 所示的对话框,选择“Verilog HDL File”。

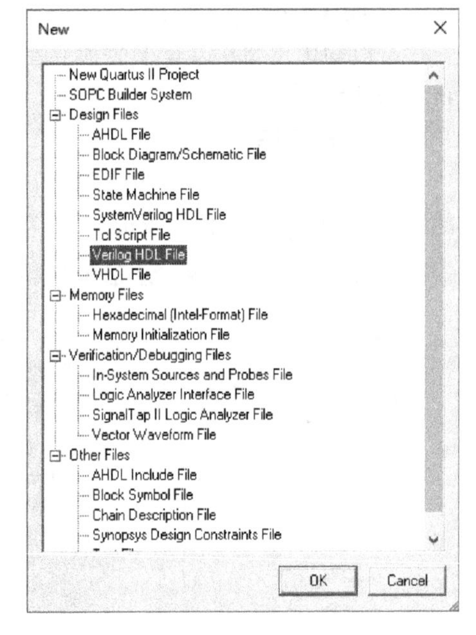


图 1.3　选择 Verilog HDL 文件

4. 编辑 Verilog HDL 文件

输入 4 位二进制加法计算器 Verilog HDL 源程序,并另存为实体名 cnt4,如图 1.4 所示。

```
module cnt4(clr,EN,clk,qd);
input clr,EN,clk;
output[3:0] qd;
reg[3:0] qd;
  always @ (posedge clk)
  if(clr)
     qd =0;
  else
     if (EN)
        qd = qd +1;
     else
        qd = qd;
endmodule
```

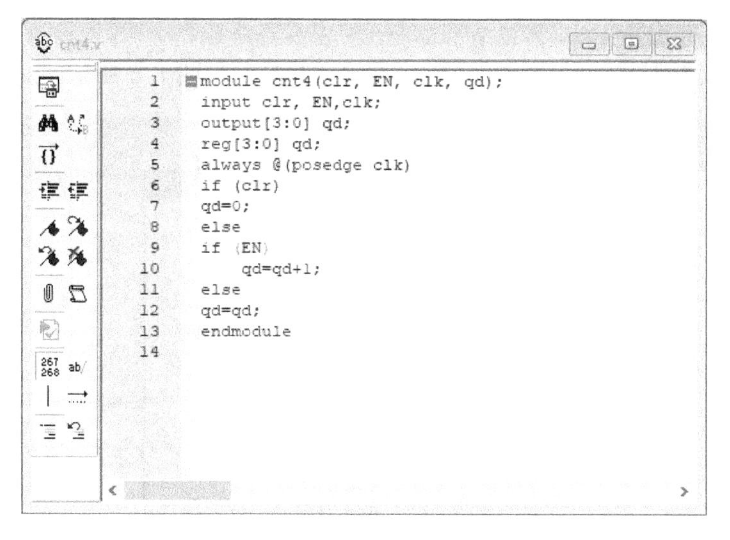


图 1.4　编辑 Verilog HDL 源程序

## 1.2　编译 Verilog HDL 文件

在对工程进行编译处理前,要进行一些相应的设置。

### 1. 选择 FPGA 目标芯片

选择“Assignments”→“Settings”命令,在打开的“Settings-cnt 10”对话框的“Category”栏中选择“Device”,选择 ACEX1K 系列中的 EP1K30TC144-3 为目标芯片,如图 1.5 所示。

目标芯片也可在创建工程的时候选择确定。

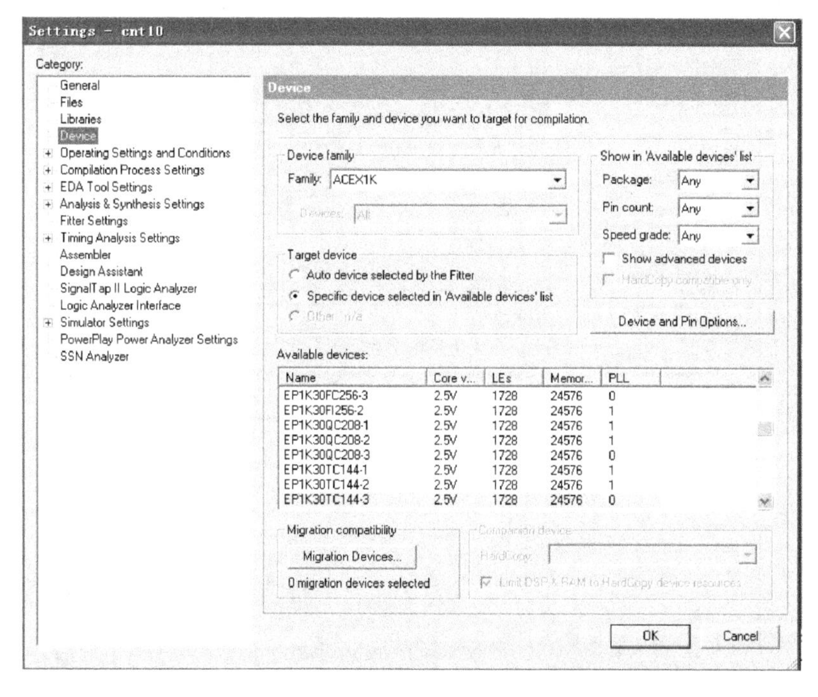


图 1.5　芯片选择

### 2. 器件的其他设置

在图 1.5 中,单击“Device and Pin Options”按钮,打开如图 1.6 所示的对话框。

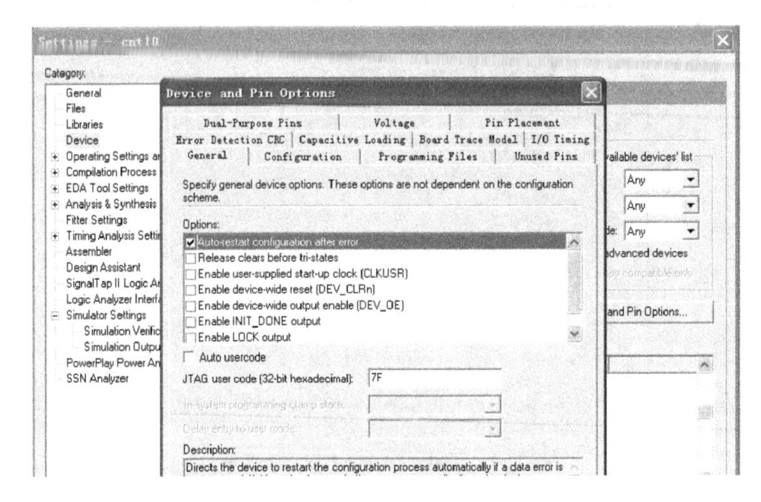


图 1.6　器件的设置

(1) 在“Options”项中选择“Auto-restart configuration after error”复选框。

(2) 在“Configuration”项中选择“Passive Parallel synchronous”复选框。

(3) 在“Unused Pins”项中选择“As Output Driving Ground”复选框。

其他可不选。

### 3. 选择确认 Verilog HDL 语言版本

在“Category”项中选择“Analysis & Synthesis Settings”→“Verilog HDL Input”命令,在“Verilog version”下选中“Verilog-2001”单选按钮,如图 1.7 所示。

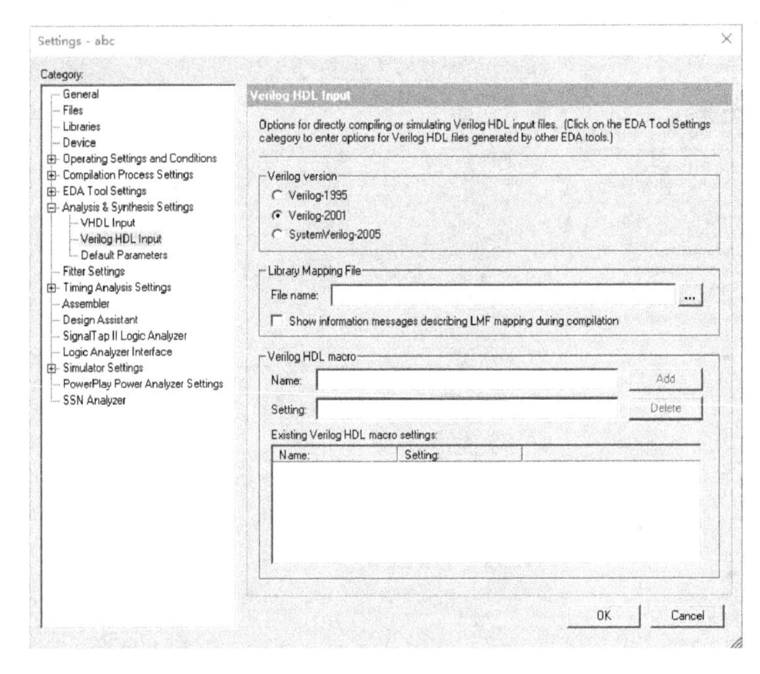


图 1.7　选择 Verilog HDL 版本

### 4. 全程编译

(1) 在全程编译前,选择"Project"→"Set as Top-Level Entity"命令,使当前的 cnt4 成为顶层文件,如图 1.8 所示。

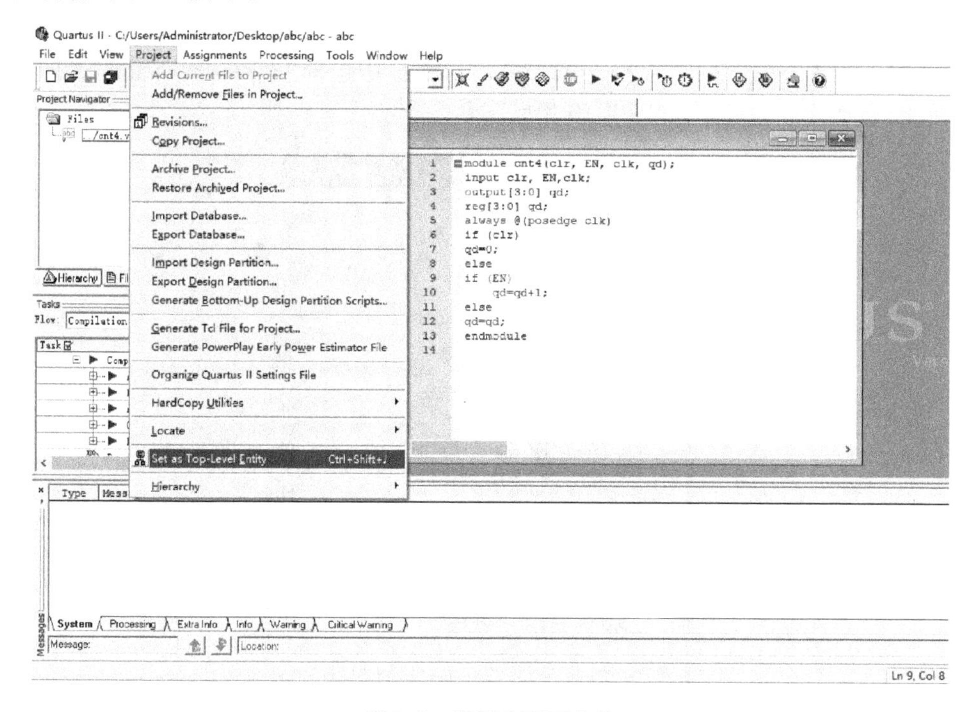


图 1.8　设置为顶层文件

(2) 选择"Processing"→"Start Compilation"命令,进行全程编译,完成后弹出如图 1.9 所示的"Quartus II"对话框。

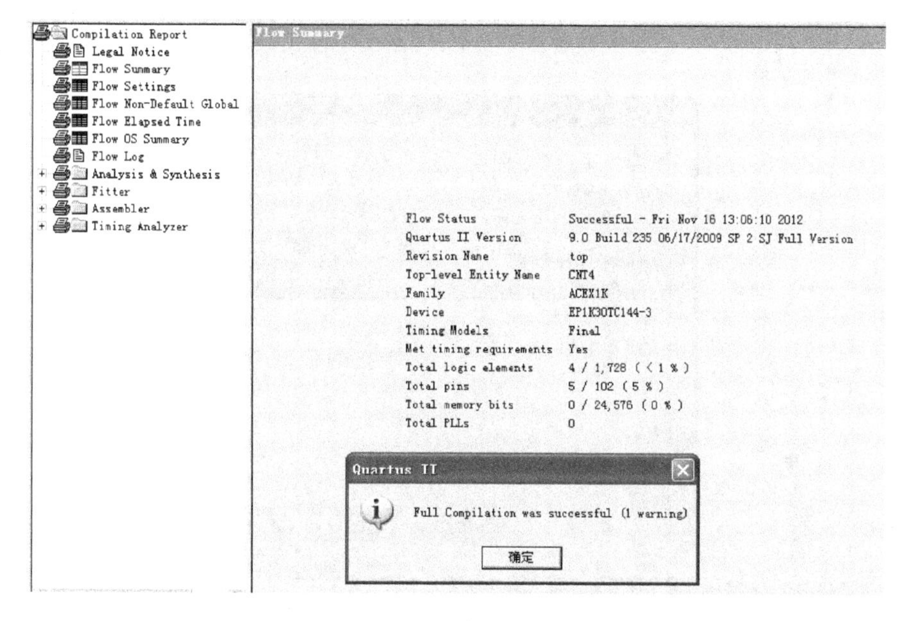


图 1.9　编译界面

# 1.3 时序仿真

## 1. 打开波形编辑器

选择"File"→"New"命令,在打开的"New"对话框中选择"Vector Waveform File",单击"OK"按钮,启动波形编辑器,如图 1.10 所示。

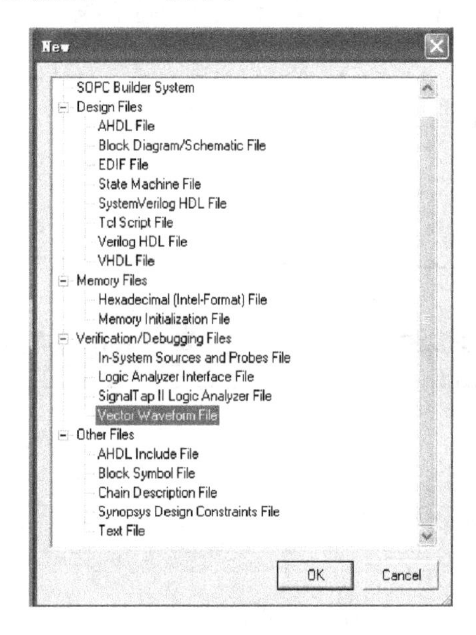


图 1.10 打开波形编辑器

## 2. 设置仿真时间区域

选择"Edit"→"End Time"命令,在打开的"End Time"对话框中设置仿真时间,如图 1.11 所示。

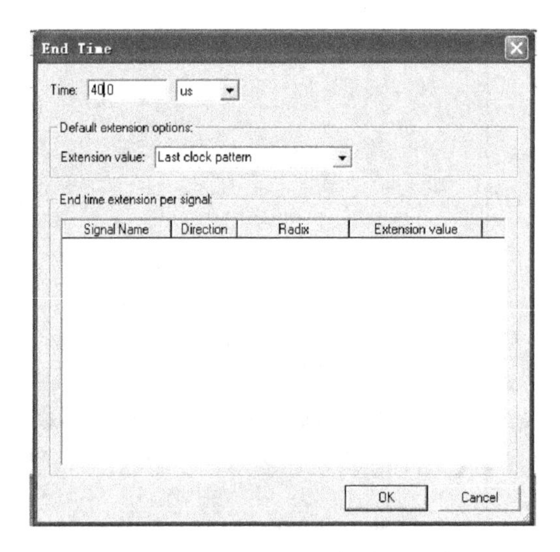


图 1.11 设置仿真时间

### 3. 波形文件存盘

选择“File”→“Save As”命令,以默认名 cnt4. vwf 存盘。

### 4. 将工程 cnt4 的端口信号节点选入波形编辑器

(1) 选择“View”→“Utility Windows”→“Node Finder”命令,弹出如图 1.12 所示的“Node Finder”对话框,在“Filter”下拉列表中选择“Pins: all”,然后单击“List”按钮,于是在下方的 Nodes Found 窗口中出现 cnt4 的所有端口引脚名。

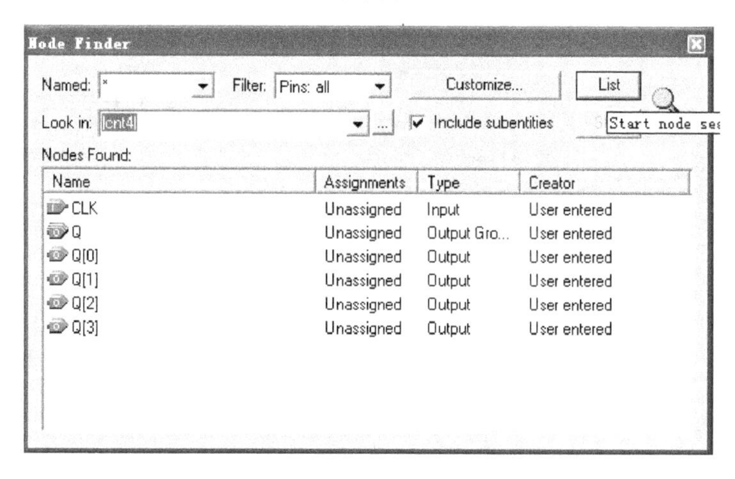


图 1.12　信号节点查询窗口

(2) 将 cnt4 的端口信号节点 CLK 和 Q 拖入波形编辑器,如图 1.13 所示。

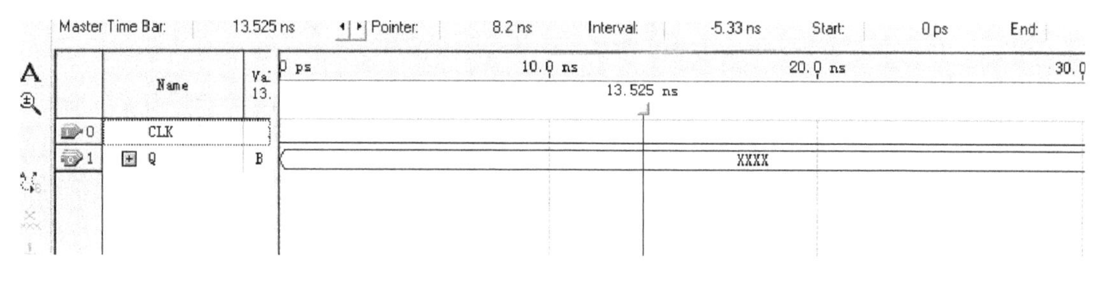


图 1.13　将信号节点拖入波形编辑器

### 5. 编辑输入波形(输入激励信号)

单击时钟信号 CLK,使之变成蓝色条,再单击左列的时钟设置键,出现如图 1.14 所示的窗口,然后存盘。

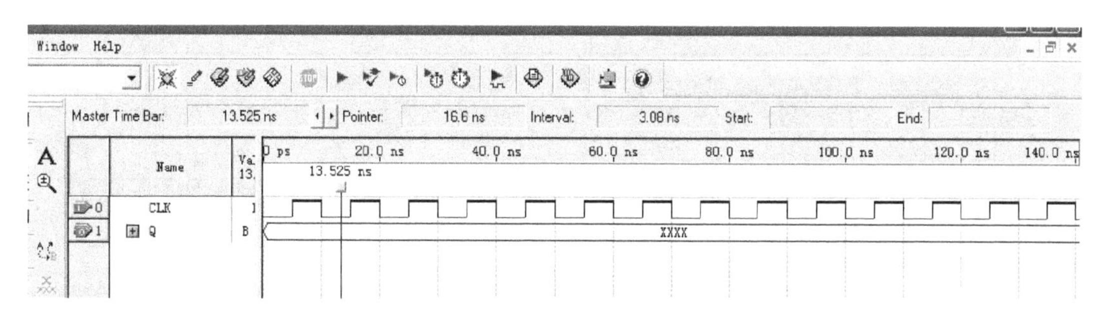


图 1.14　编辑输入波形

### 6. 仿真器参数设置

选择“Assignments”→“Settings”命令,在打开的“Settings-top”对话框的“Category”栏中选择“Simulator Settings”,在“Select simulation options”下的“Simulation mode”下拉菜单中选择“Timing”,如图 1.15 所示。

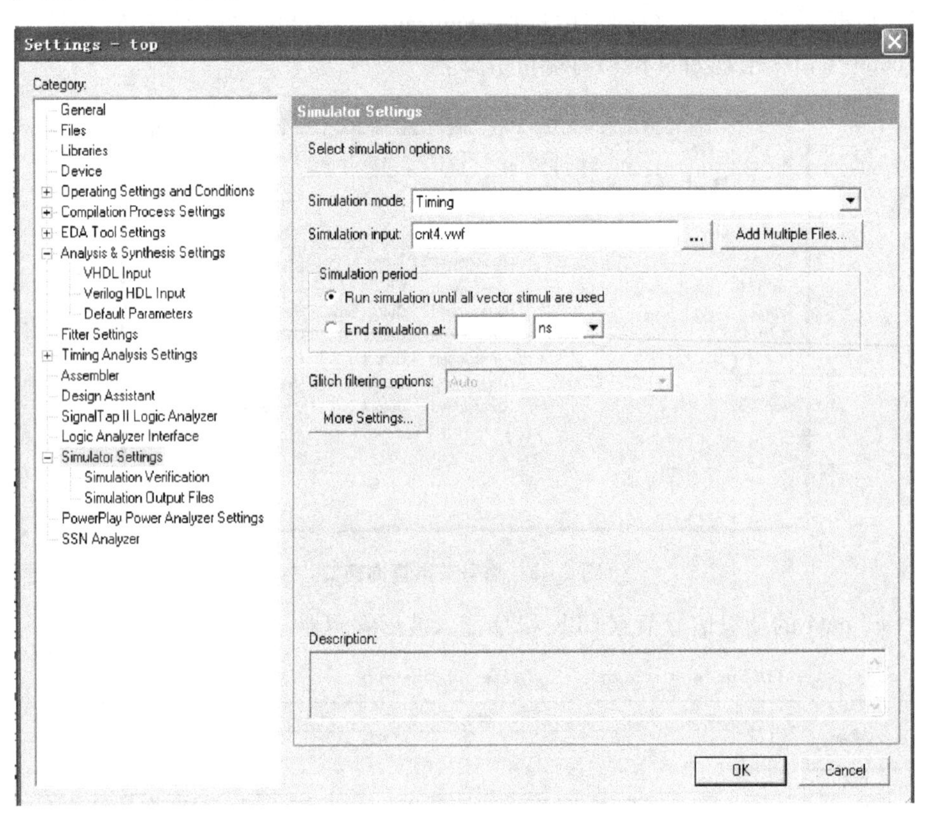


图 1.15 仿真器参数设置

### 7. 启动仿真器

选择“Processing”→“Start Simulation”命令,直到出现“Simulation was successful”,仿真结束。

### 8. 观察仿真结果

仿真结果如图 1.16 所示。

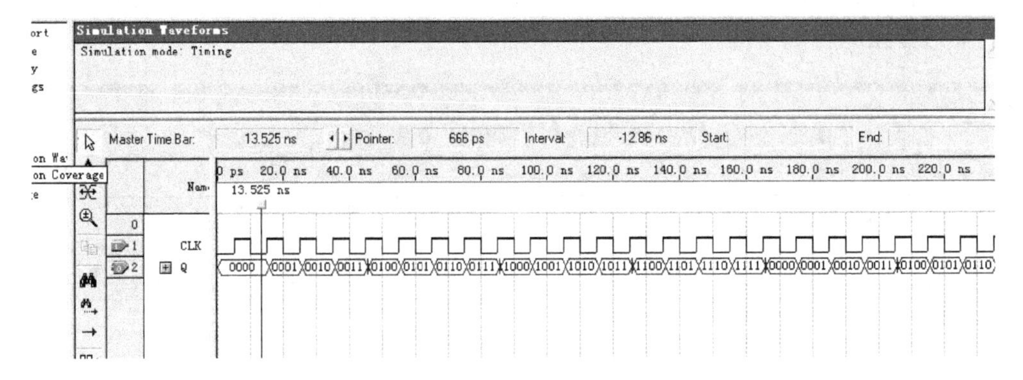


图 1.16 仿真结果

### 9. 应用 RTL 电路图观察器

（1）选择“Tool”→“Netlist Viewers”命令，选择“RTL Viewer”，可看到生成的 RTL 级电路图形，如图 1.17 所示。

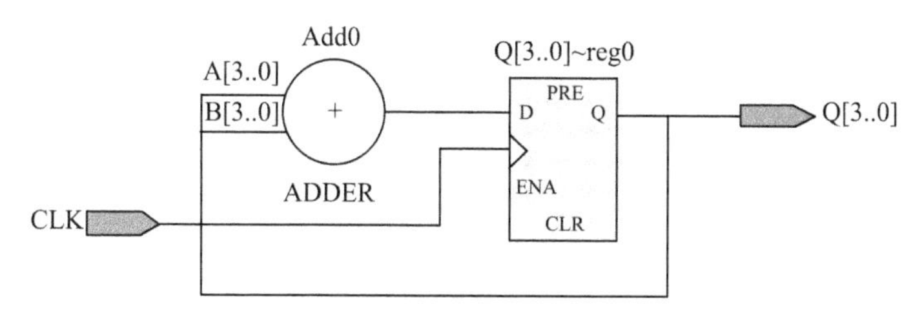


图 1.17　RTL 级电路

（2）选择“Tool”→“Netlist Viewers”命令，选择“Technology Map Viewer”，可看到 FPGA 底层的门级电路，如图 1.18 所示。

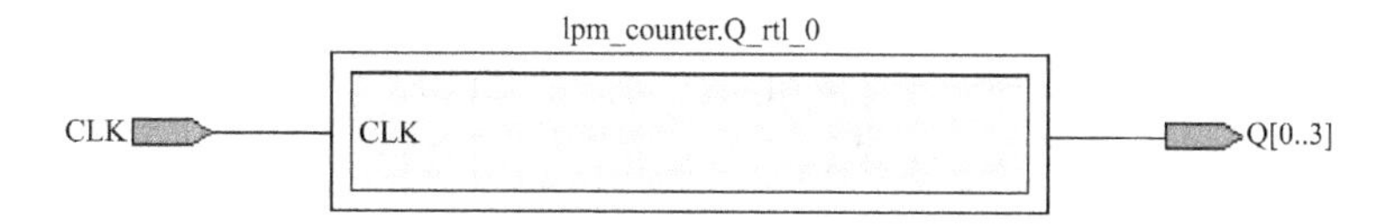


图 1.18　FPGA 门级电路

### 10. 创建元件

选择“File”→“Create/Update”→“Create Symbol Files for Current File”命令，把当前的 cnt4 创建为一个符号元件，如图 1.19 所示。

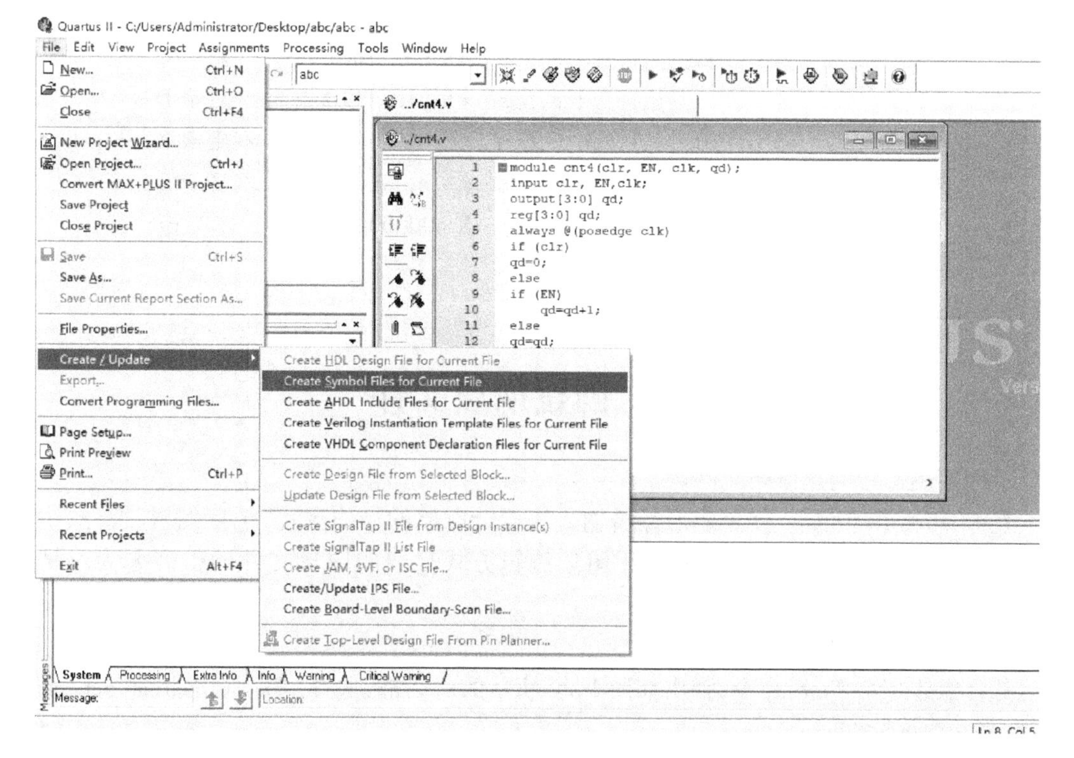


图 1.19　创建元件

**11. 编辑 DECL7S 的源程序并编译和仿真**

重复1.1的3到1.3的11的过程,编辑七段译码的源程序并编译和仿真。注意把源程序 DECL7S 放入 cnt4 同一个目录中。程序如下:

```
module DECL7S(AIN,a,b,c,d,e,f,g);
  input[4:1]AIN;
  output a,b,c,d,e,f,g;
  reg a,b,c,d,e,f,g;
  always @ (AIN)
          case(AIN)
            4'b0000:{g,f,e,d,c,b,a} =8'b0111111;     //显示0
            4'b0001:{g,f,e,d,c,b,a} =8'b0000110;     //显示1
            4'b0010:{g,f,e,d,c,b,a} =8'b1011011;     //显示2
            4'b0011:{g,f,e,d,c,b,a} =8'b1001111;     //显示3
            4'b0100:{g,f,e,d,c,b,a} =8'b1100110;     //显示4
            4'b0101:{g,f,e,d,c,b,a} =8'b1101101;     //显示5
            4'b0110:{g,f,e,d,c,b,a} =8'b1111101;     //显示6
            4'b0111:{g,f,e,d,c,b,a} =8'b0000111;     //显示7
            4'b1000:{g,f,e,d,c,b,a} =8'b1111111;     //显示8
            4'b1001:{g,f,e,d,c,b,a} =8'b1101111;     //显示9
            4'b1010:{g,f,e,d,c,b,a} =8'b1110111;     //显示A
            4'b1011:{g,f,e,d,c,b,a} =8'b1111100;     //显示B
            4'b1100:{g,f,e,d,c,b,a} =8'b0111001;     //显示C
            4'b1101:{g,f,e,d,c,b,a} =8'b1011110;     //显示D
            4'b1110:{g,f,e,d,c,b,a} =8'b1111001;     //显示E
            4'b1111:{g,f,e,d,c,b,a} =8'b1110001;     //显示F
            default:{g,f,e,d,c,b,a} =8'b0000000;     //不显示
         endcase
endmodule
```

## 1.4 创建顶层文件

下面用图形法创建顶层文件。

在 Quartus II 平台上,使用图形编辑输入法设计电路的操作流程,包括编辑、编译、仿真和编程下载等基本过程。用 Quartus II 图形编辑方式生成的图形文件的扩展名为.gdf 或.bdf。

**1. 创建图形文件**

选择“File”→“New”命令,弹出如图1.20所示的对话框,选择“Block Diagram/Schematic File”,单击“OK”按钮。

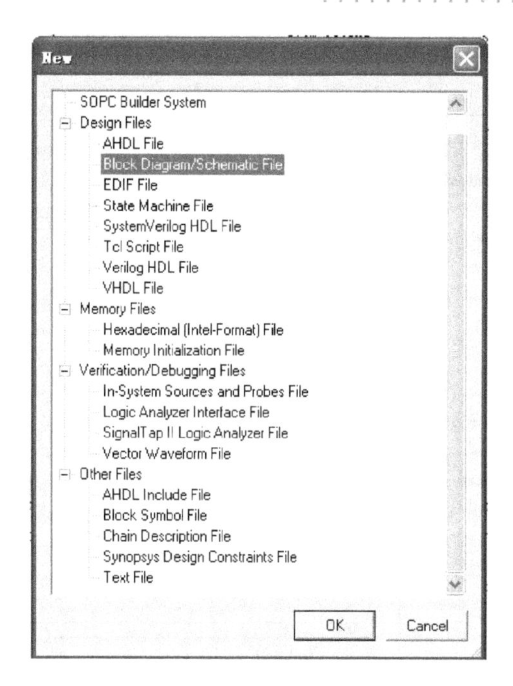


图 1.20　创建图形文件

## 2. 选择元件

在原理图编辑窗中的任何一个位置上双击鼠标的左键或单击右键，在弹出的快捷菜单中选择“Insert”→“Symbol”命令，如图 1.21 所示。打开“Symbol”对话框，如图 1.22 所示。

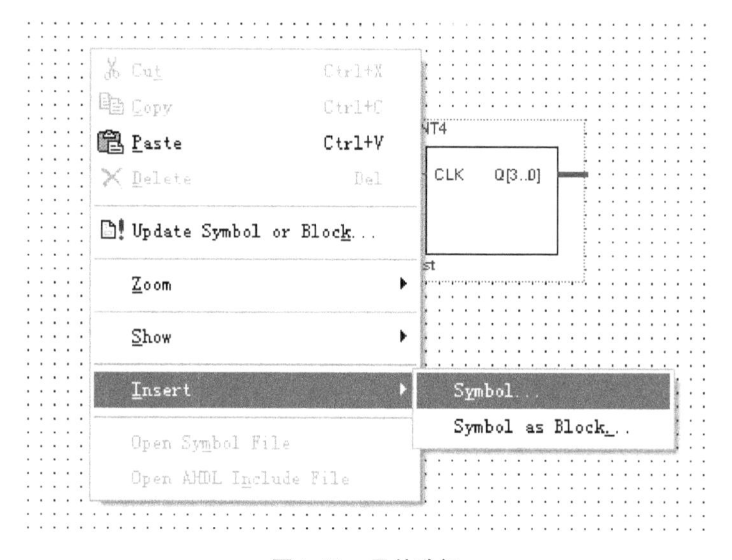


图 1.21　元件选择

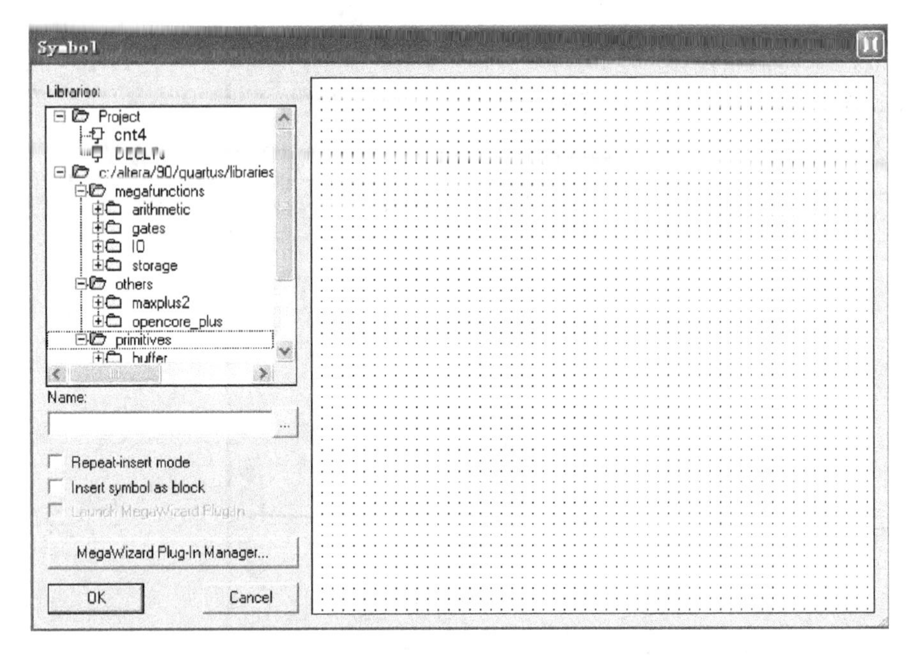


图 1.22 "Symbol"对话框

### 3. 编辑图形文件

在 Project 库中选择元件 cnt4、DECL7s,在 Primitives 库中选择 INPUT 和 OUTPUT 管脚,编辑如图 1.23 所示的图形,另存文件名为 top. dbf。

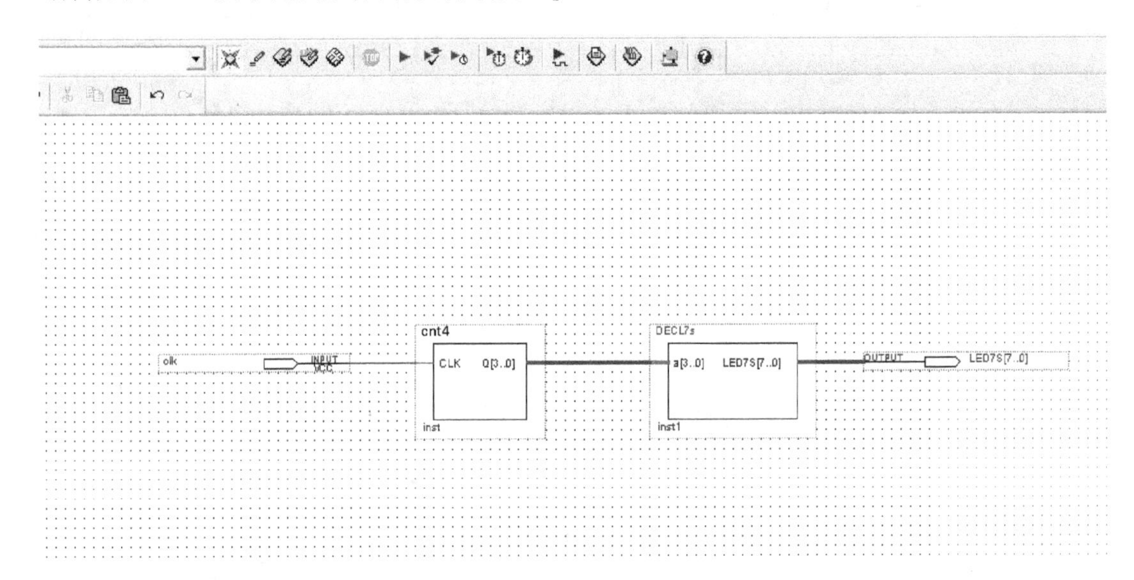


图 1.23 顶层文件窗口

### 4. 编译顶层文件

选择"Project"→"Set as Top-Level Entity"命令,使当前的 top 成为顶层文件。编译顶层文件。

## 1.5 引脚设置与硬件验证

### 1. 确定下载验证的电路图和对应的管脚

假设电路图选择附录 1 中的电路图 NO.6,如图 1.24 所示,LED7S 的输出显示在最左边的一个数码管 8 上,CLOCK 选择 CLK0,查附录 1 中的结构图信号与芯片引脚对照表(表 1.1),确定对应的管脚。

PIO40—PIO46 对应的引脚为 87、88、89、90、91、92、95。CLOCK0 对应的引脚号为 126。

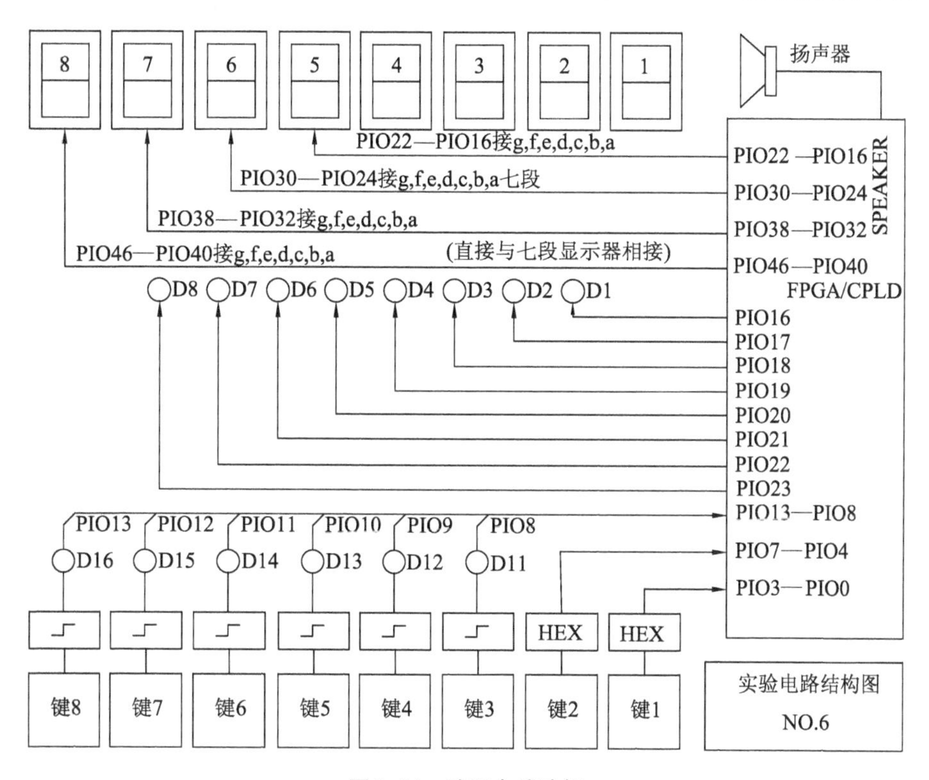


图 1.24 验证电路选择

表 1.1 结构图信号与芯片引脚对照表

| 结构图上的信号名 | XCS30 144-PIN TQFP | | XC95108 XC9572-PLCC84 | | EP1K100 EPF10K30E/50 E208-PIN P/RQFP | | FLEX10K20 EP1K30/50 144-PIN TQFP | | ispLSI 3256/A-PQFP160 | |
|---|---|---|---|---|---|---|---|---|---|---|
| | 引脚号 | 引脚名称 | 引脚号 | 引脚名称 | 引脚号 | 引脚名称 | 引脚号 | 引脚名称 | 引脚号 | 引脚名称 |
| PIO0 | 138 | I/O0 | 1 | I/O0 | 7 | I/O | 8 | I/O0 | 2 | I/O0 |
| PIO1 | 139 | I/O1 | 2 | I/O1 | 8 | I/O | 9 | I/O1 | 3 | I/O1 |
| PIO2 | 140 | I/O2 | 3 | I/O2 | 9 | I/O | 10 | I/O2 | 4 | I/O2 |
| PIO40 | 93 | I/O40 | 51 | I/O40 | 133 | I/O | 87 | I/O40 | 105 | I/O40 |
| PIO41 | 94 | I/O41 | 52 | I/O41 | 134 | I/O | 88 | I/O41 | 106 | I/O41 |
| PIO42 | 95 | I/O42 | 53 | I/O42 | 135 | I/O | 89 | I/O42 | 108 | I/O42 |

续表

| 结构图上的信号名 | XCS30 144-PIN TQFP | | XC95108 XC9572-PLCC84 | | EP1K100 EPF10K30E/50 F208-PIN P/RQFP | | FLEX10K20 EP1K30/50 144-PIN TQFP | | ispLSI 3256/A-PQFP160 | |
|---|---|---|---|---|---|---|---|---|---|---|
| | 引脚号 | 引脚名称 | 引脚号 | 引脚名称 | 引脚号 | 引脚名称 | 引脚号 | 引脚名称 | 引脚号 | 引脚名称 |
| PIO43 | 96 | I/O43 | 54 | I/O43 | 136 | I/O | 90 | I/O43 | 109 | I/O43 |
| PIO44 | 97 | I/O44 | 55 | I/O44 | 139 | I/O | 91 | I/O44 | 110 | I/O44 |
| PIO45 | 98 | I/O45 | 56 | I/O45 | 140 | I/O | 92 | I/O45 | 112 | I/O45 |
| PIO46 | 99 | I/O46 | 57 | I/O46 | 141 | I/O | 95 | I/O46 | 113 | I/O46 |
| PIO47 | 101 | I/O47 | 58 | I/O47 | 142 | I/O | 96 | I/O47 | 114 | I/O47 |
| PIO48 | 102 | I/O48 | 61 | I/O48 | 143 | I/O | 97 | I/O48 | 115 | I/O48 |
| CLOCK0 | 111 | — | 65 | I/O51 | 182 | I/O | 126 | INPUT1 | 118 | I/O |
| CLOCK2 | 114 | — | 67 | I/O53 | 184 | I/O | 54 | INPUT3 | 120 | I/O |
| CLOCK5 | 115 | — | 70 | I/O56 | 157 | I/O | 56 | I/O53 | 122 | I/O |
| CLOCK9 | 119 | — | 79 | I/O63 | 104 | I/O | 124 | GCLOK2 | 126 | I/O |

### 2. 引脚锁定

(1) 选择“Assignments”→“Pin”命令,出现如图 1.25 所示的图形。

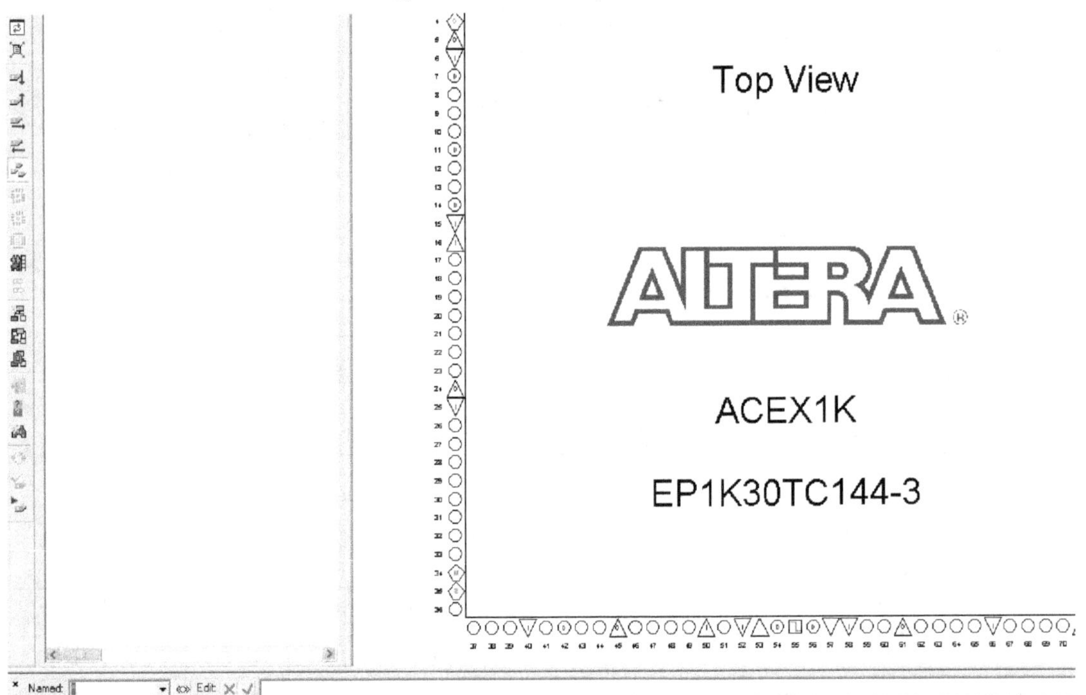


图 1.25　引脚锁定窗口

（2）双击“clk”栏中的“Location”，确定对应的引脚号。

（3）引脚锁定(图 1.26)后需要重新编译，选择“Processing”→“Start Compilation”命令，进行编译。

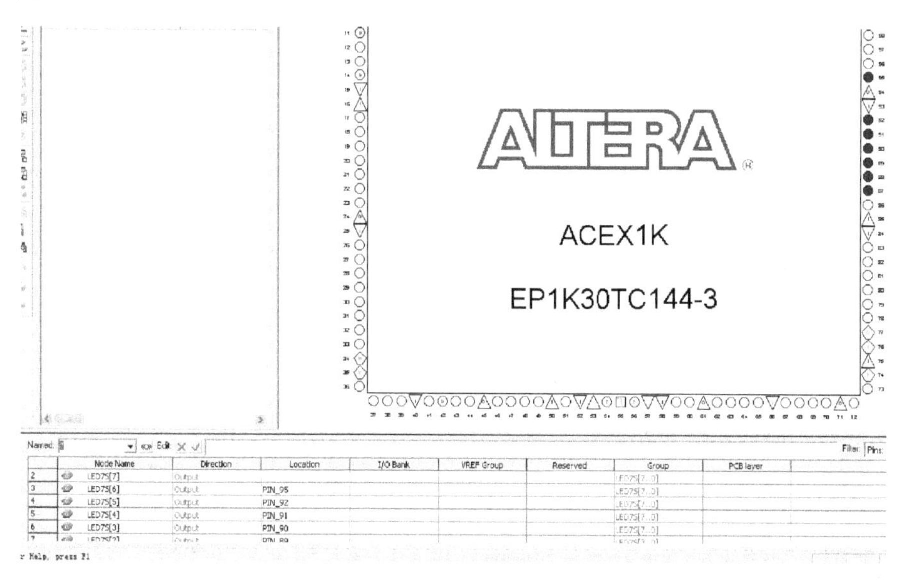


图 1.26　引脚锁定

## 3. 文件下载

（1）把编程电缆一头接到计算机的并口，另一头接到试验箱的 J2 接口上。

（2）选择“Tool”→“Programmer”命令，弹出如图 1.27 所示的窗口，在“Mode”选项下拉菜单中选择“JTAG”，并选中(打钩)下载文件右侧的第一个小方框。在“Hardware Setup”选项中选择“ByteBlasterMV”或“ByteBlaster[LPT1]”，如果显示“No Hardware”，单击“Add Hardware”按钮，添加 ByteBlasterMV 或 ByteBlaster[LPT1]。

（3）单击“Start”按钮即进入对目标器件 FPGA 的配置下载。

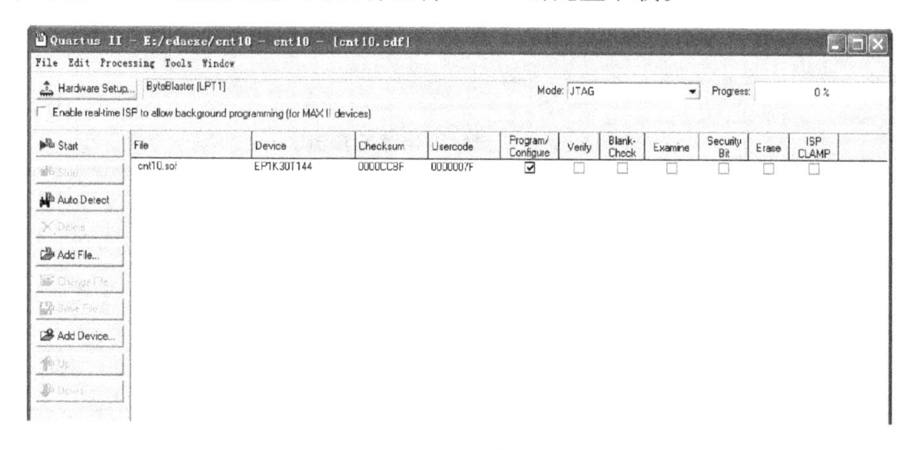


图 1.27　下载设置

## 4. 硬件验证

在试验箱上，按下模式选择键，选择模式显示为 6，把时钟 CLOCK0 短路帽接在 1 Hz 上，观察数码管 8 的输出。

# 第 2 章　组合电路设计

## 2.1　编码器设计

### 一、实验目的

- 熟悉硬件描述语言软件的使用。
- 熟悉编码器的工作原理和逻辑功能。
- 掌握编码器的设计方法。

### 二、实验原理

数字系统中存储或处理的信息,通常用二进制码表示。编码就是用一个二进制码表示特定含义的信息。具有编码功能的逻辑电路称为编码器。目前常使用的编码器有普通编码器和优先编码器两类。

1. 普通编码器

在普通编码器中,任何时刻只允许输入一个编码信号,否则,输出将发生混乱。常用的是二进制编码器。二进制编码器是用 $n$ 位二进制代码对 $2^n$ 个信号进行编码的电路。图 2.1 是 $n$ 位二进制普通编码器示意图。$I_0 \sim I_{2^n-1}$是 $2^n$ 个输入编码信号,输出是 $n$ 位二进制代码,用 $Y_0 \sim Y_n$ 表示。表 2.1 为 3 位二进制编码器的真值表,表中,任何时刻编码器只能对一个输入信号进行编码,即输入的 $I_0 \sim I_7$ 这 8 个变量中,任何一个输入变量为 1 时,其余 7 个输入变量均为 0。

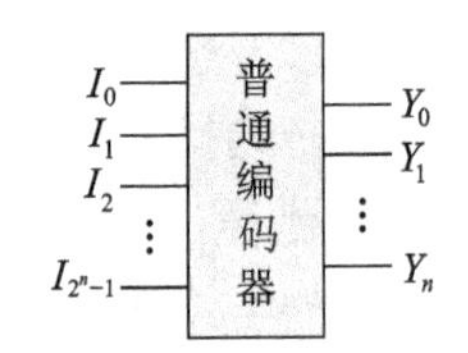

图 2.1　普通编码器示意图

表 2.1　3 位二进制编码器的真值表

| $I_0$ | $I_1$ | $I_2$ | $I_3$ | $I_4$ | $I_5$ | $I_6$ | $I_7$ | $Y_2$ | $Y_1$ | $Y_0$ |
|---|---|---|---|---|---|---|---|---|---|---|
| 1 | 0 | 0 | 0 | 0 | 0 | 0 | 0 | 0 | 0 | 0 |
| 0 | 1 | 0 | 0 | 0 | 0 | 0 | 0 | 0 | 0 | 1 |
| 0 | 0 | 1 | 0 | 0 | 0 | 0 | 0 | 0 | 1 | 0 |
| 0 | 0 | 0 | 1 | 0 | 0 | 0 | 0 | 0 | 1 | 1 |
| 0 | 0 | 0 | 0 | 1 | 0 | 0 | 0 | 1 | 0 | 0 |
| 0 | 0 | 0 | 0 | 0 | 1 | 0 | 0 | 1 | 0 | 1 |
| 0 | 0 | 0 | 0 | 0 | 0 | 1 | 0 | 1 | 1 | 0 |
| 0 | 0 | 0 | 0 | 0 | 0 | 0 | 1 | 1 | 1 | 1 |

由真值表可得：

$$Y_2 = I_4 + I_5 + I_6 + I_7$$

$$Y_1 = I_2 + I_3 + I_6 + I_7$$

$$Y_0 = I_1 + I_3 + I_5 + I_7$$

### 2. 优先编码器

在优先编码器电路中，允许同时输入两个以上编码信号，每个输入端有不同的优先权，当两个以上的输入端同时输入有效电平时，输出的总是其中优先权最高的输入端的编码。至于优先级别的高低，则是根据设计要求来决定的。

74LS148/74HC148 是 8 线—3 线优先编码器，其逻辑符号图如图 2. 2 所示，其真值表如表 2. 2 所示。

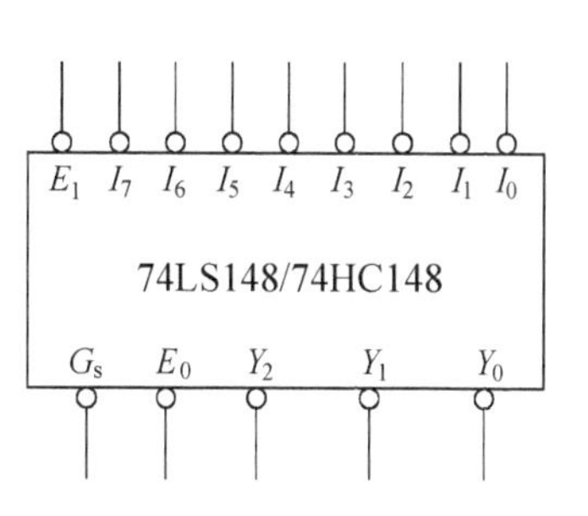


图 2. 2　74LS148/74HC148 逻辑符号图

表 2. 2　8 线—3 线优先编码器 74LS148/74HC148 的真值表

| 输　入 | | | | | | | | | 输　出 | | | | |
|---|---|---|---|---|---|---|---|---|---|---|---|---|---|
| $\overline{E_1}$ | $\overline{I_0}$ | $\overline{I_1}$ | $\overline{I_2}$ | $\overline{I_3}$ | $\overline{I_4}$ | $\overline{I_5}$ | $\overline{I_6}$ | $\overline{I_7}$ | $\overline{Y_2}$ | $\overline{Y_1}$ | $\overline{Y_0}$ | $\overline{G_S}$ | $\overline{E_0}$ |
| 1 | × | × | × | × | × | × | × | × | 1 | 1 | 1 | 1 | 1 |
| 0 | 1 | 1 | 1 | 1 | 1 | 1 | 1 | 1 | 1 | 1 | 1 | 1 | 0 |
| 0 | × | × | × | × | × | × | × | 0 | 0 | 0 | 0 | 0 | 1 |
| 0 | × | × | × | × | × | × | 0 | 1 | 0 | 0 | 1 | 0 | 1 |
| 0 | × | × | × | × | × | 0 | 1 | 1 | 0 | 1 | 0 | 0 | 1 |
| 0 | × | × | × | × | 0 | 1 | 1 | 1 | 0 | 1 | 1 | 0 | 1 |
| 0 | × | × | × | 0 | 1 | 1 | 1 | 1 | 1 | 0 | 0 | 0 | 1 |
| 0 | × | × | 0 | 1 | 1 | 1 | 1 | 1 | 1 | 0 | 1 | 0 | 1 |
| 0 | × | 0 | 1 | 1 | 1 | 1 | 1 | 1 | 1 | 1 | 0 | 0 | 1 |
| 0 | 0 | 1 | 1 | 1 | 1 | 1 | 1 | 1 | 1 | 1 | 1 | 0 | 1 |

## 三、实验内容

（1）根据表 2. 1 的真值表编写 8 线—3 线普通编码器的程序。

（2）根据表 2. 2 的真值表编写 8 线—3 线优先编码器的程序。

（3）仿真、下载验证设计的正确性。

## 四、设计提示

IF、CASE 语句是顺序语句，只可以在进程内部使用。

## 五、实验报告要求

（1）分析电路的工作原理。

（2）写出普通编码器、优先编码器的源程序。

（3）比较顺序语句和并行语句的异同。

（4）画出仿真波形，并分析仿真结果。

## 六、参考程序

### 1. 8 线—3 线普通编码器 Verilog HDL 参考程序

```
module encoder83(I1,Y1);
  input[7:0]I1;
  output[2:0]Y1;
  reg[2:0]Y1;
    always@(I1)
      case(I1)
          8'b10000000:Y1 =3'b111;
          8'b01000000:Y1 =3'b110;
          8'b00100000:Y1 =3'b101;
          8'b00010000:Y1 =3'b100;
          8'b00001000:Y1 =3'b011;
          8'b00000100:Y1 =3'b010;
          8'b00000010:Y1 =3'b001;
          default:Y1 =3'b000;
      endcase
endmodule
```

### 2. 8 线—3 线优先编码器 Verilog HDL 参考程序

```
module priotyencoder(I1,E1,Y1,Gs,E0);
  input[7:0]I1;
  input E1;
  output[2:0]Y1;
  output Gs,E0;
  reg[2:0]Y1;
  reg Gs,E0;"
    always@(I1 or E1)
          if(E1)
              {Y1,Gs,E0} =5'b11111;
          else if(!I1[7])
              {Y1,Gs,E0} =5'b00001;
          else if(!I1[6])
              {Y1,Gs,E0} =5'b00101;
          else if(!I1[5])
              {Y1,Gs,E0} =5'b01001;
          else if(!I1[4])
```

```
            {Y1,Gs,E0} =5'b01101;
        else if( !I1[3])
            {Y1,Gs,E0} =5'b10001;
        else if( !I1[2])
            {Y1,Gs,E0} =5'b10101;
        else if( !I1[1])
            {Y1,Gs,E0} =5'b11001;
        else if( !I1[0])
            {Y1,Gs,E0} =5'b11101;
        else
            {Y1,Gs,E0} =5'b11110;
endmodule
```

# 2.2 译码器设计

## 一、实验目的

- 熟悉硬件描述语言软件的使用。
- 熟悉译码器的工作原理和逻辑功能。
- 掌握译码器及七段显示译码器的设计方法。

## 二、实验原理

译码器是数字系统中常用的组合逻辑电路。译码器的逻辑功能是将每个输入的二进制代码译成对应的输出高、低电平信号或另外一个代码。译码是编码的反操作。常用的译码器电路有二进制译码器、二－十进制译码器和显示译码器。

### 1. 二进制译码器

二进制译码器的输入是一组二进制代码,输出是一组与输入代码一一对应的高、低电平信号。图2.3是二进制译码器的一般原理图,它具有一个使能输入端和 $n$ 个输入端,$2^n$ 个输出端。在使能输入端为有效电平时,对应每一组输入代码,只有其中一个输出端为有效电平,其余输出端则为非有效电平。

74LS138是用TTL与非门组成的3线—8线译码器,其逻辑符号图如图2.4所示,其功能表如表2.3所示。

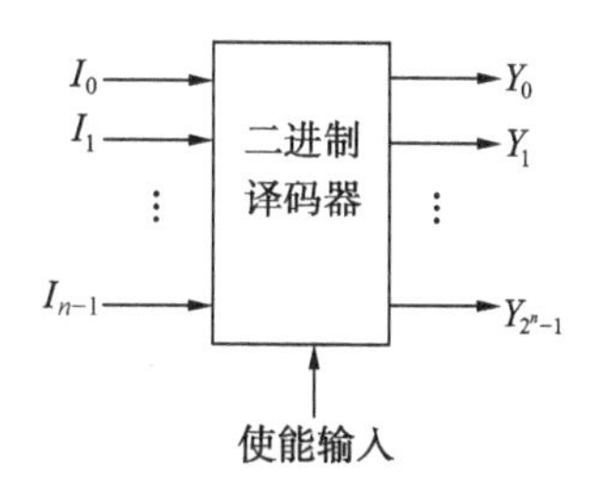


图2.3 二进制译码器的一般原理图

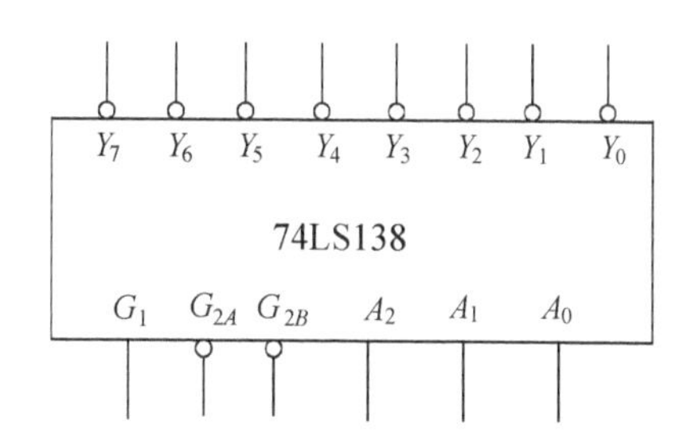


图2.4 74LS138译码器逻辑符号图

表 2.3　74LS138 的功能表

| 输入 | | | | | 输出 | | | | | | | |
|---|---|---|---|---|---|---|---|---|---|---|---|---|
| $G_1$ | $\overline{G_{2A}}+\overline{G_{2B}}$ | $A_2$ | $A_1$ | $A_0$ | $\overline{Y_0}$ | $\overline{Y_1}$ | $\overline{Y_2}$ | $\overline{Y_3}$ | $\overline{Y_4}$ | $\overline{Y_5}$ | $\overline{Y_6}$ | $\overline{Y_7}$ |
| 0 | × | × | × | × | 1 | 1 | 1 | 1 | 1 | 1 | 1 | 1 |
| × | 1 | × | × | × | 1 | 1 | 1 | 1 | 1 | 1 | 1 | 1 |
| 1 | 0 | 0 | 0 | 0 | 0 | 1 | 1 | 1 | 1 | 1 | 1 | 1 |
| 1 | 0 | 0 | 0 | 1 | 1 | 0 | 1 | 1 | 1 | 1 | 1 | 1 |
| 1 | 0 | 0 | 1 | 0 | 1 | 1 | 0 | 1 | 1 | 1 | 1 | 1 |
| 1 | 0 | 0 | 1 | 1 | 1 | 1 | 1 | 0 | 1 | 1 | 1 | 1 |
| 1 | 0 | 1 | 0 | 0 | 1 | 1 | 1 | 1 | 0 | 1 | 1 | 1 |
| 1 | 0 | 1 | 0 | 1 | 1 | 1 | 1 | 1 | 1 | 0 | 1 | 1 |
| 1 | 0 | 1 | 1 | 0 | 1 | 1 | 1 | 1 | 1 | 1 | 0 | 1 |
| 1 | 0 | 1 | 1 | 1 | 1 | 1 | 1 | 1 | 1 | 1 | 1 | 0 |

由表 2.3 可见,74LS138 有 3 个附加的控制端 $G_1$、$\overline{G_{2A}}$、$\overline{G_{2B}}$。当 $G_1=1$、$\overline{G_{2A}}+\overline{G_{2B}}=0$ 时,译码器处于工作状态。否则,译码器被禁止,所有的输出端被封锁在高电平。

2. 显示译码器

普通的七段数码管由七段可发光的线段组成,使用它显示字形时,需要译码驱动。七段显示译码器是将 BCD 代码译成数码管所需的驱动信号,使数码管用十进制数字显示出 BCD 代码所表示的数值。七段显示译码器的真值表见表 2.4。七段显示译码器驱动七段数码管示意图如图 2.5 所示。

表 2.4　七段显示译码器的真值表

| 数字 | 输入 | | | | 输出 | | | | | | |
|---|---|---|---|---|---|---|---|---|---|---|---|
| | $A_3$ | $A_2$ | $A_1$ | $A_0$ | $a$ | $b$ | $c$ | $d$ | $e$ | $f$ | $g$ |
| 0 | 0 | 0 | 0 | 0 | 1 | 1 | 1 | 1 | 1 | 1 | 0 |
| 1 | 0 | 0 | 0 | 1 | 0 | 1 | 1 | 0 | 0 | 0 | 0 |
| 2 | 0 | 0 | 1 | 0 | 1 | 1 | 0 | 1 | 1 | 0 | 1 |
| 3 | 0 | 0 | 1 | 1 | 1 | 1 | 1 | 1 | 0 | 0 | 1 |
| 4 | 0 | 1 | 0 | 0 | 0 | 1 | 1 | 0 | 0 | 1 | 1 |
| 5 | 0 | 1 | 0 | 1 | 1 | 0 | 1 | 1 | 0 | 1 | 1 |
| 6 | 0 | 1 | 1 | 0 | 0 | 0 | 1 | 1 | 1 | 1 | 1 |
| 7 | 0 | 1 | 1 | 1 | 1 | 1 | 1 | 0 | 0 | 0 | 0 |
| 8 | 1 | 0 | 0 | 0 | 1 | 1 | 1 | 1 | 1 | 1 | 1 |
| 9 | 1 | 0 | 0 | 1 | 1 | 1 | 1 | 0 | 0 | 1 | 1 |

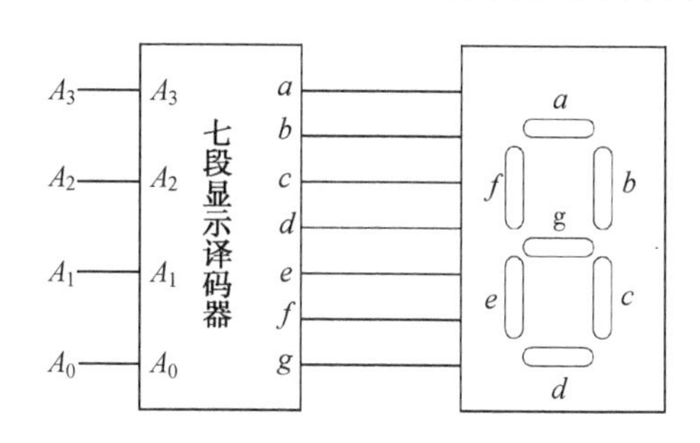


图 2.5　七段显示译码器驱动七段数码管示意图

## 三、实验内容

（1）设计一个 4 线—16 线译码器。

（2）设计轮流显示如表 2.5 所示的字符的程序。

表 2.5　字母显示真值表

| 字符 | 段 | | | | | | |
|---|---|---|---|---|---|---|---|
| | $a$ | $b$ | $c$ | $d$ | $e$ | $f$ | $g$ |
| A | 1 | 1 | 1 | 0 | 1 | 1 | 1 |
| B | 0 | 0 | 1 | 1 | 1 | 1 | 1 |
| C | 1 | 0 | 0 | 1 | 1 | 1 | 0 |
| D | 0 | 1 | 1 | 1 | 1 | 0 | 1 |
| E | 1 | 0 | 0 | 1 | 1 | 1 | 1 |
| F | 1 | 0 | 0 | 0 | 1 | 1 | 1 |
| H | 0 | 1 | 1 | 0 | 1 | 1 | 1 |
| P | 1 | 1 | 0 | 0 | 1 | 1 | 1 |
| L | 0 | 0 | 0 | 1 | 1 | 1 | 0 |

（3）通过仿真，观察设计的正确性。

（4）下载、验证设计的正确性。

## 四、设计提示

对于字符轮流显示，可以通过计数器控制字符显示，也可以通过状态机的编码方式来实现。

若通过计数器计数控制字符显示，则在译码之前可加入一个 4 位二进制加法计数器，当低频率的脉冲信号输入计数器后，由七段显示译码器将计数器的计数值译为对应的十进制码，并由数码管显示出来。如图 2.6 所示为七段 LED 译码显示电路示意图。

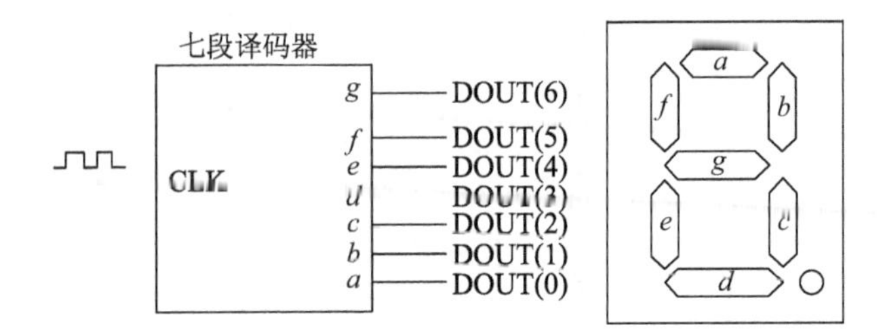


图 2.6　七段 LED 译码显示电路示意图

## 五、实验报告要求

(1) 分析电路的工作原理。

(2) 写出所有的源程序。

(3) 画出仿真波形。

(4) 书写实验报告时要结构合理,层次分明,在分析描述的时候,注意语言流畅。

## 六、参考程序

### 1. 3 线—8 线译码器 Verilog HDL 参考程序

```
module decoder3_8(G,A,Y);
  input[2:0]A;
  input[2:1] G;
  output[7:0]Y;
  reg[7:0]Y;
    always@(A or G)
      if(!G[1])
            Y=8'b11111111;
      else if(!G[2])
            case(A)
                3'b000:Y=8'b11111110;
                3'b001:Y=8'b11111101;
                3'b010:Y=8'b11111011;
                3'b011:Y=8'b11110111;
                3'b100:Y=8'b11101111;
                3'b101:Y=8'b11011111;
                3'b110:Y=8'b10111111;
                3'b111:Y=8'b01111111;
            endcase
         else
            Y=8'b11111111;
endmodule
```

2. 七段显示译码器 Verilog HDL 程序

```
module decled1 (AIN,a,b,c,d,e,f,g);
  input[4:1]AIN;
  output a,b,c,d,e,f,g;
  reg a,b,c,d,e,f,g;
  always @ (AIN)
          case(AIN)
            4'b0000:{g,f,e,d,c,b,a} =8'b0111111;      //显示 0
            4'b0001:{g,f,e,d,c,b,a} =8'b0000110;      //显示 1
            4'b0010:{g,f,e,d,c,b,a} =8'b1011011;      //显示 2
            4'b0011:{g,f,e,d,c,b,a} =8'b1001111;      //显示 3
            4'b0100:{g,f,e,d,c,b,a} =8'b1100110;      //显示 4
            4'b0101:{g,f,e,d,c,b,a} =8'b1101101;      //显示 5
            4'b0110:{g,f,e,d,c,b,a} =8'b1111101;      //显示 6
            4'b0111:{g,f,e,d,c,b,a} =8'b0000111;      //显示 7
            4'b1000:{g,f,e,d,c,b,a} =8'b1111111;      //显示 8
            4'b1001:{g,f,e,d,c,b,a} =8'b1101111;      //显示 9
            4'b1010:{g,f,e,d,c,b,a} =8'b1110111;      //显示 A
            4'b1011:{g,f,e,d,c,b,a} =8'b1111100;      //显示 B
            4'b1100:{g,f,e,d,c,b,a} =8'b0111001;      //显示 C
            4'b1101:{g,f,e,d,c,b,a} =8'b1011110;      //显示 D
            4'b1110:{g,f,e,d,c,b,a} =8'b1111001;      //显示 E
            4'b1111:{g,f,e,d,c,b,a} =8'b1110001;      //显示 F
            default:{g,f,e,d,c,b,a} =8'b0000000;      //不显示
          endcase
endmodule
```

3. 轮流显示字符的七段译码电路 Verilog HDL 参考程序

```
module decled2 (EN,clock,a,b,c,d,e,f,g);
  input EN,clock;
  output a,b,c,d,e,f,g;
  reg[4:1] in;
  reg a,b,c,d,e,f,g;
    always@(posedge clock)
    if (!EN)
          in =0;
    else
          begin
              in = in +1;
             case(in)
```

```
                4'b0000:{g,f,e,d,c,b,a} =8'b0111111;     //显示内容同上
                4'b0001:{g,f,e,d,c,b,a} =8'b0000110;
                4'b0010:{g,f,e,d,c,b,a} =8'b1011011;
                4'b0011:{g,f,e,d,c,b,a} =8'b1001111;
                4'b0100:{g,f,e,d,c,b,a} =8'b1100110;
                4'b0101:{g,f,e,d,c,b,a} =8'b1101101;
                4'b0110:{g,f,e,d,c,b,a} =8'b1111101;
                4'b0111:{g,f,e,d,c,b,a} =8'b0000111;
                4'b1000:{g,f,e,d,c,b,a} =8'b1111111;
                4'b1001:{g,f,e,d,c,b,a} =8'b1101111;
                4'b1010:{g,f,e,d,c,b,a} =8'b1110111;
                4'b1011:{g,f,e,d,c,b,a} =8'b1111100;
                4'b1100:{g,f,e,d,c,b,a} =8'b0111001;
                4'b1101:{g,f,e,d,c,b,a} =8'b1011110;
                4'b1110:{g,f,e,d,c,b,a} =8'b1111001;
                4'b1111:{g,f,e,d,c,b,a} =8'b1110001;
                default:{g,f,e,d,c,b,a} =8'b0000000;
            endcase
        end
endmodule
```

# 2.3 数据选择器设计

## 一、实验目的

- 熟悉硬件描述语言软件的使用。
- 熟悉数据选择器的工作原理和逻辑功能。
- 掌握数据选择器的设计方法。

## 二、实验原理

数据选择器的逻辑功能是从多路数据输入信号中选出一路数据送到输出端,输出的数据取决于控制输入端的状态。

对于四选一数据选择器,其逻辑功能表如表 2.6 所示。

**表 2.6　四选一数据选择器的逻辑功能表**

| $A_1$ | $A_0$ | $D_0$ | $D_1$ | $D_2$ | $D_3$ | $Y$ | $Y$ |
|---|---|---|---|---|---|---|---|
| 0 | 0 | 0 | × | × | × | 0 | $D_0$ |
| 0 | 0 | 1 | × | × | × | 1 | |
| 0 | 1 | × | 0 | × | × | 0 | $D_1$ |
| 0 | 1 | × | 1 | × | × | 1 | |
| 1 | 0 | × | × | 0 | × | 0 | $D_2$ |
| 1 | 0 | × | × | 1 | × | 1 | |
| 1 | 1 | × | × | × | 0 | 0 | $D_3$ |
| 1 | 1 | × | × | × | 1 | 1 | |

如表 2.6 所示，在四选一数据选择器中，有 2 路地址输入端 $A_1$、$A_0$，4 路数据输入端 $D_0$ ~ $D_3$，1 路数据输出端 $Y$。通过给定不同的地址代码（$A_1$、$A_0$ 的状态），即可从 4 路输入数据 $D_0$ ~ $D_3$ 中选出所要的一路送至输出端 $Y$。

四选一数据选择器的输出函数表达式为

$$Y = D_0 \overline{A_1}\,\overline{A_0} + D_1 \overline{A_1} A_0 + D_2 A_1 \overline{A_0} + D_3 A_1 A_0 = \sum_{i=0}^{3} D_i m_i$$

式中，$D_i$ 是数据输入端，$m_i$ 是两个地址输入 $A_1$，$A_0$ 的 4 个最小项。

八选一数据选择器的逻辑功能表如表 2.7 所示。

**表 2.7　八选一数据选择器的逻辑功能表**

| $\overline{S}$ | $A_2$ | $A_1$ | $A_0$ | $D_0$ | $D_1$ | $D_2$ | $D_3$ | $D_4$ | $D_5$ | $D_6$ | $D_7$ | $Y$ | $Y$ |
|---|---|---|---|---|---|---|---|---|---|---|---|---|---|
| 1 | × | × | × | × | × | × | × | × | × | × | × | 0 | 0 |
| 0 | 0 | 0 | 0 | 0 | × | × | × | × | × | × | × | 0 | $D_0$ |
| 0 | 0 | 0 | 0 | 1 | × | × | × | × | × | × | × | 1 | |
| 0 | 0 | 0 | 1 | × | 0 | × | × | × | × | × | × | 0 | $D_1$ |
| 0 | 0 | 0 | 1 | × | 1 | × | × | × | × | × | × | 1 | |
| 0 | 0 | 1 | 0 | × | × | 0 | × | × | × | × | × | 0 | $D_2$ |
| 0 | 0 | 1 | 0 | × | × | 1 | × | × | × | × | × | 1 | |
| 0 | 0 | 1 | 1 | × | × | × | 0 | × | × | × | × | 0 | $D_3$ |
| 0 | 0 | 1 | 1 | × | × | × | 1 | × | × | × | × | 1 | |
| 0 | 1 | 0 | 0 | × | × | × | × | 0 | × | × | × | 0 | $D_4$ |
| 0 | 1 | 0 | 0 | × | × | × | × | 1 | × | × | × | 1 | |
| 0 | 1 | 0 | 1 | × | × | × | × | × | 0 | × | × | 0 | $D_5$ |
| 0 | 1 | 0 | 1 | × | × | × | × | × | 1 | × | × | 1 | |

续表

| $\overline{S}$ | $A_2$ | $A_1$ | $A_0$ | $D_0$ | $D_1$ | $D_2$ | $D_3$ | $D_4$ | $D_5$ | $D_6$ | $D_7$ | $Y$ | $Y$ |
|---|---|---|---|---|---|---|---|---|---|---|---|---|---|
| 0 | 1 | 1 | 0 | × | × | × | × | × | × | 0 | × | 0 | $D_6$ |
| 0 | 1 | 1 | 0 | × | × | × | × | × | × | 1 | × | 1 | |
| 0 | 1 | 1 | 1 | × | × | × | × | × | × | × | 0 | 0 | $D_7$ |
| 0 | 1 | 1 | 1 | × | × | × | × | × | × | × | 1 | 1 | |

对于八选一数据选择器,其输出函数表达式为

$$Y = \sum_{i=0}^{7} D_i m_i$$

式中,$D_i$ 是 8 个数据输入端,$m_i$ 是三个地址输入 $A_2$、$A_1$、$A_0$ 的 8 个最小项。

## 三、实验内容

(1) 设计一个四选一数据选择器。

(2) 设计一个八选一数据选择器。

(3) 通过仿真,观察设计的正确性。

(4) 下载、验证设计的正确性。

## 四、实验报告要求

(1) 分析电路的工作原理。

(2) 写出所有的源程序。

(3) 画出仿真波形。

## 五、参考程序

### 1. 四选一数据选择器 Verilog HDL 参考程序 1

```
module mux4_1a(out,in1,in2,in3,in4,s0,s1);
  input in1,in2,in3,in4,s0,s1; output out;
  wire s0_n,s1_n,w,x,y,z;
      not (sel0_n,s0),(s1_n,s1);
      and (w,in1,s0_n,s1_n),(x,in2,s0_n,s1),
          (y,in3,s0,s1_n),(z,in4,s0,s1);
      or(out,w,x,y,z);
endmodule
```

### 2. 四选一数据选择器 Verilog HDL 参考程序 2

```
module mux4_1b(out,in1,in2,in3,in4,s0,s1);
  input in1,in2,in3,in4,s0,s1;
  output out;
      assign out = (in1 & ~ s0 & ~ s1) | (in2 & ~ s0 &
              s1) | (in3& s0 & ~ s1) | (in4 & s0 & s1);
```

```
endmodule
```

3. 四选一数据选择器 Verilog HDL 参考程序 3

```
module mux4_1c(out,in1,in2,in3,in4,s0,s1);
  input in1,in2,in3,in4,s0,s1;
  output reg out;
    always@(*)                  //使用通配符
      case({s0,s1})
          2'b00:out = in1;
          2'b01:out = in2;
          2'b10:out = in3;
          2'b11:out = in4;
          default:out = 2'bx;
      endcase
endmodule
```

4. 八选一数据选择器 Verilog HDL 参考程序

```
module mux8_1 (A,D,S,Y);
  input[2:0]A;
  input[7:0]D;
  input S;
  output Y;
  reg Y;
    always@(A or D or S)
    if(S)
      Y = 0;
    else
      case(A)
          3'b000:Y = D[0];
          3'b001:Y = D[1];
          3'b010:Y = D[2];
          3'b011:Y = D[3];
          3'b100:Y = D[4];
          3'b101:Y = D[5];
          3'b110:Y = D[6];
          3'b111:Y = D[7];
          default:Y = 0;
      endcase
endmodule
```

# 2.4 加法器设计

## 一、实验目的

- 熟悉加法器的工作原理和逻辑功能。
- 掌握加法器的设计方法。
- 掌握利用结构描述设计程序的方法。

## 二、实验原理

加法器是数字系统中的基本逻辑器件,是构成算术运算电路的基本单元。1 位加法器有半加器和全加器两种。多位加法器的构成有两种方式:并行进位方式和串行进位方式。并行进位加法器设有并行进位产生逻辑,运算速度较快;串行进位方式是将全加器级联构成多位加法器。并行进位加法器通常比串行级联加法器占用更多的资源,随着位数的增加,相同位数的并行加法器与串行加法器的资源占用差距快速增大。因此,在工程中使用加法器时,要在速度和容量之间寻找平衡。表 2.8 是 1 位全加器的真值表。

表 2.8 1 位全加法器的真值表

| 输 入 | | | 输 出 | |
|---|---|---|---|---|
| *A* | *B* | *CI* | *S* | *CO* |
| 0 | 0 | 0 | 0 | 0 |
| 0 | 0 | 1 | 1 | 0 |
| 0 | 1 | 0 | 1 | 0 |
| 0 | 1 | 1 | 0 | 1 |
| 1 | 0 | 0 | 1 | 0 |
| 1 | 0 | 1 | 0 | 1 |
| 1 | 1 | 0 | 0 | 1 |
| 1 | 1 | 1 | 0 | 1 |

其逻辑函数表达式为

$$S = A \oplus B \oplus CI$$

$$CO = AB + ACI + BCI$$

如图 2.7 所示是用串行进位方式构成的 4 位加法器。

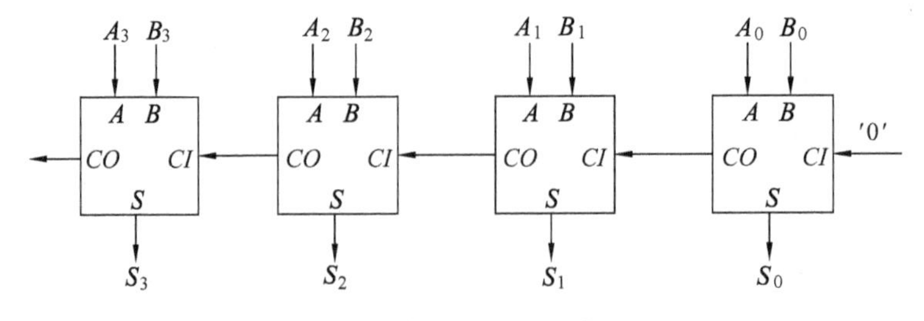


图 2.7 4 位串行进位加法器原理图

## 三、实验内容

（1）设计 1 位全加器。
（2）利用全加器和结构描述方法设计如图 2.7 所示的 4 位加法器。
（3）利用两个 4 位加法器级联构成一个 8 位加法器。
（4）仿真、下载验证设计的正确性。

## 四、设计提示

使用结构描述的方法，可以使用户在更高的层次上进行设计。

## 五、实验报告要求

（1）分析 4 位加法器的工作原理。
（2）写出全加器及加法器的源程序。
（3）画出仿真波形。

## 六、参考程序

### 1. 1 位全加器 Verilog HDL 参考程序（结构描述）

```
module full_add1(A,B,Cin,Sum,Cout);
   input A,B,Cin;
   output Sum,Cout;
   wire s1,m1,m2,m3;
         and (m1,A,B),(m2,B,Cin),(m3,A,Cin);
         xor (s1,A,B),(Sum,s1,Cin);
         or (Cout,m1,m2,m3);
endmodule
```

### 2. 1 位全加器 Verilog HDL 参考程序（数据流描述）

```
module full_add2(A,B,Cin,Sum,Cout);
     input A,B,Cin;
     output Sum,Cout;
        assign Sum = A ^ B ^ Cin;
        assign Cout = (A & B) | (B & Cin) | (Cin & A);
endmodule
```

### 3. 1 位全加器 Verilog HDL 参考程序（行为描述）

```
module full_add3(A,B,Cin,Sum,Cout);
   input A,B,Cin; output reg Sum,Cout;
      always @ *       //或写为 always @ (A or B or Cin)
         begin
          {Cout,Sum} = A + B + Cin;
```

```
        end
    endmodule
```

4. 4 位加法器 Verilog HDL 参考程序 1

```
    //1 位全加器
    module Adder1bit (A,B,Cin,Sum,Cout);
      input A,B,Cin;
      output Sum,Cout;
        assign Sum = (A^B)^Cin;
        assign Cout = (A&B) | (A&Cin) | (B&Cin);
    endmodule
    //4 位全加器
    module Adder4bit(First,Second,Carry_In,Sum_out,Carry_out);
      input[3:0] First,Second;
      input Carry_In;
      output[3:0] Sum_out;
      output Carry_out;
      wire [2:0] Car;
        Adder1bit
        A1 (First[0],Second[0],Carry_In,Sum_out [0],Car[0]),
        A2 (First[1],Second[1],Car[0],Sum_out [1],Car[1]),
        A3 (First[2],Second[2],Car[1],Sum_out [2],Car[2]),
        A4 (First[3],Second[3],Car[2],Sum_out [3],Carry_out);
    endmodule
```

5. 4 位加法器 Verilog HDL 参考程序 2

```
    module add4_bin(Cout,Sum,ina,inb,Cin);
        input Cin; input[3:0] ina,inb;
        output[3:0] Sum; output Cout;
          assign {Cout,Sum} = ina + inb + Cin;
                /*逻辑功能定义*/
    endmodule
```

6. BCD 码加法器 Verilog HDL 参考程序

```
    module add4_bcd(Cout,Sum,ina,inb,Cin);
      input Cin; input[3:0] ina,inb;
      output[3:0] Sum; reg[3:0] Sum;
      output Cout; reg Cout;
      reg[4:0] temp;
        always @(ina,inb,Cin)              //always 过程语句
            begin  temp <= ina + inb + Cin;
                if(temp >9) {Cout,sum} <= temp +6;
```

```
        //两重选择的 IF 语句
            else {Cout,Sum} <= temp;
        end
endmodule
```

7. 用模块例化方式设计的 1 位全加器 Verilog HDL 参考程序

```
module full_add(ain,bin,Cin,Sum,Cout);
  input ain,bin,Cin; output Sum,Cout;
  wire d,e,f;                      //用于内部连接的节点信号
    half_add u1(ain,bin,e,d);      //半加器模块调用,采用位置关联方式
    half_add u2(e,cin,sum,f);
    or u3(cout,d,f);               //或门调用
endmodule

//半加器定义
module half_add(a,b,so,co);
  input a,b; output so,co;
    assign co = a&b; assign so = a^b;
endmodule
```

# 2.5　乘法器设计

## 一、实验目的

- 了解用并行算法设计乘法器的原理。
- 学习使用组合逻辑设计并行乘法器。
- 学习使用加法器和时序逻辑的方法设计乘法器。

## 二、实验原理

乘法器有多种实现方法,其中最典型的方法是采用部分乘积项进行相加的方法,通常称为并行法,其原理是:通过逐项移位相加原理来实现,从被乘数的最低位开始,若为 1,则乘数左移后与上一次的和相加;若为 0,左移后以全零相加,直至被乘数的最高位。其算法如图 2.8 所示,其中 $M_4M_3M_2M_1$ 为被乘数($M$),$N_4N_3N_2N_1$ 为乘数($N$)。可以看出被乘数 $M$ 的每一位都要与乘数 $N$ 相乘,获得不同的积,如 $M_1 \times N$,$M_2 \times N$……位积之间以及位积与部分乘法之和相加时需要按照高低位对齐,并行相加才可以得到正确的结果。

```
      1101
    × 1011
  ----------
      1011      M1 × N
  +  0000       M2 × N
  ----------
     01011      部分乘积之和
  + 1011        M3 × N
  ----------
    110111      部分乘积之和
  + 1011        M4 × N
  ----------
  10001111
```

图 2.8　并行乘法原理

这种算法可以采用纯组合逻辑来实现,其特点是:设计思路简单直观、电路运算速度快,缺点是使用逻辑资源较多。

另一种方法是由8位加法器构成的以时序逻辑方式设计的8位乘法器,其原理如图2.9所示。在图2.9中,ARICTL是乘法运算控制电路,它的START信号的上升沿与高电平有两个功能,即16位寄存器清零和被乘数A[7..0]向移位寄存器SREG8B加载;它的低电平则作为乘法使能信号。乘法时钟信号从ARICTL的CLK输入。当被乘数被加载于8位右移寄存器SREG8B后,随着每一时钟节拍,最低位在前,由低位至高位逐位移出。当被乘数的移出位为1时,与门ANDARITH打开,8位乘数B[7..0]在同一节拍进入8位加法器ADDER8B,与上一次锁存在16位锁存器REG16B中的高8位进行相加,其和在下一时钟节拍的上升沿被锁进此锁存器。而当被乘数的移出位为0时,与门全零输出。如此往复,直至8个时钟脉冲后,由ARICTL的控制,乘法运算过程自动中止,ARIEND输出高电平,以此可点亮一发光管,以示乘法结束。此时REG16B的输出值即为最后乘积。

此乘法器的优点是节省芯片资源,它的核心元件只是一个8位加法器,其运算速度取决于输入的时钟频率。若时钟频率为100 MHz,则每一运算周期仅需80 ns。而若利用12 MHz晶振的MCS-51单片机的乘法指令进行8位乘法运算,仅单指令的运算周期就长达4 μs。因此可以利用此乘法器,或相同原理构成的更高位乘法器完成一些数字信号处理方面的运算。

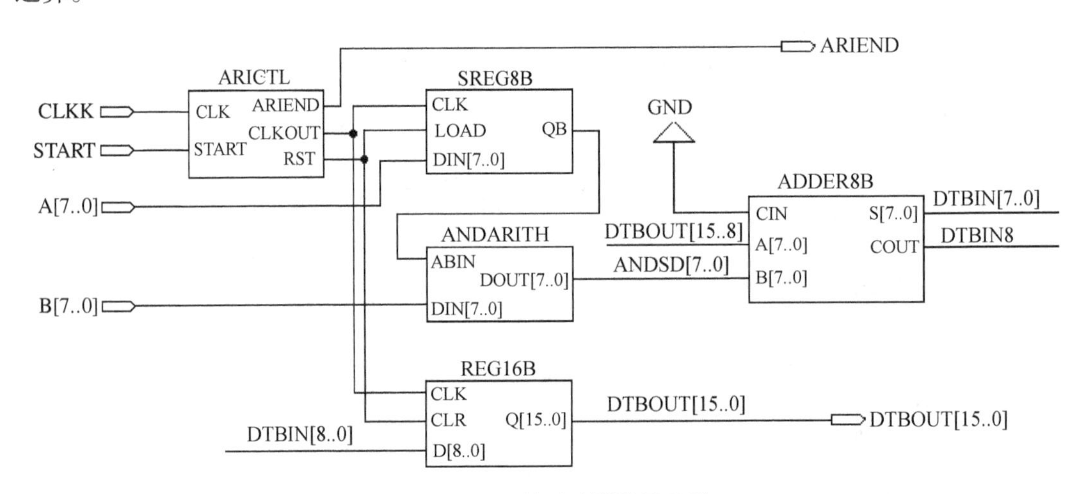


图2.9 8×8位乘法器的原理图

## 三、实验内容

(1) 利用图2.8并行算法的原理设计一个4×4位的乘法器。

(2) 利用图2.9的工作原理设计一个16×16位的乘法器。

(3) 通过仿真、下载验证设计的正确性。

## 四、设计提示

理解各种乘法器的工作原理,使用模块化设计方法。

## 五、实验报告要求

(1) 分析乘法器的工作原理。

（2）写出各个模块的源程序。

（3）画出仿真波形。

## 六、参考程序

### 1. 8 位乘法器 Verilog HDL 参考程序 1

```
module ARICTL (CLK,START,CLKOUT,RST,ARIEND);          //控制模块
  input CLK,START;
  output CLKOUT,RST,ARIEND;
  reg CLKOUT,ARIEND;
  wire RST;
    assign RST = START;
  reg[3:0] CNT4B;
  always @ (posedge CLK or posedge START)
    begin
      if(START)
        CNT4B <= 4'b0000;
      else if (CNT4B < 8)
        begin
            CNT4B <= CNT4B + 1;
        end
    end
  always @ (CLK or CNT4B or START)
      if(! START)
         if(CNT4B < 8)
          begin
            CLKOUT <= CLK;
            ARIEND <= 1'b0;
          end
         else
          begin
            CLKOUT <= 1'b0;
            ARIEND <= 1'b1;
          end
         else
          begin
            CLKOUT <= CLK;
            ARIEND <= 1'b0;
          end
endmodule
```

```
module SREG8B (CLK,LOAD,DIN,QB);                    //8 位右移寄存器
  input CLK,LOAD;
  input[7:0] DIN;
  output QB;
  wire QB;
  reg [7:0]REG8;
    assign QB = REG8[0];                            //输出最低位
    always @ (posedge CLK)
      begin
        if(LOAD)
          REG8 <= DIN;                              //装载新数据
        else
          REG8[6:0] <= REG8[7:1];                   //数据右移
        end
endmodule

module ANDARITH (ABIN,DIN,DOUT);                    //选通与门模块
  input ABIN;
  input[7:0] DIN;
  output[7:0] DOUT;
  reg[7:0] DOUT;
  integer I;
    always @ (ABIN or DIN)
      for (I=0; I<8; I=I+1)                         //循环,完成 8 位与 1 位运算
          DOUT[I] = DIN[I] & ABIN;
endmodule

module ADDER8B (A,B,CIN,S,COUT);                    //8 位加法器
  input CIN;
  input[7:0]A,B;
  output[7:0]S;
  output COUT;
    assign{COUT,S} = A + B + CIN;
endmodule

module REG16B (CLK,CLR,D,Q);                        //16 位锁存器
  input CLK,CLR;
  input[8:0] D;
```

```
  output[15:0] Q;
  wire[15:0] Q;
  reg[15:0] R16S;
    assign Q = R16S;
    always @ (posedge CLK or posedge CLR)
    begin
      if (CLR)
          R16S <= 16'h0000;                    //清零
       else
          begin
            R16S[6:0] <= R16S[7:1];            //右移低8位
            R16S[15:7] <= D;                   //将输入锁到高9位
          end
      end
endmodule

module MULTI8X8 (CLKK,START,A,B,ARIEND,DOUT);
                                               //8位乘法器顶层设计
  input CLKK,START;
  input[7:0]A,B;
  output ARIEND;
  output[15:0] DOUT;
  wire GNDINT,INTCLK,RST,QB;
  wire[7:0] ANDSD;
  wire[8:0] DTBIN;
  wire[15:0] DTBOUT;
    assign DOUT = DTBOUT;
    assign GNDINT = 1'b0;
    ARICTL U1(.CLK (CLKK),.START (START),
             .CLKOUT (INTCLK),.RST(RST),.ARIEND (ARIEND));
    SREG8B U2(.CLK (INTCLK),.LOAD (RST),.DIN (B),.QB (QB));
    ANDARITH U3(.ABIN (QB),.DIN (A),.DOUT(ANDSD));
    ADDER8B U4(.CIN (GNDINT),.A (DTBOUT[15:8]),.B (ANDSD[7:0]),
                .S(DTBIN[7:0]),.COUT (DTBIN[8]));
    REG16B U5(.CLK (INTCLK),.CLR(RST),.D (DTBIN),.Q (DTBOUT));
endmodule
```

2. 8 位乘法器 Verilog HDL 参考程序 2

```
module mult_for(outcome,a,b);
  parameter size = 8;
```

```
    input[size:1] a,b;
    output[2 * size:1] outcome;
    reg[2 * size:1] outcome;
    integer i;
      always @ (a or b)
        begin
          outcome =0;
          for(i =1;i <= size;i =i +1)
          if(b[i]) outcome = outcome + (a << (i -1));
        end
  endmodule
```

3. 8 位乘法器 Verilog HDL 参考程序 3

```
  module mult_repeat(outcome,a,b);
    parameter size =8;
    input[size:1] a,b;
    output[2 * size:1] outcome;
    reg[2 * size:1] temp_a,outcome;
    reg[size:1] temp_b;
      always @ (a or b)
        begin
          outcome =0;
          temp_a = a; temp_b = b;
          repeat(size)              //repeat 语句,size 为循环次数
          begin
           if(temp_b[1])            //如果 temp_b 的最低位为 1,就执行下面的加法
             outcome = outcome + temp_a;
           temp_a = temp_a <<1; //操作数 a 左移 1 位
           temp_b = temp_b >>1; //操作数 b 右移 1 位
          end
        end
  endmodule
```

## 2.6 七人表决器设计

### 一、实验目的

- 掌握组合逻辑电路的设计方法。
- 学习使用行为级描述方法设计电路。

## 二、实验原理

七人表决器是对 7 个表决者的意见进行表决的电路。该电路使用 7 个电平开关作为表决器的 7 个输入变量，当输入电平为“1”时表示表决者“同意”，输入电平为“0”时表示表决者“不同意”；该电路的输出变量只有 1 个，用于表示表决结果，当表决器 7 个输入变量中有不少于 4 个输入变量为“1”时，其表决结果输出逻辑高电平“1”，表示表决“通过”，否则，输出逻辑低电平“0”，表示表决“不通过”。

七人表决器的可选设计方案非常多，可以使用全加器的组合逻辑。使用 Verilog HDL 进行设计的时候，可以选择行为级描述、寄存器级描述、结构描述等方法。

当采用行为级描述的时候，采用一个变量记载选举通过的总人数，当这个变量的数值大于等于 4 时，表决通过，一个灯亮。否则，表决不通过，另一个灯亮。因此，设计时需要检查每一个输入的电平，并且将逻辑高电平的输入数目进行相加，并且进行判断，从而决定表决是否通过。

## 三、实验内容

（1）设计实验实现上面所述的实验原理。

（2）通过仿真、下载验证设计结果的正确性。

## 四、实验报告要求

（1）分析七人表决器的工作原理。

（2）写出源程序。

（3）画出仿真波形。

## 五、参考程序

### 1. 三人表决器的 Verilog HDL 参考程序

```
module voter3(a,b,c,f);                      //模块名与端口列表
    input a,b,c;                             //模块的输入端口
    output f;                                //模块的输出端口
    wire a,b,c,f;                            //定义信号的数据类型
     assign f=(a&b)|(a&c)|(b&c);             //逻辑功能描述
endmodule
```

### 2. 七人表决器的 Verilog HDL 参考程序 1

```
module voter7(in,LedPass,LedFail);
   input[7:1]in;
   output LedPass,LedFail;
   reg LedPass,LedFail;
   integer K;
   always @ (in)
```

```
begin
   K = in[1] + in[2] + in[3] + in[4] + in[5] + in[6] + in[7];
   if(K < 4)
     begin LedPass = 0;LcdFail = 1;end
   else
     begin LedPass = 1;LedFail = 0;end
   end
endmodule
```

3. 七人表决器的 Verilog HDL 参考程序 2

```
module voter7(pass,voter);
  output pass;
  input[6:0] voter;
  reg[2:0] sum;
  integer i;
  reg pass;
     always @ (voter)
     begin
        sum = 0;
        for(i = 0;i <= 6;i = i + 1)        //for 语句
          if(voter[i]) sum = sum + 1;
             if(sum[2]) pass = 1;        //若超过 4 人赞成,则 pass = 1
          else
             pass = 0;
       end
endmodule
```

# 第 3 章　时序电路设计

## 3.1　触发器设计

### 一、实验目的

- 掌握时序电路的设计方法。
- 掌握 D 触发器的设计。
- 掌握 JK 触发器的设计。

### 二、实验原理

触发器是具有记忆功能的基本逻辑单元,是组成时序逻辑电路的基本单元电路,在数字系统中有着广泛的应用。因此,熟悉各类触发器的逻辑功能、掌握各类触发器的设计是十分必要的。

#### 1. D 触发器

上升沿触发的 D 触发器(DFF)有一个数据输入端 $D$、时钟输入端 CLK、数据输出端 $Q$,其逻辑符号如图 3.1 所示。

D 触发器的特性方程为:$Q^{n+1}=D$。

D 触发器的特性表如表 3.1 所示。

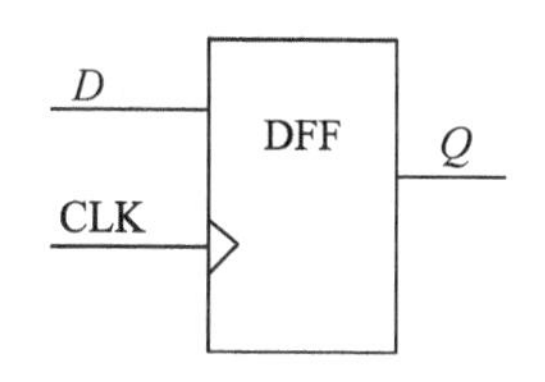


图 3.1　D 触发器的逻辑符号

**表 3.1　D 触发器的特性表**

| CLK | $D$ | $Q^n$ | $Q^{n+1}$ | 注释 |
| --- | --- | --- | --- | --- |
| × | × | × | $Q^n$ | 保持 |
| $\uparrow$ | 0 | 0 | 0 | 置 0 |
| $\uparrow$ | 0 | 1 | 0 | |
| $\uparrow$ | 1 | 0 | 1 | 置 1 |
| $\uparrow$ | 1 | 1 | 1 | |

从表 3.1 可以看出,只有在上升沿的脉冲到来之后,才可以将输入 $D$ 的值传递到输出 $Q$。

#### 2. JK 触发器

JK 触发器(JKFF)的种类很多,结构有所不同。JK 触发器的特性表见表 3.2。

JK 触发器的特性方程为 $Q^{n+1}=J\cdot\overline{Q^n}+\overline{K}\cdot Q^n$。

**表 3.2　JK 触发器的特性表**

| $J$ | $K$ | $Q^n$ | $Q^{n+1}$ | 注释 | $J$ | $K$ | $Q^n$ | $Q^{n+1}$ | 注释 |
| --- | --- | --- | --- | --- | --- | --- | --- | --- | --- |
| 0 | 0 | 0 | 0 | 保持 | 0 | 1 | 0 | 0 | 置 0 |
| 0 | 0 | 1 | 1 | | 0 | 1 | 1 | 0 | |

续表

| $J$ | $K$ | $Q^n$ | $Q^{n+1}$ | 注释 | $J$ | $K$ | $Q^n$ | $Q^{n+1}$ | 注释 |
|---|---|---|---|---|---|---|---|---|---|
| 1 | 0 | 0 | 1 | 置 1 | 1 | 1 | 0 | 0 | 计数 |
| 1 | 0 | 1 | 1 | | 1 | 1 | 1 | 0 | |

本次实验设计一个具有复位、置位功能的边沿 JK 触发器,其逻辑符号如图 3.2 所示,特性表如表 3.3 所示。

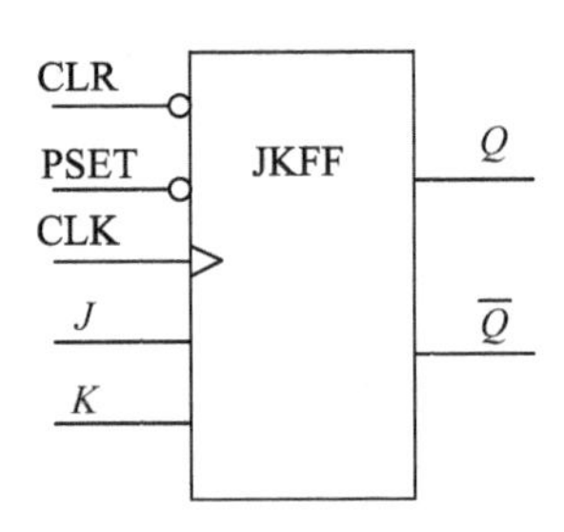


图 3.2　JK 触发器逻辑符号

表 3.3　具有复位、置位功能的 JK 触发器特性表

| 输入端 | | | | | 输出端 | |
|---|---|---|---|---|---|---|
| PSET | CLR | CLK | $J$ | $K$ | $Q$ | $\overline{Q}$ |
| 0 | 1 | × | × | × | 1 | 0 |
| 1 | 0 | × | × | × | 0 | 1 |
| 0 | 0 | × | × | × | × | × |
| 1 | 1 | ↑ | 0 | 1 | 0 | 1 |
| 1 | 1 | ↑ | 1 | 1 | 翻转 | 翻转 |
| 1 | 1 | ↑ | 0 | 0 | 不变 | 不变 |
| 1 | 1 | ↑ | 1 | 0 | 1 | 0 |
| 1 | 1 | 0 | × | × | 不变 | 不变 |

从表 3.3 可以看出,PSET = '0'时,触发器置数 $Q$ = '1';CLR = '0' 时,触发器清零 $Q$ = '0';当 PSET = CLR = $J$ = $K$ = '1'时,在 CLK 上升沿的时候触发器翻转。

## 三、实验内容

(1) 分析、仿真和验证两种触发器的逻辑功能和触发方式。

(2) 在 D 触发器和 JK 触发器的基础上设计其他类型的触发器。如 T 触发器、带异步复位/置位的 D 触发器。

T 触发器的条件为:$T=1$ 时,$Q^{n+1}$ <= NOT $Q^n$,在时钟上升沿赋值;

$T=0$ 时,$Q^{n+1}$ <= $Q^n$,在时钟上升沿赋值。

带异步复位/置位的 D 触发器真值表见表 3.4。

(3) 通过仿真、下载验证设计的正确性。

表 3.4　带异步复位/置位的 D 触发器真值表

| CLR | PSET | $D$ | CLK | $Q$ |
|---|---|---|---|---|
| 0 | × | × | × | 0 |
| 1 | 0 | × | × | 1 |
| 1 | 1 | 0 | 上升沿 | 0 |
| 1 | 1 | 1 | 上升沿 | 1 |
| 1 | 1 | × | 0 | 不变 |
| 1 | 1 | × | 1 | 不变 |

## 四、设计提示

时序电路的初始状态是由复位信号来设置的,根据复位信号对时序电路复位的操作不同,可以分为同步复位和异步复位。同步复位是当复位信号有效且在给定的时钟边缘到来时,触发器才复位。异步复位是一旦复位信号有效,时序电路立即复位,与时钟信号无关。

## 五、实验报告要求

(1) 分析、比较各种不同触发器的原理和工作方式。

(2) 写出源程序。

(3) 画出仿真波形。

## 六、参考程序

### 1. 基本 D 触发器的 Verilog HDL 参考程序

```
module dff(q,d,clk);                    //D 触发器基本模块
  input d,clk; output reg q;
  always @ (posedge clk)                 //时钟上升沿启动
     begin
       q <= d;                           //clk 上升沿 d 被锁入 q
     end
endmodule
```

### 2. 带同步清 0/同步置 1(低电平有效)的 D 触发器 Verilog HDL 参考程序

```
module dff_syn(q,qn,d,clk,set,reset);
  input d,clk,set,reset; output reg q,qn;
  always @ (posedge clk)
    begin
      if( ~reset) begin q <= 1'b0;qn <= 1'b1;end
      //同步清 0,低电平有效
      else if( ~set) begin q <= 1'b1;qn <= 1'b0;end
      //同步置 1,低电平有效
```

```
      else begin q <= d; qn <= ~d; end
    end
  endmodule
```

3. 异步复位/置位 D 触发器 Verilog HDL 参考程序

```
module dff (q,qb,d,clk,Pset,clr);
  input d,clk,Pset,clr;
  output q,qb;
  reg q,qb;
    always @ (posedge clk or negedge Pset or negedge clr)
    begin
      if (!clr) begin
        q =0;                              //清零
        qb =1;
      end else if (!Pset) begin
        q =1;                              //置1
        qb =0;
      end else begin
        q =d;                              //在clk上升沿,d赋予q
        qb = ~d;
      end
    end
endmodule
```

4. JK 触发器 Verilog HDL 参考程序

```
module jkff(q,clk,j,k);
  input clk,j,k;
  output q;
  reg q;
    always @ (posedge clk)
    begin
      case({j,k})
        2'b10:q =1;
        2'b01:q =0;
        2'b00:q = q;
        2'b11:q = ~q;
    endcase
  end
endmodule
```

5. 带异步清0/异步置1的 JK 触发器 Verilog HDL 参考程序

```
module jkff_rs(clk,j,k,q,rs,set);
```

```
    input clk,j,k,set,rs; output reg q;
    always @ (posedge clk,negedge rs,negedge set)
      begin
        if( !rs)   q <= 1'b0;
        else if( !set) q <= 1'b1;
        else   case( {j,k} )
                  2'b00:q <= q;
                  2'b01:q <= 1'b0;
                  2'b10:q <= 1'b1;
                  2'b11:q <= ~q;
                  default:q <= 1'bx;
               endcase
      end
  endmodule
```

# 3.2　寄存器设计

## 一、实验目的

- 学习并掌握通用寄存器的设计方法。
- 学习并掌握移位寄存器的设计方法。

## 二、实验原理

### 1. 寄存器

寄存器用于寄存一组二值代码,在数字系统和数字计算机中有着广泛的应用。由于一个触发器能储存 1 位二值代码,因此可用 $n$ 个触发器构成 $n$ 位寄存器,可储存 $n$ 位二值代码。

构成寄存器的触发器只要求它们具有置 0、置 1 的功能即可,而 D 触发器仅具有置 0、置 1 功能,可非常方便地构成寄存器,因此一般采用 D 触发器设计寄存器。

在 D 触发器的设计中,用 IF 语句说明触发器翻转的条件。若条件成立,则将外部输入数据存入寄存器中;若条件不成立,则触发器不工作,其数据不发生变化,从而达到寄存数据的功能。

### 2. 移位寄存器

移位寄存器是具有移位功能的寄存器,寄存器中的代码能够在移位脉冲的作用下依次左移或右移。根据移位寄存器移位方式的不同可分为:单向移位寄存器、双向移位寄存器及循环移位寄存器。根据移位寄存器存取信息的方式的不同可分为:串入串出、串入并入、并入串出、并入并出四种形式。

## 三、实验内容

(1) 设计一个 16 位的通用寄存器。

(2) 设计一个 8 位左循环移位寄存器。

(3) 设计一个 8 位串入串出移位寄存器。

(4) 设计一个 8 位串入并出移位寄存器。

(5) 通过仿真、下载验证设计的正确性。

## 四、设计提示

可以利用 D 触发器设计出 8 位通用寄存器及移位寄存器。

移位寄存器的种类很多,除了左、右循环移位外,有的移位寄存器移出后的空位补“0”,有的补“1”,可以根据需要编写程序。

## 五、实验报告要求

(1) 分析、比较各种不同移位寄存器的原理和工作方式。

(2) 写出源程序。

(3) 画出仿真波形。

## 六、参考程序

### 1. 电平敏感的 1 位数据锁存器 Verilog HDL 参考程序

```
module latch1(q,d,le);
  input d,le; output q;
    assign q = le?d:q;              //le 为高电平时,将输入端数据锁存
endmodule
```

### 2. 带置位/复位端的 1 位数据锁存器 Verilog HDL 参考程序

```
module latch2(q,d,le,set,reset);
  input d,le,set,reset;
  output q;
    assign q = reset?0:(set? 1:(le?d:q));
endmodule
```

### 3. 8 位数据锁存器(74LS373)Verilog HDL 参考程序

```
module ttl373(le,oe,q,d);
  input le,oe; input[7:0] d; output reg[7:0] q;
    always @*                        //或写为 always @(le,oe,d)
    begin
      if( ~oe & le) q <= d;          //或写为 if((!oe) && (le))
      else q <= 8'bz;
    end
endmodule
```

### 4. 8 位通用寄存器 Verilog HDL 参考程序

```
module reg8(d,clk,q);
```

```
    input[7:0]d;
    input clk;
    output [7:0]q;
    reg [7:0]q;
      always @ (posedge clk)
         q = d;
  endmodule
```

5. 循环移位寄存器 Verilog HDL 参考程序

```
  module shiftercyc(din,clk,load,dout);
    input clk,load;
    parameter size =8;
    input[size:1] din;
    output[size:1] dout;
    reg[size:1] dout;
    reg temp;
      always @ (posedge clk)
      begin
        if (load)
          dout = din;
        else
          begin
            temp = dout[1];
            dout = dout >> 1;
            dout[size] = temp;
          end
      end
  endmodule
```

6. 8 位移位寄存器的 Verilog HDL 参考程序

```
  module shift8(dout,din,clk,clr);
    parameter WIDTH =7;
    input clk,clr; input[WIDTH:0] din;
    output reg[WIDTH:0] dout;
      always @ (posedge clk)
        begin
          if(clr) dout <=8'b0;
          else
            begin
              dout <= dout << 1;
              dout[0] <= din;
```

```
        end
      end
endmodule
```

7. 8 位串入/串出移位寄存器 Verilog HDL 参考程序

```
module shift_Reg(D,Clock,Z);
  input D,Clock;
  output Z;
  reg[1:8]Q;
  integer P;
    always @ (negedge Clock)
    begin
      for (P=1;P<8;P=P+1)
      begin
        Q[P+1]=Q[P];
        Q[1]=D;
      end
    end
    assign Z=Q[8];
endmodule
```

8. 8 位并入/串出移位寄存器 Verilog HDL 参考程序

```
module shifter_piso(data_in,load,clk,clr,data_out);
  parameter size=8;
  input load,clk,clr;
  input[size:1]data_in;
  output data_out;
  reg data_out;
  reg[size:1]shif_reg;
    always @ (posedge clk)
    begin
      if (!clr)
        shif_reg='b0;
      else if (load)
        shif_reg=data_in;
      else
          begin
            shif_reg=shif_reg<<1;
            shif_reg[1]=0;
          end
      data_out=shif_reg[size];
```

```
    end
endmodule
```

# 3.3　计数器设计

## 一、实验目的

- 学习并掌握时序逻辑电路的设计。
- 熟练掌握计数器的设计。

## 二、实验原理

计数器是数字系统中使用最多的时序逻辑电路,其应用范围非常广泛。计数器不仅能用于对时钟脉冲计数,而且还用于定时、分频、产生节拍脉冲和脉冲序列及进行数字运算等。

计数器的种类很多。按构成计数器中各触发器是否同时翻转来分,可分为同步计数器和异步计数器。在同步计数器中,当时钟脉冲输入时触发器的翻转是同时发生的;而在异步计数器中,触发器的翻转有先有后,不是同时发生的。根据计数进制的不同,可分为二进制计数器、十进制计数器和任意进制计数器。根据计数过程中计数器的数字增减分类,可分为加法计数器、减法计数器和可逆计数器。随着计数脉冲的不断输入而作递增计数的称为加法计数器,作递减计数的称为减法计数器,可增可减的称为可逆计数器。

### 1. 4位同步二进制计数器

如图3.3所示是具有异步复位、计数允许的4位同步二进制加法计数器的逻辑符号,表3.6是它的功能表。

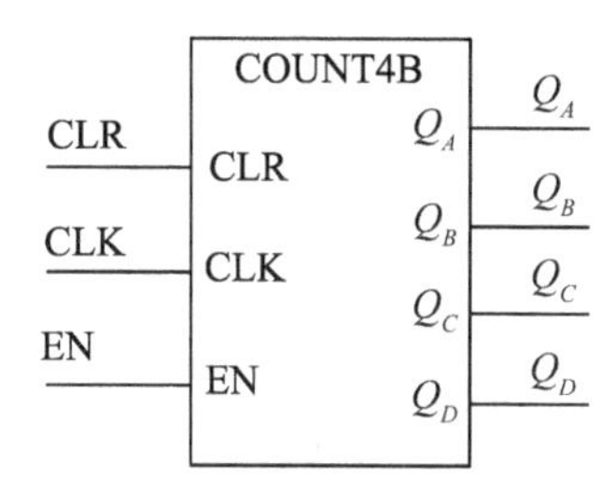


图3.3　4位同步二进制加法计数器逻辑符号

表3.6　4位同步二进制加法计数器功能表

| 输入端 | | | | | 输出端 | |
|---|---|---|---|---|---|---|
| CLR | EN | CLK | $Q_D$ | $Q_C$ | $Q_B$ | $Q_A$ |
| 1 | × | × | 0 | 0 | 0 | 0 |
| 0 | 0 | × | 不变 | 不变 | 不变 | 不变 |
| 0 | 1 | 上升沿 | 计数值加1 | | | |

### 2. 同步十进制计数器

74160是一个具有异步清零、可预置数的同步十进制加法计数器,利用它的工作原理,可以设计一个十进制可预置数计数器。如图3.4所示是它的逻辑符号,表3.7是它的功能表。

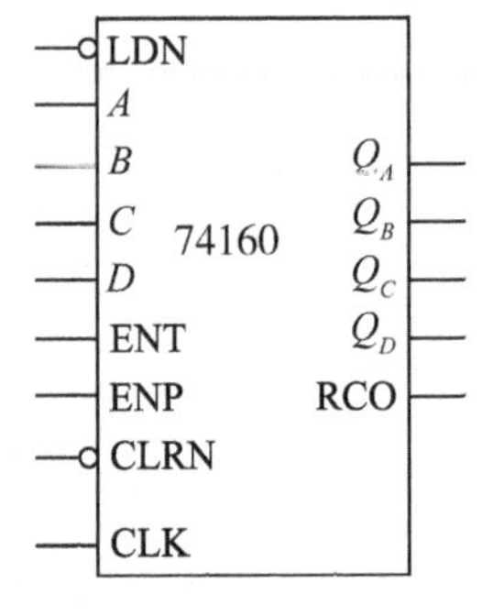

图3.4 74160逻辑符号

其中:

CLK:时钟信号输入端。

CLRN:清零输入端。

ENT、ENP:工作状态控制输入端。

$A$、$B$、$C$、$D$:预置数输入端。

LDN:预置数控制输入端。

$Q_D$、$Q_C$、$Q_B$、$Q_A$:计数输出端。

RCO:进位输出端。

**表3.7 74160的功能表**

| 输入端 | | | | | | | | | 输出端 | | | | |
|---|---|---|---|---|---|---|---|---|---|---|---|---|---|
| CLK | LDN | CLRN | ENP | ENT | $D$ | $C$ | $B$ | $A$ | $Q_D$ | $Q_C$ | $Q_B$ | $Q_A$ | RCO |
| × | × | 0 | × | × | | | | | 0 | 0 | 0 | 0 | 0 |
| 上升沿 | 0 | 1 | × | × | $D$ | $C$ | $B$ | $A$ | $D$ | $C$ | $B$ | $A$ | * |
| 上升沿 | 1 | 1 | × | 0 | | | | | $Q_D$ | $Q_C$ | $Q_B$ | $Q_A$ | * |
| 上升沿 | 1 | 1 | 0 | × | | | | | $Q_D$ | $Q_C$ | $Q_B$ | $Q_A$ | 0 |
| 上升沿 | 1 | 1 | 1 | 1 | | | | | 0 | 0 | 0 | 0 | 0 |
| 上升沿 | 1 | 1 | 1 | 1 | | | | | 0 | 0 | 0 | 1 | 0 |
| 上升沿 | 1 | 1 | 1 | 1 | | | | | 0 | 0 | 1 | 0 | 0 |
| 上升沿 | 1 | 1 | 1 | 1 | | | | | 0 | 0 | 1 | 1 | 0 |
| 上升沿 | 1 | 1 | 1 | 1 | | | | | 0 | 1 | 0 | 0 | 0 |
| 上升沿 | 1 | 1 | 1 | 1 | | | | | 0 | 1 | 0 | 1 | 0 |
| 上升沿 | 1 | 1 | 1 | 1 | | | | | 0 | 1 | 1 | 0 | 0 |
| 上升沿 | 1 | 1 | 1 | 1 | | | | | 0 | 1 | 1 | 1 | 0 |
| 上升沿 | 1 | 1 | 1 | 1 | | | | | 1 | 0 | 0 | 0 | 0 |
| 上升沿 | 1 | 1 | 1 | 1 | | | | | 1 | 0 | 0 | 1 | 1 |

## 三、实验内容

(1) 设计一个8位可逆计数器,可逆计数器的功能表见表3.8。

**表3.8 8位可逆计数器功能表**

| CLR | UPDOWN | CLK | $Q_7$…………$Q_0$ |
|---|---|---|---|
| 1 | × | × | 0 0 0 0 0 0 0 0 |
| 0 | 1 | 上升沿 | 加1操作 |
| 0 | 0 | 上升沿 | 减1操作 |

其中:UPDOWN为可逆计数器的计数方向控制端,当UPDOWN=1时,计数器加1操作;

当 UPDOWN =0 时,计数器减 1 操作。

(2) 设计一个 8 位异步计数器。

(3) 设计具有 74160 功能的计数器模块,编写源程序。

(4) 设计一个具有可预置数的 8 位加/减法计数器,编写源程序。

(5) 通过仿真、下载验证设计的正确性。

## 四、设计提示

同步计数器在时钟脉冲 CLK 的控制下,构成计数器的各触发器状态同时发生变化;用下一位计数器的输出作为上一位计数器的时钟信号,这样的串行连接构成了异步计数器。

注意同步复位和异步复位。

## 五、实验报告要求

(1) 分析计数器的工作原理。

(2) 写出源程序。

(3) 画出仿真波形。

## 六、参考程序

### 1. 4 位二进制同步计数器 Verilog HDL 参考程序

```
module count4(clr,EN,clk,qd);
  input clr,EN,clk;
  output[3:0] qd;
  reg[3:0] qd;
    always @ (posedge clk)
    if (clr)
      qd =0;
    else
      if (EN)
        qd = qd +1;
      else
        qd = qd;
endmodule
```

### 2. 十进制可预置、可加/减计数器 Verilog HDL 参考程序

```
module PNcounter(CLK,Q,CLRN,LDN,I,ENP,ENT,RCO);
  input CLK,CLRN,LDN,ENP,ENT;
  input[3:0] I;
  output[3:0] Q;
  output RCO;
  reg RCO;
```

```
    reg[3:0] Q;
      always @ (posedge CLK or negedge CLRN)
      begin
        if( ~CLRN)
          begin Q =0; RCO =0;end
        else
          begin
            casex( {LDN,ENP,ENT} )
              3'b0xx:Q = I;                              //置数
              3'b101:if(Q >0) Q = Q -1;else Q =9;        //十进制减计数
              3'b110:if(Q <9) Q = Q +1;else begin Q =0;RCO =1;end
                                                         //十进制加计数
              default:Q = Q;
            endcase
          end
        end
  endmodule
```

3. 8421BCD 码加法计数器(十进制计数器)Verilog HDL 参考程序

```
  module count10(cout,qout,reset,clk);
    input reset,clk;output reg[3:0] qout;
    output cout;
    always @ (posedge clk)
      begin if(reset) qout <=0;
          else if(qout <9) qout <= qout +1;
          else qout <=0;
      end
    assign cout = (qout ==9)? 1:0;
  endmodule
```

4. 模为 60 的 8421BCD 码加法计数器 Verilog HDL 参考程序

```
  module count60(qout,cout,data,load,cin,reset,clk);
    input load,cin,clk,reset;                            //cin:enable carry in
    input [7:0] data;
    output [7:0] qout;
    output cout;
    reg[7:0] qout;
    always@ (posedge clk)                                //clk 上升沿时刻计数
      begin
          if(reset)    qout <=0;                         //同步复位
          else if(load) qout <= data;                    //同步置数
```

```
          else if (cin)
          begin
            if(qout[3:0]==9)                        //低位是否为9,是则
               begin
                 qout[3:0]<=0;                      //回0,并判断高位是否为5
                 if(qout[7:4]==5)
                   qout[7:4]<=0;
                 else
                   qout[7:4]<=qout[7:4]+1;           //高位不为5,则加1
               end
            else
               qout[3:0]<=qout[3:0]+1;              //低位不为9,则加1
         end
       end
    assign cout=((qout==8'h59)&cin)?1:0;            //产生进位输出信号
  enmodule
```

5. 扭环型计数器(Johnson 计数器,异步复位)Verilog HDL 参考程序

```
  module johnson(clk,clr,qout);
    parameter WIDTH=4;
    input clk,clr;
    output reg[(WIDTH-1):0] qout;
    always @(posedge clk or posedge clr)
       begin
         if(clr) qout<=0;
         else
           begin qout<=qout<<1;
              qout[0]<= ~qout[WIDTH-1];
           end
         end
  endmodule
```

# 3.4　模可变 16 位计数器设计

## 一、实验目的

- 进一步熟悉并掌握计数器的设计。
- 学习模可变计数器的设计。

## 二、实验原理

模可变16位计数器的逻辑符号图如图3.5所示。CLK为时钟输入,M[2..0]为模式控制端,可实现最多8种不同模式的计数方式,例如:可构成七进制、十进制、十六进制、三十三进制、一百进制、一百二十九进制、二百进制和二百五十六进制共8种计数方式。

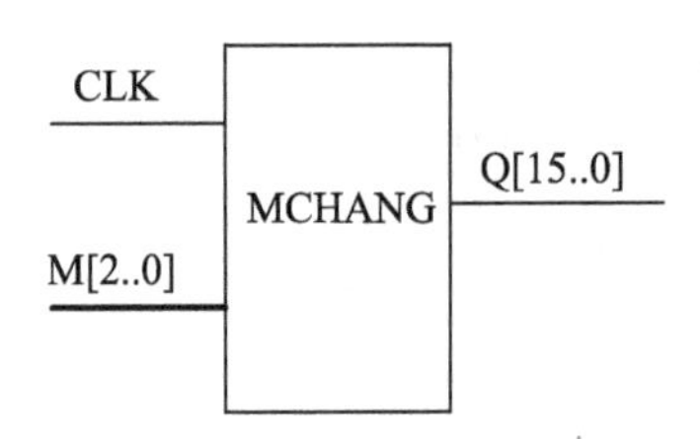


图3.5 模可变16位计数器的逻辑符号图

## 三、实验内容

(1) 设计模可变的16位加法计数器。
(2) 设计一个具有4种模式的8位加/减法计数器。
(3) 通过仿真、下载验证设计的正确性。

## 四、实验报告要求

(1) 分析模可变加法计数器的工作原理。
(2) 写出源程序。
(3) 画出仿真波形。

## 五、参考程序

模可变的16位加法计数器的Verilog HDL参考程序

```
module mchag(clk,m,Q);
  input clk;
  input[2:0] m;
  output[15:0] Q;
  integer cnt;
    assign Q = cnt;
    always @ (posedge clk)
    begin
      case(m)
        3'b000:if(cnt <4) cnt = cnt +1; else cnt =0;          //5进制计数器
        3'b001:if(cnt <9) cnt = cnt +1; else cnt =0;          //10进制计数器
        3'b010:if(cnt <15) cnt = cnt +1; else cnt =0;         //16进制计数器
        3'b011:if(cnt <45) cnt = cnt +1; else cnt =0;         //46进制计数器
        3'b100:if(cnt <99) cnt = cnt +1; else cnt =0;         //100进制计数器
```

```
        3'b101:if(cnt<127) cnt=cnt+1; else cnt=0;          //128 进制计数器
        3'b110:if(cnt<199) cnt=cnt+1; else cnt=0;          //200 进制计数器
        3'b111:if(cnt<255) cnt=cnt+1; else cnt=0;          //256 进制计数器
      endcase
    end
endmodule
```

# 3.5 序列检测器设计

## 一、实验目的

学习序列检测器的设计。

## 二、实验原理

序列检测器可用于检测一组或多组由二进制码组成的脉冲序列信号,在数字通信领域有着广泛的应用。当序列检测器连续收到一组串行二进制码后,如果这组码与检测器中预先设置的码相同,则输出 1,否则输出 0。由于这种检测的关键在于接收到的序列信号必须是连续的,这就要求检测器必须记住前一次接收的二进制码及正确的码序列,并在连续检测中所接收到的每一位码都与预置数的对应码相同。在检测过程中,任何一位不相等都将回到初始状态重新开始检测。如图 3.6 所示,当一串待检测的串行数据进入检测器后,若此数在每一位的连续检测中都与预置的密码数相同,则输出“A”,否则输出“B”。

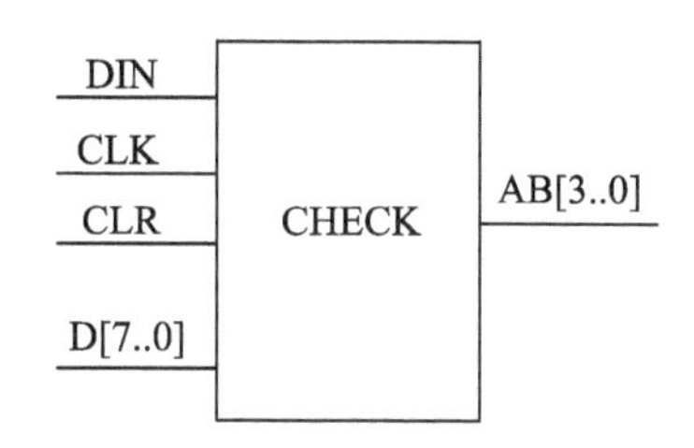


图 3.6 8 位序列检测器逻辑符号图

## 三、实验内容

(1) 设计图 3.6 所描述的序列检测器。

(2) 根据上面的原理,设计能检测两组不同的串行输入序列。

(3) 通过仿真、下载验证设计的正确性。

## 四、实验报告要求

(1) 分析序列检测器的原理。

(2) 写出源程序。

(3) 画出仿真波形。

## 五、参考程序

**序列检测器的 Verilog HDL 参考程序**

```
module Check(din,clk,clr,d,ab);
  input din,clk,clr;
  input[7:0]d;
  output[3:0]ab;
  reg[3:0]ab;
  integer Q;
    always @ (posedge clk)
    begin
      if (clr)
        Q =0;
      else
        case(Q)
         0:begin if (din ==d[7]) Q =1;else Q =0;end
         1:begin if (din ==d[6]) Q =2;else Q =0;end
         2:begin if (din ==d[5]) Q =3;else Q =0;end
         3:begin if (din ==d[4]) Q =4;else Q =0;end
         4:begin if (din ==d[3]) Q =5;else Q =0;end
         5:begin if (din ==d[2]) Q =6;else Q =0;end
         6:begin if (din ==d[1]) Q =7;else Q =0;end
         7:begin if (din ==d[0]) Q =8;else Q =0;end
         default:Q =0;
        endcase
    end
    always @ (Q)
    if(Q ==8)
      ab =4'b1010;                                  //输出“A”
    else
      ab =4'b1011;                                  //输出“B”
endmodule
```

# 第 4 章　综合设计型实验

## 4.1　数字秒表设计

### 一、实验任务及要求

设计体育比赛用的数字秒表，要求如下：

（1）计时精度大于 1/1 000 s，计时器能显示 1/1 000 s 的时间，提供给计时器内部定时的时钟频率为 12 MHz；计时器的最长计时时间为 1 h，为此需要一个 7 位的显示器，显示的最长时间为 59 分 59.999 秒。

（2）设计有复位和起/停开关。

① 复位开关用来使计时器清零，并做好计时准备。

② 起/停开关的使用方法与传统的机械式计时器相同，即按一下起/停开关，启动计时器开始计时，再按一下起/停开关计时终止。

③ 复位开关可以在任何情况下使用，即使在计时过程中，只要按一下复位开关，计时进程立刻终止，并对计时器清零。

（3）采用层次化设计方法设计符合上述功能要求的数字秒表。

（4）对电路进行功能仿真，通过波形确认电路设计是否正确。

（5）完成电路全部设计后，通过实验箱下载验证设计的正确性。

### 二、设计说明与提示

秒表的电路逻辑结构如图 4.1 所示，主要有分频器、十进制计数器（1/10 s、1/100 s、1/1 000 s、秒的个位、分的个位，共 5 个十进制计数器）及秒的十位和分的十位两个六进制计数器。设计中首先需要获得一个比较精确的 1 000 Hz 计时脉冲，即周期为 1/1 000 s 的计时脉冲。其次，除了对每一计数器需设置清零信号输入外，还需在 4 个十进制计数上设置时钟使能信号，即计时允许信号，以便作为秒表的计时起停控制开关。7 个计数器中的每一计数的 4 位输出，通过外设的 BCD 译码器输出显示。图 4.1 中 7 个 4 位二进制计数输出的显示值分别为：DOUT[3..0]显示千分之一秒、DOUT[7..4]显示百分之一秒、DOUT[11..8]显示十分之一秒，DOUT[15..12]显示秒的个位、DOUT[19..16]显示秒的十位、DOUT[23..20]显示分的个位、DOUT[27..24]显示分的十位。

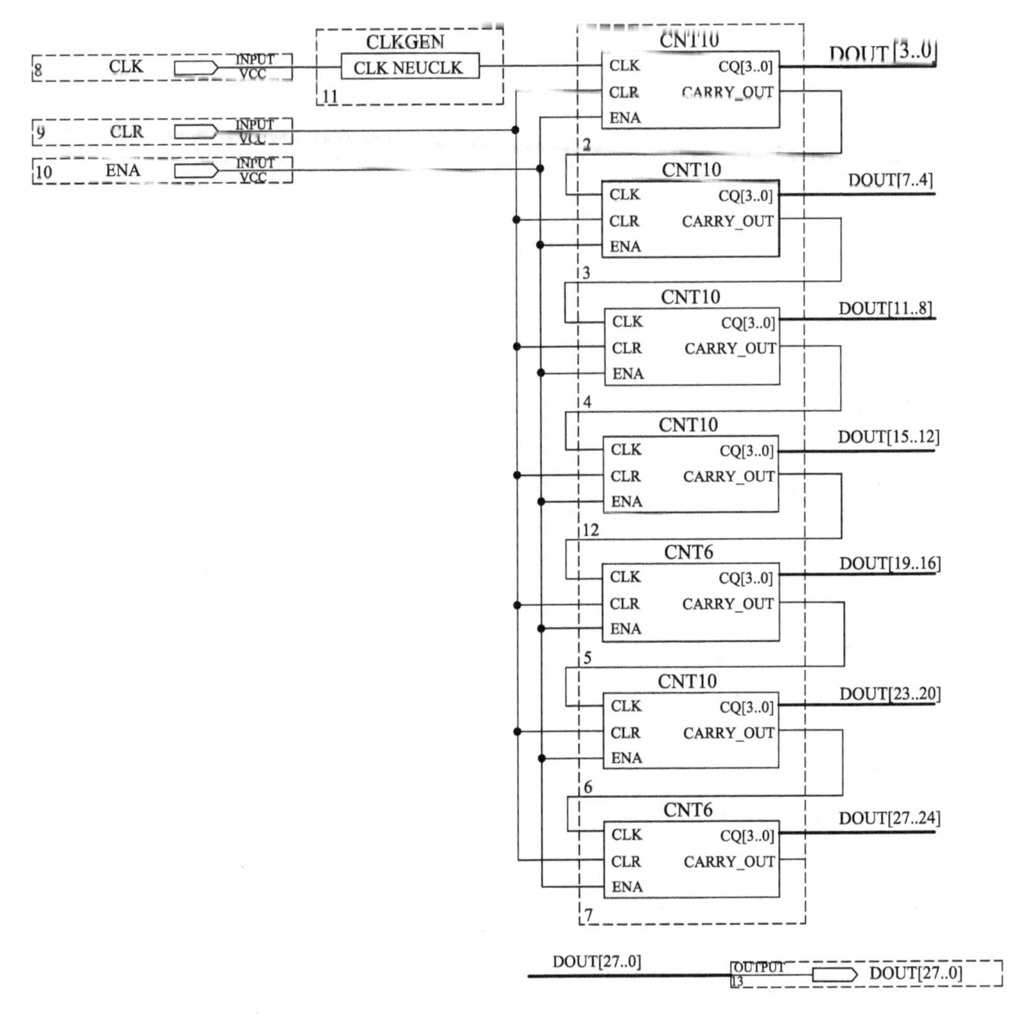


图 4.1　秒表的电路逻辑图

## 三、实验报告要求

(1) 分析秒表的工作原理,画出时序波形图。

(2) 画出顶层原理图。

(3) 写出各功能模块的源程序。

(4) 画出各功能模块仿真波形。

(5) 书写实验报告时应结构合理、层次分明。

# 4.2　频率计设计

## 一、实验任务及要求

(1) 设计一个可测频率的 8 位十进制数字频率计,测量范围为 1 Hz ~ 12 MHz。该频率计的逻辑图如图 4.2 所示。

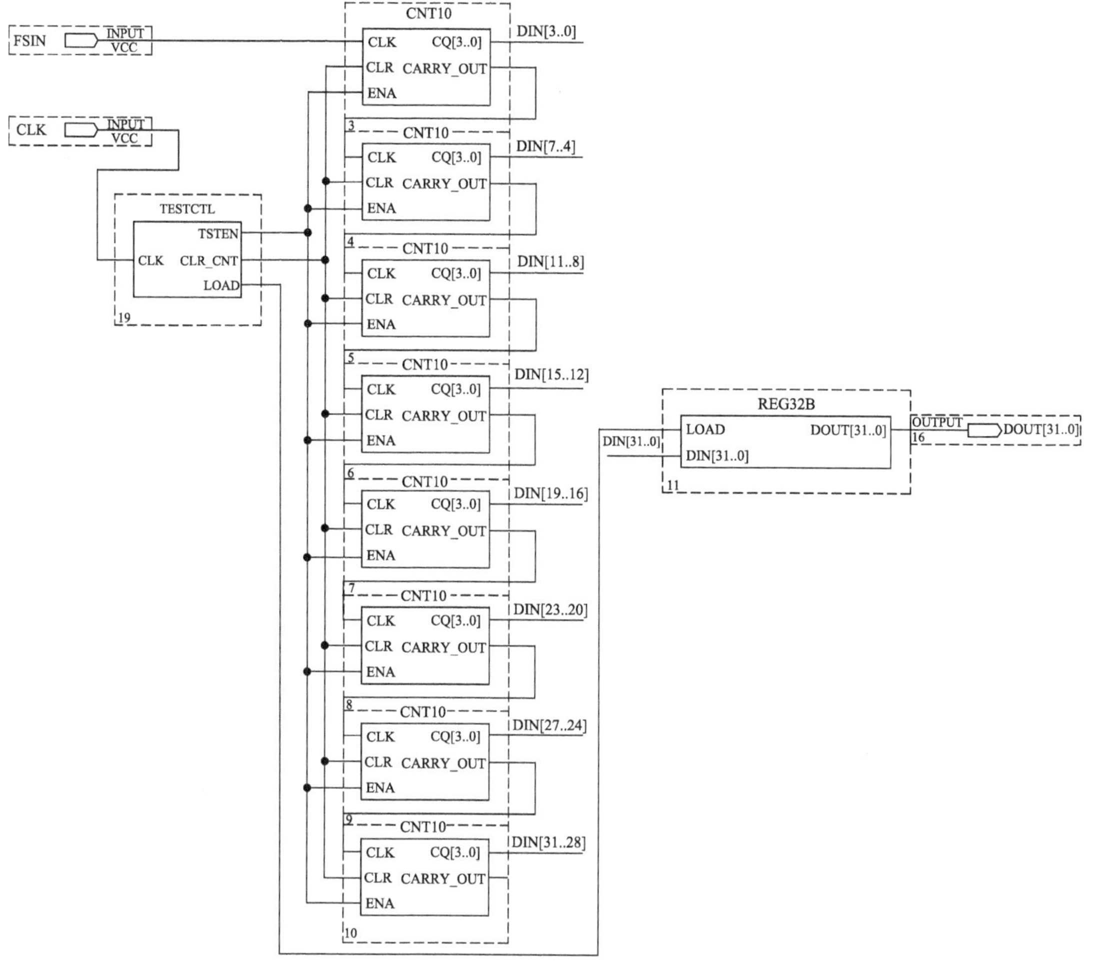


图 4.2　8 位十进制数字频率计逻辑图

（2）用层次化设计方法设计该电路，编写各个功能模块的程序。

（3）仿真各功能模块，通过观察有关波形确认电路设计是否正确。

（4）完成电路设计后，用实验系统下载验证设计的正确性。

## 二、设计说明与提示

由图 4.2 可知：8 位十进制数字频率计是由一个测频控制信号发生器 TESTCTL、8 个有时钟使能的十进制计数器 CNT10、一个 32 位锁存器 REG32B 组成。

### 1. 测频控制信号发生器设计要求

频率测量的基本原理是计算每秒待测信号的脉冲个数。这就要求 TESTCTL 的计数使能信号 TSTEN 能产生一个 1 秒脉宽的周期信号，并对频率计的每一计数器 CNT10 的 ENA 使能端进行同步控制。当 TSTEN 高电平时允许计数、低电平时停止计数，并保持其所计的数。在停止计数期间，首先需要一个锁存信号 Load 的上升沿将计数器在前一秒的计数值锁存进 32 位锁存器 REG32B 中，并由外部的七段译码器译出并稳定显示。设置锁存器的好处是，显示的数据稳定，不会由于周期性的清零信号而不断闪烁。锁存信号之后，必须有一清零信号 CLR_CNT 对计数器进行清零,为下一秒的计数操作做准备。测频控制信号发生器的工作时序如图 4.3 所示。为了产生这个时序图,需要首先建立一个由 D 触发器构成的二分频器,在每次时钟 CLK 上升沿到来时使其值翻转。

其中控制信号时钟 CLK 的频率为 1 Hz,那么信号 TSTEN 的脉宽恰好为 1 s,可以用作闸门信号。然后根据测频的时序要求,可得出信号 Load 和 CLR_CNT 的逻辑描述。由图 4.3 可见,在计数完成后,即计数使能信号 TSTEN 在 1 秒的高电平后,利用其反相值的上升沿产生一个锁存信号 Load,0.5 秒后,CLR_CNT 产生一个清零信号上升沿。

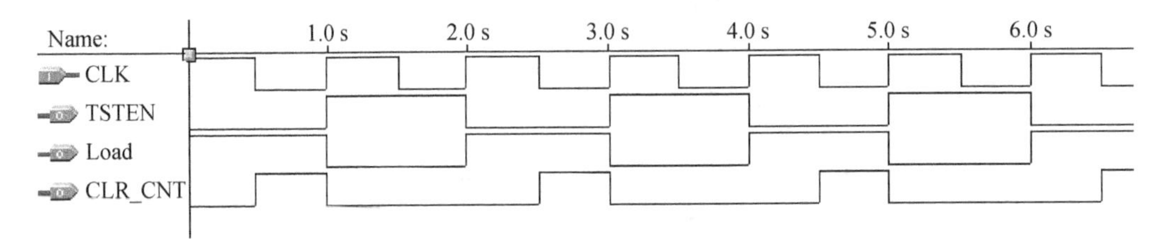


图 4.3　测频控制信号发生器的工作时序

高质量的测频控制信号发生器的设计十分重要,设计中要对其进行仔细的实时仿真(TIMING SIMULATION),防止可能产生毛刺。

2. 寄存器 REG32B 设计要求

若已有 32 位 BCD 码存在于此模块的输入口,在信号 Load 的上升沿后即被锁存到寄存器 REG32B 的内部,并由 REG32B 的输出端输出,经七段译码器译码后,能在数码管上显示与输出相对应的数值。

3. 十进制计数器 CNT10 设计要求

如图 4.2 所示,此十进制计数器的特殊之处是,有一时钟使能输入端 ENA,当高电平时计数允许,低电平时禁止计数。

## 三、实验报告要求

(1) 分析频率计的工作原理。

(2) 画出顶层原理图。

(3) 写出各功能模块的源程序。

(4) 画出各仿真模块的波形。

(5) 书写实验报告应结构合理、层次分明。

# 4.3　多功能数字钟设计

## 一、实验任务及要求

(1) 能进行正常的时、分、秒计时功能,分别由 6 个数码管显示 24 小时、60 分、60 秒。

(2) 能利用实验系统上的按键实现校时、校分功能。

① 按下开关键 1 时,计时器迅速递增,并按 24 小时循环,计满 23 小时后回 00。

② 按下开关键 2 时,计分器迅速递增,并按 59 分循环,计满 59 分后回 00,不向时进位。

③ 按下开关键 3 时，秒清零。

(3) 能利用扬声器做整点报时。

① 当计时到达 59′50″时开始报时，在 59′50″、59′52″、59′54″、59′56″、59′58″鸣叫，鸣叫声频率可为 512 Hz。

② 到达 59′60″时为最后一声整点报时，整点报时频率可定为 1 kHz。

(4)用层次化设计方法设计该电路，编写各个功能模块的程序。

(5)仿真报时功能，通过观察有关波形确认电路设计是否正确。

(6)完成电路设计后，用实验系统下载验证设计的正确性。

## 二、设计说明与提示

系统顶层框图如图 4.4 所示，原理如图 4.5 所示。

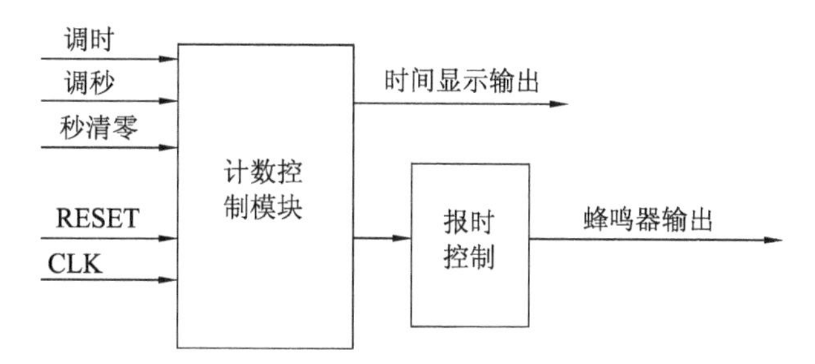


图 4.4　系统顶层框图

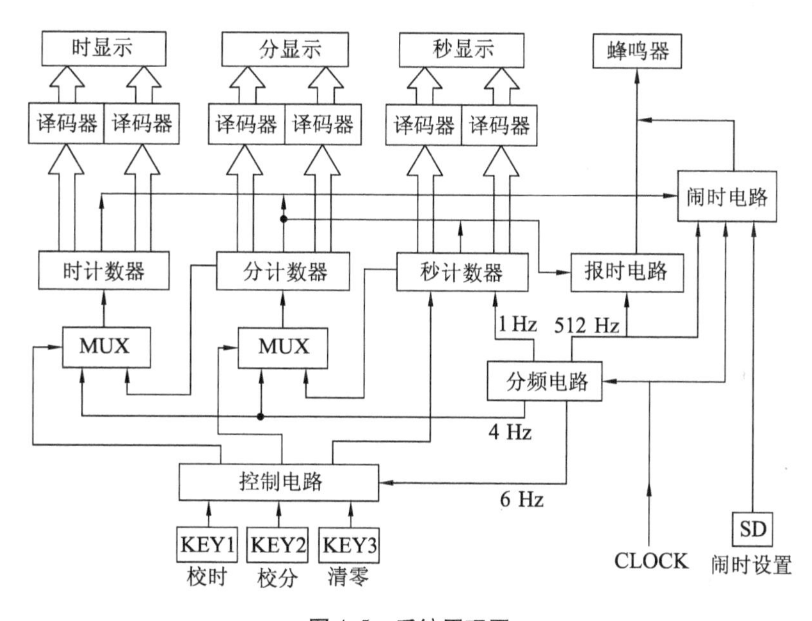


图 4.5　系统原理图

模块电路功能如下：

(1) 秒计数器、分计数器、时计数器组成了最基本的数字钟计时电路，其计数输出送七段译码电路，由数码管显示。

(2) 基准频率分频器可分频出标准的 1 Hz 频率信号，用于秒计数的时钟信号；分频出

4 Hz频率信号用于校时、校分的快速递增信号;分频出 64 Hz 频率信号用于对于按动"校时""校分"按键的消除抖动。

(3) MUX 模块是二选一数据选择器,用于校时、校分与正常计时的选择。

(4) 控制电路模块是一个校时、校分、秒清零的模式控制模块,64 Hz 频率信号用于键 KEY1、KEY2、KEY3 的消除抖动。而模块的输出则是一个边沿整齐的输出信号。

(5) 报时电路模块需要 512 Hz 通过一个组合电路完成,前五声讯响功能报时电路还需用一个触发器来保证整点报时,时间为 1 s。

(6) 闹时电路模块也需要 512 Hz 或 1 kHz 音频信号,以及来自秒计数器、分计数器和时计数器的输出信号作本电路的输入信号。

(7) 闹时电路模块的工作原理如下:按下闹时设置按键 SD 后,将一个闹时数据存入 D 触发器内,时钟正常运行,D 触发器内存的闹时时间与正在运行的时间进行比较,当比较的结果相同时,输出一个启动信号触发一分钟闹时电路工作,输出音频信号。

### 三、实验报告要求

(1) 分析系统的工作原理。

(2) 画出顶层原理图。

(3) 写出各个功能模块的源程序。

(4) 仿真报时功能,画出仿真波形。

(5) 实验报告应结构合理,层次分明。

## 4.4 彩灯控制器设计

### 一、实验任务及要求

设计一个控制电路来控制八路彩灯按照一定的次序和间隔闪烁。具体要求如下:

(1) 当控制开关为 0 时,灯全灭;当控制开关为 1 时,从第一盏灯开始,依次点亮,时间间隔为 1 s。其间一直保持只有一盏灯亮,其他灯都灭的状态。

(2) 8 盏灯依次亮完后,从第八盏灯开始依次灭,其间一直保持只有一盏灯灭,其他灯都亮的状态。

(3) 当 8 盏灯依次灭完后,8 盏灯同时亮再同时灭,其间间隔为 0.5 s,并重复 4 次。

(4) 只要控制开关为 1 时,上述亮灯次序不断重复。

(5) 用层次化设计方法设计该电路,编写各个功能模块的程序。

(6) 仿真各功能模块,通过观察有关波形确认电路设计是否正确。

(7) 完成电路设计后,用实验系统下载验证设计的正确性。

### 二、设计说明与提示

系统框图如图 4.6 所示,彩灯控制器分为三个部分,第一个模块(BACK)由一个计数器控制,当计数器的输出是高电平时模块输出"11111111",低电平时输出"00000000",所以此

模块的功能就是以 2 Hz 的频率不停地输出“11111111”和“00000000”。第二个模块（MOVE）由一个 1 位计数器和一个 5 位的计数器组成，其中 1 位计数器是作为分频器使用的，它的输出是 1 Hz 的时钟，5 位计数器有两个功能，一方面它控制在“00000”到“10111”之间输出彩灯的 24 个状态，另一方面它控制 CO 的状态，CO 是下一个模块（MUX21）的控制信号，当计数的值小于 24 时输出 0，这时 MUX21 选择输出此计数器的输出的中间 8 位信号，当计数器的值大于等于 24 时，CO 等于 1，此时 MUX21 选择输出 BACK 的输出的 8 位信号。

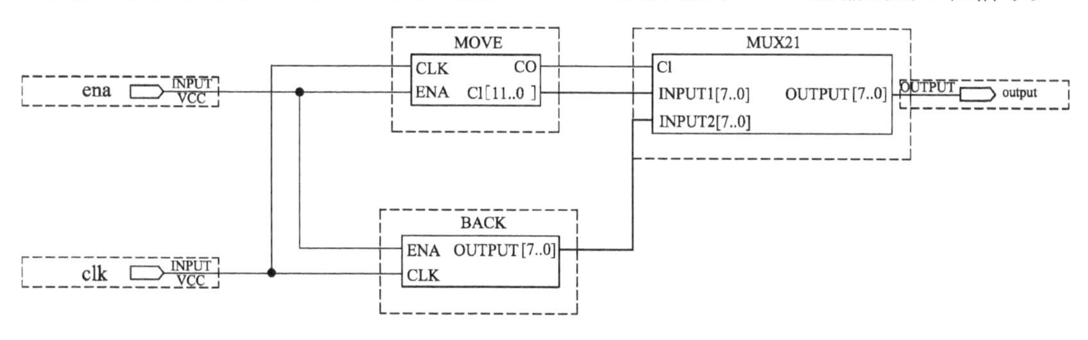


图 4.6　系统框图

## 三、实验报告要求

（1）分析电路的工作原理。

（2）画出顶层原理图。

（3）写出各个功能模块的程序。

（4）仿真各功能模块，画出仿真波形。

（5）书写实验报告应结构合理、层次分明。

# 4.5　交通灯控制器设计

## 一、实验任务及要求

（1）能显示十字路口东西、南北两个方向的红灯、黄灯、绿灯的指示状态，用两组发光管表示两个方向的红灯、黄灯、绿灯。

（2）能实现正常的倒计时功能。

用两组数码管 LED 作为东西、南北两个方向的时间显示，时间为红灯 45 s、绿灯 40 s、黄灯 5 s。

（3）能实现特殊状态的功能。

按键 1 按下后能实现：

① 计数器停止计数并保持在原来的状态。

② 东西、南北路口均显示红灯状态。

③ 特殊状态解除后能继续计数。

（4）能实现总体清零功能。

按键 2 按下后系统实现总清零，计数器由初始状态计数，对应状态的指示灯亮。

(5) 用层次化设计方法设计该电路,编写各个功能模块的程序。

(6) 仿真各功能模块,通过观察有关波形确认电路设计是否正确。

(7) 完成电路设计后,用实验系统下载验证设计的正确性。

## 二、设计说明与提示

计数值与交通灯的亮灭的关系如图 4.7 所示。

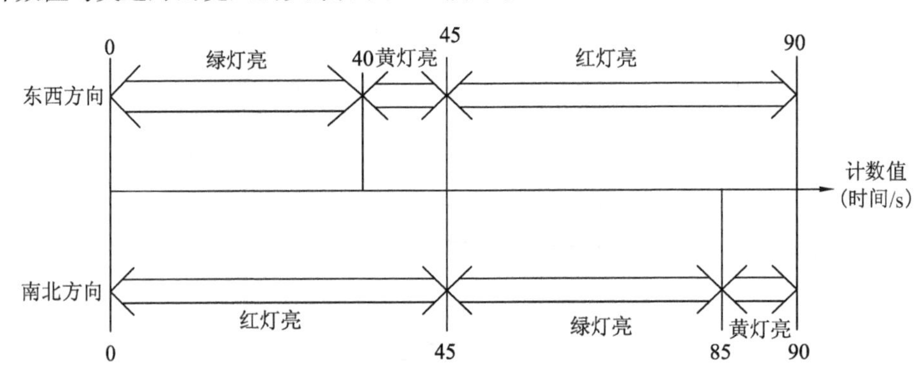


**图 4.7　计数值与灯的亮灭关系**

设东西和南北方向的车流量大致相同,因此红灯、黄灯、绿灯的时长也相同,定为红灯 45 s、黄灯 5 s、绿灯 40 s,同时用数码管指示当前状态(红、黄、绿)的剩余时间。另外,设计一个紧急状态,当紧急状态出现时,两个方向都禁止通行,指示红灯。紧急状态解除后,重新计数并指示时间。

## 三、实验报告要求

(1) 分析系统的工作原理。

(2) 画出交通灯控制器原理图。

(3) 叙述各模块的工作原理,写出各功能模块的源程序。

(4) 仿真各功能模块,画出仿真波形。

(5) 书写实验报告应结构合理、层次分明。

# 4.6　密码锁设计

## 一、实验任务及要求

(1) 安锁状态。

按下开关键“SETUP”,密码设置灯亮时,方可进行密码设置操作。设置初始密码 0 ~ 9(或二进制 8 位数),必要时可以更换。再按“SETUP”键,密码有效。

(2) 开锁过程。

① 按启动键“START”启动开锁程序,此时系统内部应处于初始状态。

② 依次键入 0 ~ 9(或二进制 8 位数)。

③ 按开门键“OPEN”准备开门。

若按上述程序执行且拨号正确，则开门指示灯 A 亮，若按错密码或未按上述程序执行，则按动开门键“OPEN”后，警报装置鸣叫、灯 B 亮。

④ 开锁处理事务完毕后，应将门关上，按“SETUP”键使系统重新进入安锁状态。若在报警状态，按“SETUP”或“START”键应不起作用，应另用一按键“RESET”才能使系统进入安锁状态。

（3）使用者如按错号码可在按“OPEN”键之前，按“START”键重新启动开锁程序。

（4）设计符合上述功能的密码锁，并用层次化方法设计该电路。

（5）用功能仿真方法验证，通过观察有关波形确认电路设计是否正确。

（6）完成电路设计后，在实验系统上下载验证设计的正确性。

## 二、设计说明与提示

系统原理如图 4.8 所示。

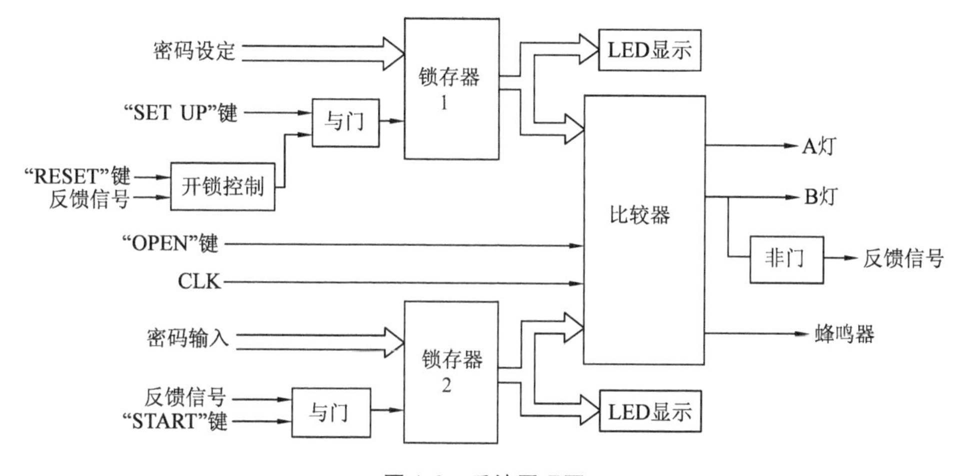


图 4.8　系统原理图

（1）锁存器：用于实现设定密码和输入密码的锁存。

（2）比较器：用于将设定密码与输入密码相比较。其中，CLK 为外部输入的时钟信号。若输入密码正确，则 A 灯亮，否则 B 灯亮，同时比较器输出与 CLK 一样的信号，驱动蜂鸣器发出报警声。

（3）开锁控制：当反馈信号下降沿来到时，开锁控制输出低电平，用于在输入错误密码后禁止再次安锁；当 RESET 脚为高电平时，开锁控制输出高电平，打开与门，这时锁存器 1 使能端的变化受控于“SET UP”键，重新进入安锁状态。

（4）LED 显示：用于设定密码或输入密码的显示。此项设计是为了在下载演示时，能清楚地看到设置和输入的密码值，该项可不做。

## 三、实验报告要求

（1）分析系统的工作原理。

（2）画出顶层原理图，写出顶层文件源程序。

（3）写出各功能模块的源程序。

(4) 仿真各功能模块,画出仿真波形。

(5) 书写实验报告应结构合理、层次分明。

## 4.7 数控脉宽可调信号发生器设计

### 一、实验任务及要求

(1) 实现脉冲宽度(以下简称"脉宽")可数字调节的信号发生器。

(2) 用层次化设计方法设计该电路,编写各个功能模块的程序。

(3) 仿真各功能模块,通过观察有关波形确认电路设计是否正确。

(4) 完成电路设计后,用实验系统下载验证设计的正确性。

### 二、设计说明与提示

系统框图如图 4.9 所示。

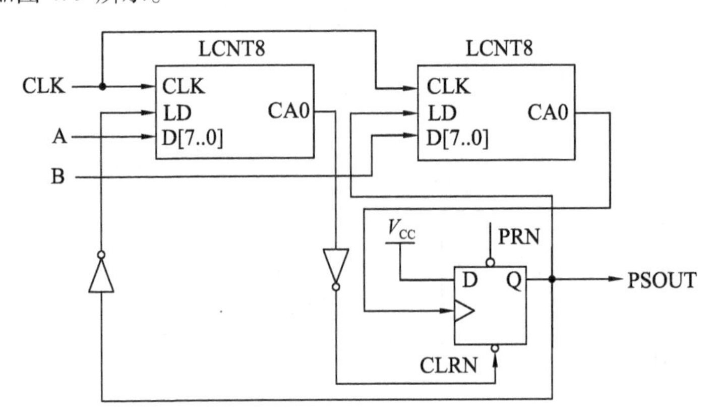


图 4.9 系统框图

(1) 信号发生器由两个完全相同的可自加载加法计数器 LCNT8 组成,输出信号的高低电平脉宽分别由两组 8 位可预置数加法计数器控制。

(2) 加法计数器的溢出信号为本计数器的预置数的加载信号 LD。

(3) D 触发器的一个重要功能就是均匀输出信号的占空比。

(4) A、B 为 8 位预置数。

### 三、实验报告要求

(1) 分析系统的工作原理。

(2) 画出顶层原理图,写出顶层文件源程序。

(3) 写出各功能模块的源程序。

(4) 仿真各功能模块,画出仿真波形。

(5) 书写实验报告应结构合理、层次分明。

# 4.8 出租车计费器设计

## 一、实验任务及要求

（1）实现计费功能，计费标准为：按行驶里程收费，起步费为 10.00 元，并在车行 3 千米后再按 1.8 元/千米的标准收费，当计数里程达到或超过 5 千米时，每千米按 2.7 元计费，车停止时不计费。

（2）设计动态扫描电路，能显示千米数（百位、十位、个位、十分位），能显示车费（百元、十元、元、角）。

（3）设计符合上述功能要求的方案，并用层次化设计方法设计该电路。

（4）仿真各个功能模块，并通过有关波形确认电路设计是否正确。

（5）完成电路全部设计后，通过系统实验箱下载验证设计的正确性。

## 二、设计说明与提示

系统框图如 4.10 所示。

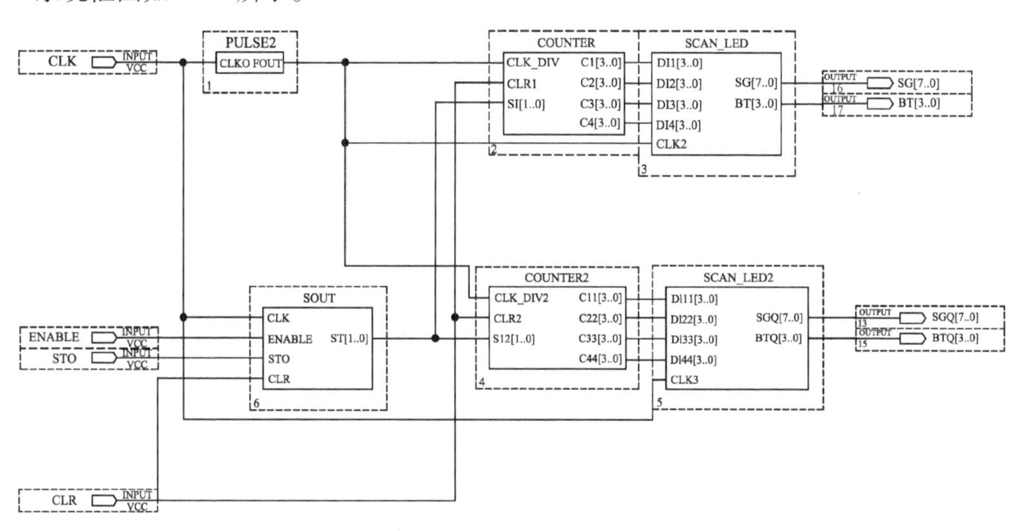


图 4.10 系统框图

其中，PULSE2 为十分频的分频器，COUNTER 为计费模块，COUNTER2 为里程计算模块，SCAN_LED 为计费显示模块，SCAN_LED2 为里程显示模块，SOUT 为计程车状态控制模块。

## 三、实验报告要求

（1）分析系统的工作原理。

（2）画出顶层原理图，写出顶层文件源程序。

（3）写出各功能模块的源程序。

（4）仿真各功能模块，画出仿真波形。

（5）书写实验报告应结构合理、层次分明。

# 4.9 万年历设计

## 一、实验任务及要求

(1) 能进行正常的年、月、日和时、分、秒的日期和时间计时功能,按键“KEY1”用来进行模式切换。当 KEY1 =1 时,显示年、月、日;当 KEY1 =0 时,显示时、分、秒。

(2) 能利用实验系统上的按键实现年、月、日和时、分、秒的校对功能。

(3) 用层次化设计方法设计该电路,编写各个功能模块的程序。

(4) 仿真报时功能,通过观察有关波形确认电路设计是否正确。

(5) 完成电路设计后,用实验系统下载验证设计的正确性。

## 二、设计说明与提示

万年历的设计思路可参考实验 4.3 多功能时钟的设计。

年、月、日和时、分、秒的显示格式如图 4.11 所示。

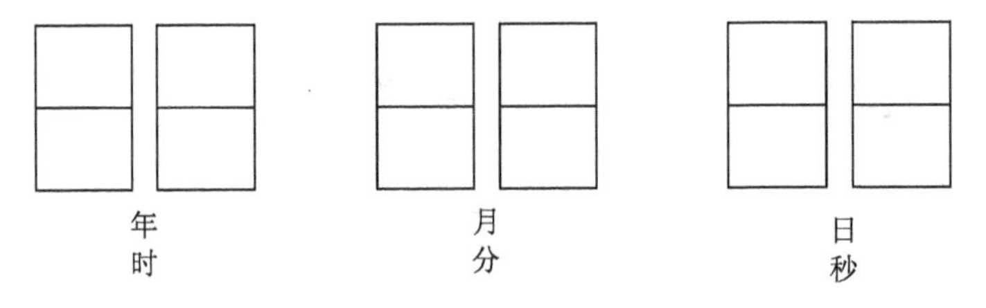


图 4.11 万年历的显示格式

## 三、实验报告要求

(1) 分析系统的工作原理。

(2) 画出顶层原理图,写出顶层文件源程序。

(3) 写出各功能模块的源程序。

(4) 仿真各功能模块,画出仿真波形。

(5) 书写实验报告应结构合理、层次分明。

# 4.10 数字电压表设计

## 一、实验任务及要求

(1) 通过 A/D 转换器 ADC0809 或 ADC0804 将输入的 0 ~5V 的模拟电压转换为相应的数字量,然后通过进制转换在数码管上进行显示。

(2) 要求被测电压的分辨率为 0.02。

(3) 设计符合上述功能的方案,并用层次化方法设计该电路。

(4) 功能仿真,通过观察有关波形确认电路设计是否正确。

（5）完成电路设计后，用实验系统下载验证设计的正确性。

## 二、设计说明与提示

与微处理器或单片机相比，CPLD/FPGA 更适用于直接对高速 A/D 器件的采样控制，例如，数字图像或数字信号处理系统前向通道的控制系统设计。

本实验设计的接口器件选为 ADC0809，也可为 AD574A 或者 ADC0804。利用 CPLD 或 FPGA 目标器件设计一采样控制器，按照正确的工作时序控制 ADC0809 或 ADC0804 的工作。以 ADC0809 为例，其系统框图如图 4.12 所示。

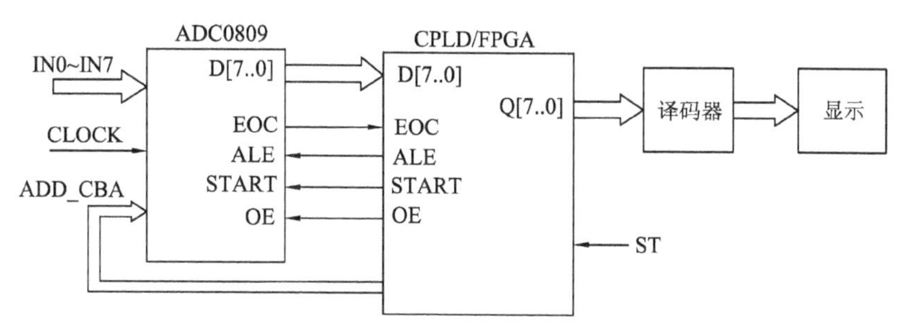


图 4.12　系统框图

图 4.12 中 ADC0809 为单极性输入、8 位转换精度、逐次逼近式 A/D 转换器，其采样速度为每次转换约 100μs。有 8 个模拟信号输入通道，IN0 ~ IN7；由 ADDA、ADDB 和 ADDC（ADDC 为最高位）作为此 8 路通道选择地址，在转换开始前由地址锁存允许信号 ALE 将此 3 位地址锁入锁存器中，以确定转换信号通道；EOC 为转换结束状态信号，由低电平转为高电平时指示转换结束，低电平指示正在转换；START 为转换启动信号，上升沿启动；OE 为数据输出允许，高电平有效；CLK 为 ADC 转换时钟（500 kHz 左右）。为了达到 A/D 器件的最高转换速度，A/D 转换控制器必须包含监测 EOC 信号的逻辑，一旦 EOC 从低电平变为高电平，即可将 OE 置为高电平，然后传送或显示已转换好的数据[D7.. D0]。

CPLD 为采样控制器，其中[D7.. D0]为 ADC0809 转换结束后的输出数据 [Q7.. Q0]通过七段译码器由数码管显示出来；ST 为采样控制时钟信号，ALE 和 START 分别是通道选择地址锁存信号和转换启动信号；变换数据输出使能 OE 由 EOC 取反后控制。本项设计由于通过监测 EOC 信号，可以达到 0809 最快的采样速度，所以只要目标器件的速度允许，ST 可接受任何高的采样控制频率。

## 三、实验报告要求

（1）理解 A/D 转换器的工作原理和方式。

（2）画出 A/D 转换器的工作时序图。

（3）分析采样控制器的工作原理，写出采样控制模块的程序。

（4）写出码制转换模块，把采集的数据转换为 BCD 码，经译码器译码后通过 LED 进行显示。

（5）仿真各功能模块，画出仿真波形。

（6）书写实验报告应结构合理、层次分明。

# 4.11 波形发生器设计

## 一、实验任务及要求

(1) 通过 D/A 转换器 DAC0832 输出三角波、方波、正弦波、锯齿波。

(2) 要求波形数据存放在 CPLD 片内 RAM 中,从 RAM 中读出数据进行显示。

(3) 按键“A”为模式设置,用于波形改变,并用 LED 显示目前输出的波形模式 1、2、3、4。

(4) 按键“B”、按键“C”用来改变频率变化,频率改变的波长为 ±100 Hz。

(5) 分析逻辑电路的工作原理,编写功能模块的程序。

(6) 功能仿真,通过观察有关波形确认电路设计是否正确。

(7) 完成电路设计后,用实验系统下载验证设计的正确性。

## 二、设计说明与提示

在数字信号处理、语音信号的 D/A 变换、信号发生器等实用电路中,PLD 器件与 D/A 转换器的接口设计是十分重要的。本项实验设计的接口器件是 DAC0832,这是一个 8 位 D/A 转换器,转换周期为 1 μs,它的 8 位待转换数据来自 CPLD 目标芯片,其参考电压与 +5 V 工作电压相接。系统框图如图 4.13 所示。

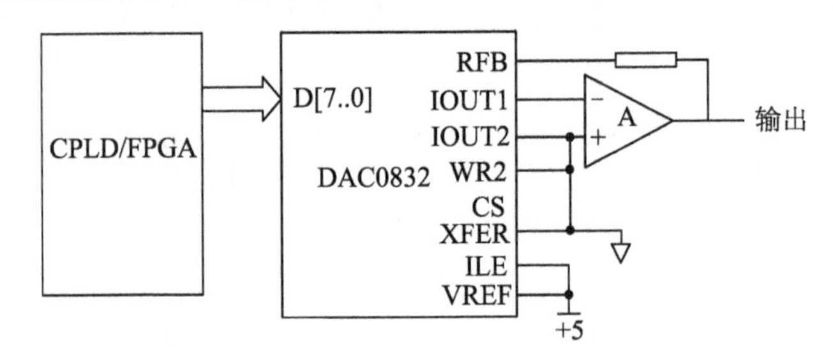


图 4.13 系统框图

引脚功能简述如下:

ILE(PIN19):数据锁存允许信号,高电平有效,系统板上已直接连在 +5 V 上。

/WR1、/WR2(PIN2、PIN18):写信号 1、2,低电平有效。

/XFER(PIN17):数据传送控制信号,低电平有效。

VREF(PIN8):基准电压,可正可负,-10 ~ +10 V。

RFB(PIN9):反馈电阻端。

IOUT1/IOUT2(PIN11、PIN12):电流输出 1 和 2。DAC0832 D/A 转换量是以电流形式输出的,所以必须利用一个运放,将电流信号变为电压信号。

GND/DGND(PIN3、PIN10):模拟地与数字地。在高速情况下,此二地的连接线必须尽可能短,且系统的单点接地点须接在此连线的某一点上。

## 三、实验报告要求

(1) 理解 D/A 转换器的工作原理和方式。

（2）画出系统工作原理图。
（3）写出各功能模块的源程序。
（4）仿真各功能模块，画出仿真波形。
（5）书写实验报告应结构合理、层次分明。

# 4.12　自动售货机控制电路设计

## 一、实验任务及要求

本设计要求使用 Verilog HDL 设计一个自动售货机控制系统，该系统能够自动完成对货物信息的存取、进程控制、硬币处理、余额计算与显示等功能。

（1）自动售货机可以出售两种以上的商品，每种商品的数量和单价由设计者在初始化时输入设定并存储在存储器中。

（2）可接收 5 角和 1 元硬币，并通过按键进行商品选择。

（3）系统可以根据用户输入的硬币进行如下操作：

① 当所投硬币总值等于购买者所选商品的售价总额时，则根据顾客的要求自动售货且不找零，然后回到等待售货状态，并显示商品当前的库存信息。

② 当所投硬币总值超过购买者所选商品的售价总额时，则根据顾客的要求自动售货并找回剩余的硬币，然后回到等待售货状态，并显示商品当前的库存信息。

③ 当所投硬币不够时，给出相应提示，并可以通过一个按键退回所投硬币，然后回到等待售货状态，并显示商品当前的库存信息。

## 二、设计说明与提示

### 1. 系统的结构图

自动售货机系统的结构图如图 4.14 所示。

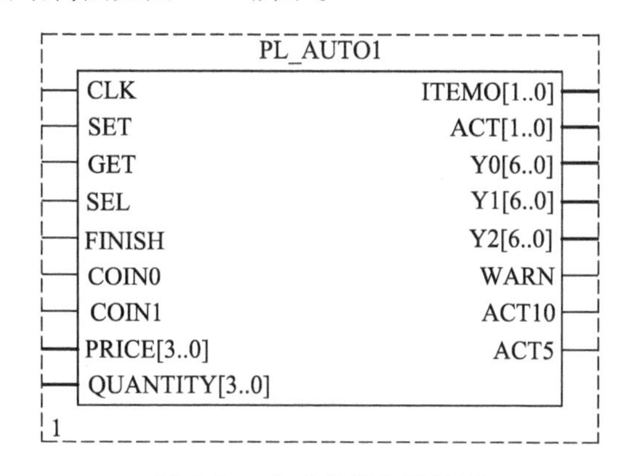


图 4.14　自动售货机结构图

其中：

（1）输入端口。

CLK：输入时钟脉冲信号。

SET:货物信息存储信号。

GET:购买信号。

SEL:货物选择信号。

FINISH:结束当前交易信号。

COIN0:代表投入 5 角硬币。

COIN1:代表投入 1 元硬币。

PRICE[3..0]:商品的单价。

QUANTITY[3..0]:商品的数量。

(2) 输出端口。

ITEMO[1..0]:所选商品的种类。

ACT[1..0]:成功购买商品的种类。

Y0[6..0]:投入硬币的总数。

Y1[6..0]:所购买商品的数量。

Y2[6..0]:所购买商品的单价。

WARN:钱数不足的提示信号。

ACT10:找回 1 元硬币的数量。

ACT5:找回 5 角硬币的数量。

**2. 设计流程**

(1) 预先将自动售货机里每种商品的数量和单价通过"SET"键置入到内部 RAM 里,并在数码管上显示出来。

(2) 顾客通过"COIN0"和"COIN1"键模拟投入硬币 5 角和 1 元,然后通过"SEL"键对所需购买的商品进行选择,选定后通过"GET"键进行购买,再按"FINISH"键取回找币,同时结束此次交易。

(3) 按"GET"键时,如果投入的钱数等于或大于所要购买商品的售价总额,则自动售货机会给出所购买的商品,并找回剩余钱币;如果钱数不够,自动售货机给出警告,并继续等待顾客的下一次操作。

(4) 顾客的下一次操作可以继续投币,直到钱数总额到达所要购买商品的售价总额时继续进行购买,也可直接按"FINISH"键退还所投硬币,结束当前交易。

通过对系统的分析,可将自动售货机控制电路划分为货物信息存储模块、进程控制模块、硬币处理模块、余额计算模块及显示模块。

## 三、实验报告要求

(1) 分析系统的工作原理与设计流程。

(2) 写出各模块的源程序。

(3) 仿真各功能模块,画出仿真波形。

(4) 下载到实验箱的验证过程。

(5) 书写实验报告应结构合理、层次分明。

# 4.13　电梯控制器电路设计

## 一、实验任务及要求

基于 Verilog HDL 设计一个 4 层电梯控制器电路。要求：

（1）每层电梯入口处设有上下请求开关，电梯内设有乘客将到达楼层的选择按钮。

（2）设置电梯所在楼层、运行方向、暂停状态的指示。

（3）当电梯到达有停站请求的楼层后，门打开，延迟一定时间后，门关闭，再延迟一定时间，门关闭好，电梯可以运行，开关门过程中能够响应提前关闭电梯门和延迟关闭电梯门的请求。

（4）记忆电梯内外的所有请求信号，电梯的运行遵循方向优先的原则，按照电梯运行规则依次响应有效请求，每个请求信号保留至执行完成后消除。

（5）无请求时电梯停在 1 层待命。

## 二、设计说明与提示

电梯控制器系统的结构图如图 4.15 所示。

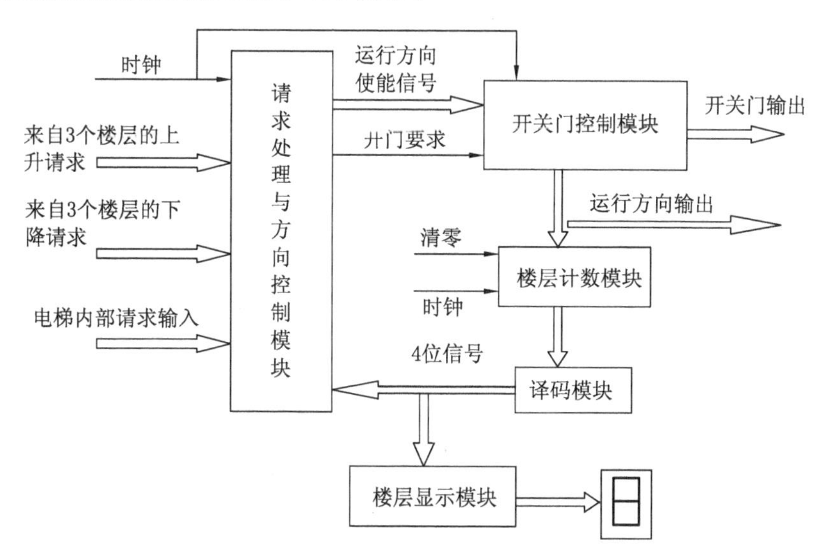


图 4.15　电梯控制器系统结构图

电梯控制器由以下五个模块组成。

（1）请求处理与方向控制模块：能够对来自各层的电梯内外的请求信号进行检测、寄存、处理与清除；能够正确判断电梯的运行方向，且符合电梯的运行规则，即在上升过程中只响应比当前层高的楼层的请求，在下降过程中只响应比当前层低的楼层的请求；当某层为乘客的目标层，或在该层有符合运行规则的上升或下降的请求时，能输出开门请求信号；各层均无请求时，若当前位置为 1 层，则输出暂停信号；否则输出下降信号，直至到达 1 层。

（2）开关门控制模块：能够接收来自请求处理与方向控制模块的开门请求并输出开门

信号。能够在开关门过程中响应来自外部的关门延时和提前关门的请求。能判断电梯门关闭后的运行方向,这个方向信号作为电梯运行方向的指示输出,同时也作为楼层计数模块的输入信号,开关门期间,输出暂停信号。在没有关门延时请求和提前关门请求时,该模块响应开门请求后,输出开门信号,经过一定延迟时间,输出关门信号,再经过一定延迟时间,门关闭好。

(3) 楼层计数模块:在电梯运行过程中对电梯所在的楼层进行计数,并用 3 位二进制数输出当前楼层的值。该模块设有清零信号,清零时,电梯所在楼层为 1 层。在开关门控制模块输出的运行状态为上升的情况下,每过一定时间进行加 1 计数,在运行状态为下降的情况下,每过一定时间进行减 1 计数。

(4) 译码模块:本模块采用二进制译码原理将一组 2 位二进制代码译成对应输出端的高电平信号(一个 4 位二进制代码)。

(5) 楼层显示模块:可用数码管直观地显示楼层数据。

### 三、实验报告要求

(1) 分析系统的工作原理与设计流程。

(2) 写出各模块的源程序,并完成顶层电路的设计。

(3) 仿真各功能模块及顶层电路,画出仿真波形。

(4) 下载到实验箱的验证过程。

(5) 书写实验报告应结构合理,层次分明。

## 4.14 自动打铃系统设计

### 一、实验任务及要求

(1) 用 6 个数码管实现时、分、秒的数字显示。

(2) 能设置当前时间。

(3) 能实现上课铃、下课铃及起床铃、熄灯铃的打铃功能。

(4) 能实现整点报时功能,并能控制启动和关闭。

(5) 能实现调整打铃时间和间歇长短的功能。

(6) 能利用扬声器实现播放打铃音乐的功能。

### 二、设计说明与提示

根据设计要求,可以将自动打铃系统划分为以下几个模块。

(1) 状态机:系统有多种显示模式,设计中将每种模式当成一种状态,采用状态机来进行模式切换,将其作为系统的中心控制模块。

(2) 计时调时模块:用于完成基本的数字钟功能。

(3) 打铃时间设定模块:系统中要求打铃时间可调,此部分功能相对独立,单独用一个模块实现。

（4）打铃时间长度设定模块：用以设定打铃时间的长短。
（5）显示控制模块：根据当前时间和打铃时间等信息决定当前显示的内容。
（6）打铃控制模块：用于控制铃声音乐的输出。
（7）分频模块、分位模块、七段数码管译码模块等。
自动打铃系统框图如图 4.16 所示。

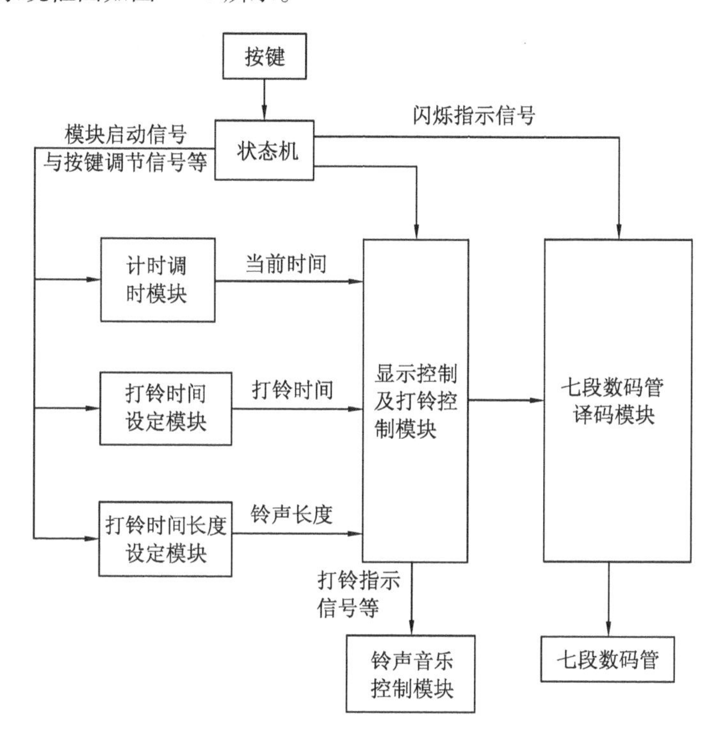


图 4.16　自动打铃系统框图

## 三、实验报告要求

（1）分析系统的工作原理。
（2）画出状态转移图。
（3）画出各部分的详细功能框图。
（4）写出各功能模块的源程序。
（5）仿真功能模块，画出仿真波形图。
（6）书写实验报告应结构合理、层次分明。

# 4.15　步进电机细分驱动控制电路设计

## 一、实验任务及要求

（1）查阅步进电机驱动时序及细分原理的详细资料。

(2) 用 FPGA 实现步进电机的基本控制时序。

(3) 用 FPGA 实现步进电机的细分控制时序。

(4) 实现步进电机正反转、停止、加减速的控制功能。

## 二、设计说明与提示

本设计中步进电机细分驱动可以利用 FPGA 中的 EAB 构成存放电机各相电流所需的控制波形数据表,利用数字比较器可以同步产生多路 PWM 电流波形,无须外接 D/A 转换器对步进电机进行灵活的控制,使外围控制电路大大简化,控制方式简洁,控制精度高,控制效果好。

在设计中主要可以分为如下四个模块。

(1) PWM 计数器:在脉宽时钟作用下递增计数,产生阶梯形上升的周期性锯齿波,同时加载到各数字比较器的一端,将整个 PWM 周期若干等分。

(2) 波形 ROM 地址计数器:是一个可加/减计数器。波形 ROM 的地址由地址计数器产生。通过对地址计数器进行控制,可以改变步进电机的旋转方向、转动速度、工作/停止状态。

(3) PWM 波形 ROM 存储器:根据步进电机八细分电流波形的要求,将各个时刻细分电流波形所对应的数值存放于波形 ROM 中,波形 ROM 的地址由地址计数器产生。PWM 信号随 ROM 数据而变化,改变输出信号的占空比,达到限流及细分控制,最终使电机绕组呈现阶梯形变化,从而实现步距细分的目的。输出细分电流信号采用 FPGA 中 LPM_ROM 查表法,它是通过在不同地址单元内写入不同的 PWM 数据,用地址选择来实现不同通电方式下的可变步距细分。

(4) 数字比较器:从 LPM_ROM 输出的数据加在比较器的 A 端,PWM 计数器的计数值加在比较器的 B 端。当计数值小于 ROM 数据时,比较器输出低电平;当计数值大于 ROM 数据时,比较器则输出高电平。由此可输出周期性的 PWM 波形。如果改变 ROM 中的数据,就可以改变一个计数周期中高低电平的比例。

在顶层文件中将上述模块连接在一起实现实验要求的功能。

## 三、实验报告要求

(1) 分析系统的工作原理。

(2) 画出各部分的详细功能框图。

(3) 写出各功能模块的源程序。

(4) 仿真功能模块,画出仿真波形图。

(5) 书写实验报告应结构合理、层次分明。

# 第 5 章　HDL 项目设计应用实例

## 5.1　红外遥控发/收数据通信系统

### 一、系统介绍

红外通信作为一种简便的无线通信技术在电子设备中具有广泛的应用,它在技术上的主要优点是:

(1) 无需专门申请特定频率的使用执照;

(2) 具有移动通信设备所必需的体积小、功率低的特点;

(3) 传输速率适合于家庭和办公室使用的网络;

(4) 信号无干扰,传输准确度高;

(5) 成本低廉。

红外线遥控就是利用波长为 0.76 ~ 1.5 μm 的近红外线来传送控制信号的。常用的红外遥控系统一般分为发射和接收两个部分。发射部分的主要元件为红外发光二极管。目前大量使用的红外发光二极管发出的红外线波长为 850 nm 和 940 nm,外形与普通 ϕ5 发光二极管相同。接收部分是红外光敏二极管,有三只引脚,即 VDD、GND 和数据输出 OUT。红外遥控常用的载波频率为 38 kHz。

### 二、红外遥控通信协议

为了能够正确地对红外遥控接收信号进行发送和接收,首先必须了解其通信协议,如图 5.1 所示是红外遥控通信协议的时序图。该编码用 38 kHz 的载波,每个按键对应的编码时间长度为 108 ms,按键编码间隔时间至少为 36 ms。编码数据部分可以分成三大块,红外引导头部分(leader code)、客户 ID 号部分(custom code)和数据部分(data code)。每一部分的具体构成如下:

(1) 红外引导头部分:由 9 ms 的有载波部分和 4.5 ms 的空闲部分构成。

(2) 客户 ID 号部分:由两个 8 bit 数据构成,第二个字节是第一个字节的反码。主要用于接收端确认发送信号的 ID,如果 ID 正确,说明接收到的红外信号是匹配的发射端发射出来的,需要对后面的数据部分进行处理,否则就不需要对后面的数据部分进行处理。

(3) 数据部分:由两个 8 bit 数据构成,第二个字节是第一个字节的反码。若 ID 检查通过,接收端就会对这两个 8 bit 数据进行处理。在客户 ID 号部分和数据部分表示的数据“0”和数据“1”的方法如下:数据 0——由 0.56 ms 的有载波部分和 0.565 ms 的空闲部分构成;数据 1——由 0.56 ms 的有载波部分和 1.69 ms 的空闲部分构成。以上这些描述都是针对发射端来说的,而在进行红外解码的时候,输入的信号是从接收管送出的信号,接收管输出的信号与发射端发射的信号是倒相关系。

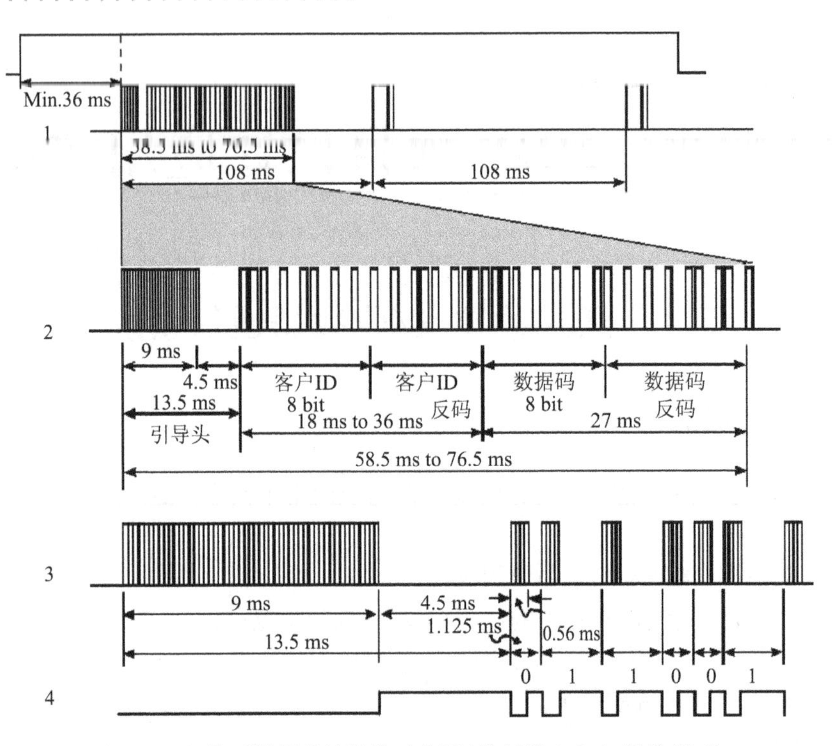


图 5.1　红外遥控通信协议的时序图(发射端 1、2、3,接收端 4)

## 三、红外遥控数据发/收系统设计

本系统所设计的系统框图如图 5.2 所示,虚线框中部分就是主要设计的发/收控制电路和显示驱动电路,统一由现场可编程逻辑门阵列 FPGA 来完成。系统采用的红外接收芯片是 IRM-3638N3,遥控发射采用红外发射二极管 IR3014 LED。外围电路包括四个 LED 数码管、8 位 74HC164 移位寄存器(两片)和系统统一 50 MHz 晶振电路(图中未列出)。接收端将接收到的 custom code 和 data code 通过显示驱动电路从四个 LED 数码管上显示出来。

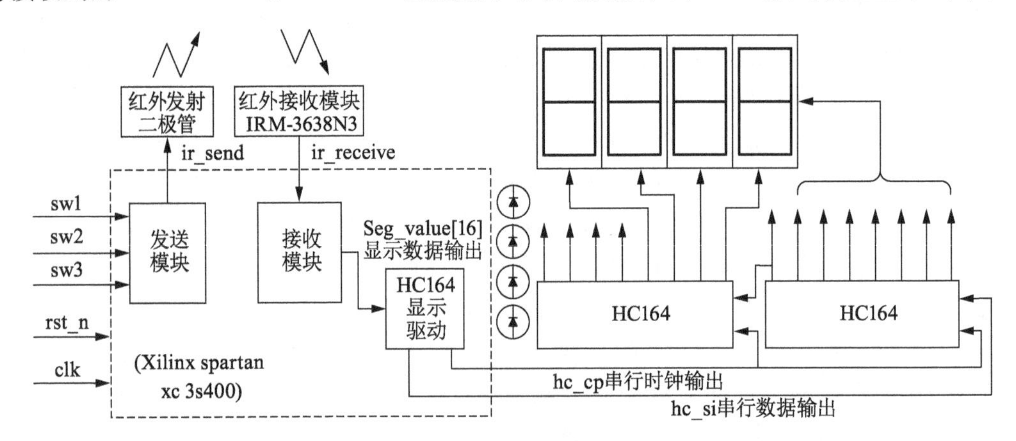


图 5.2　系统设计框图

### 1. 发送端设计

发送端将待发送的数据根据红外通信发送端的要求调制成 38 kHz 的载波,然后送到红

外发射二极管进行发射。本设计中设置了三个接触式按钮 sw1、sw2、sw3，按下它们时，分别发送 1111、2222、3333。发送端设计的主要思想是对 50 MHz 时钟周期进行计数，不同的计数值对应不同的持续时长。例如，对 0.56 ms 的电平时长，需计数到 28 000；对 0.565 ms 的电平时长，需要计数到 28 250；对 1.69 ms 的电平时长，则需计数到 84 500。在不同的时长范围内，根据待发送的引导头和数据情况，将 38 kHz 的载波发送到红外发射二极管。整个时序的控制可由 Verilog HDL 中提供的有限状态机来完成，其状态转化图和转移条件如图 5.3 所示。本设计中将 custom code 定为 1234。

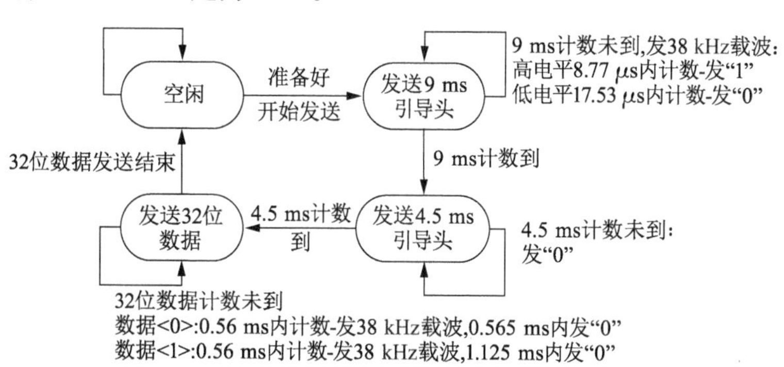


图 5.3 数据发送状态机

## 2. 接收端设计

接收时，从接收解调信号中可以看出（图 5.1 中 4），载波信号已经去除，并且接收信号与发送信号反相。但具体的数据尚未恢复，必须通过数据解码将其恢复出来。通过对通信协议的分析可以发现，最小的电平持续时间为 0.56 ms，为获取该信号，同时考虑一定的精度需求，通常对其至少采样 16 次，由此得到采样周期为 35 μs（0.56 ms/16）。该采样周期可以由开发板上的 50 MHz 时钟经 1 750 分频得到。同样，其他不同持续时间的电平可以通过不同的分频系数得到。本设计的主要设计思想是如何检测时序的上升沿和下降沿，同时开始对 35 μs 采样周期进行计数，不同的计数值对应于不同的持续时长。例如，对 0.56 ms 的电平时长，需计数到 16；对 2.25 ms 的电平时长，需要计数到 48；对 9 ms 的电平时长，则需计数到 257。整个时序的控制也由有限状态机来设计完成，其状态转化图和转移条件如图 5.4 所示，具体电路还包括各种计数器、边沿检测器等。

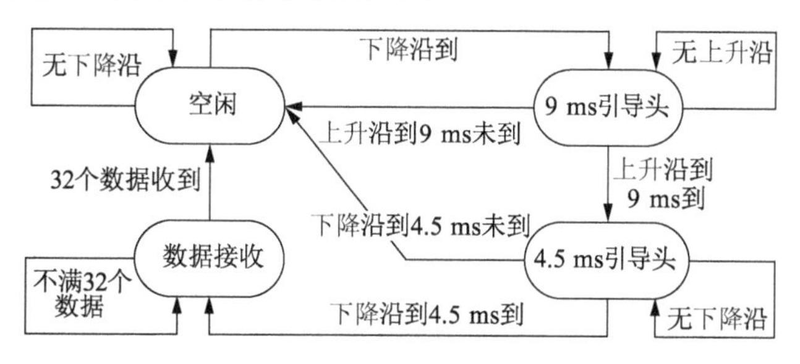


图 5.4 数据接收状态机

## 3. 显示部分设计

一般来说，考虑到降低功耗和延长数码管的使用寿命，LED 数码管都采用动态扫描的方法来驱动。数码管动态扫描的原理是利用人的视觉暂留特性来进行景物显示的。所谓视觉暂留特性是指景物消失后还能在视网膜上保持 0.1 s。动态扫描时,为了看到稳定的图像,可以将数据刷新速率定为 10 Hz(0.1 s);若需要对 $N$ 位数据进行扫描,则数据刷新速率最低应该为 10 Hz × $N$。

为了节省开发板 FPGA 的 I/O 引脚,外围数码管的“驱动点亮”并没有采用传统的并行驱动方法,而是采用了两片串联的 8 位串/并转换电路 74HC164 来驱动点亮数码管。其工作过程为:把并行的位扫描码和此刻的 7 段码在计数脉冲的作用下变换成串行信号送入移位寄存器的数据输入端,在 16 个移位脉冲的作用下,该串行信号变换成并行的“驱动点亮”信号,图 5.5 中 HC164driver 实现本功能。

本项目中需要对四个数码管进行扫描,扫描频率定为 763 Hz(50 MHz/$2^{16}$),整屏的刷新速率为 763 Hz/4 = 191 Hz,完全可以满足视觉暂留要求。本项目中使用的是 50 MHz 的系统时钟,可以用一个计数器来对系统时钟进行分频,从而得到所需的各种频率。根据设计指标,图 5.5 给出了各个驱动信号的时序图,显示驱动电路由 Verilog HDL 描述完成。编写各个子模块的 Verilog HDL 程序,在顶层模块中调用各子模块,构建整个完整的系统。

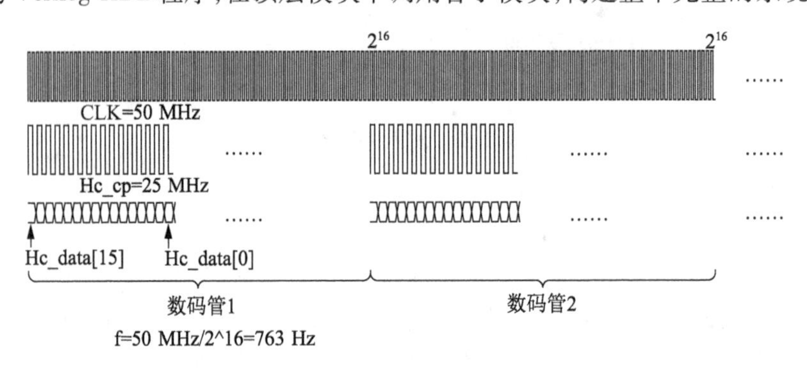


图 5.5　外围显示电路 HC164driver 驱动信号的时序图

## 四、电路仿真、FPGA实现及应用测试

编写测试向量文件,在 ModelSim 仿真工具中进行功能仿真,经检验完全符合设计要求。由于下文中给出了测试结果,故在此忽略仿真结果图。

本设计的实现平台采用 Xilinx 公司的 SPARTANIII QFP 封装的 XC3S400-4PQ208C,总逻辑门为 400k 门。经综合、适配、仿真、布局布线后仅占用比较少的器件资源。整个系统下载到 FPGA 后在 50 MHz 时钟频率下能正常工作,按下不同的按键 sw1、sw2、sw3,接收数码管显示不同的解码值 1111、2222、3333。

## 五、逻辑分析仪测试结果分析

为检验接收电路设计的正确性,必须对输出的时序进行研究,为此对发送和接收的信号用逻辑分析仪采集显示来验证。分析测试采用 Agilent 的 16823A 高端逻辑分析仪,半通道存储采样频率可达到 1 GHz。如图 5.6 所示,逻辑分析仪器的测试端口通过测试探头及引线与待测电路引脚连接,通过测试软件设置好采集触发条件后将数据采集到测试软件中,进行显示或后续处理。测试条件为:采样周期为 2 μs(采样频率为 500 kHz);设置触发条件为“irda_data 的上升沿到来”。

图 5.6　Agilent 逻辑分析仪器现场分析测试状态图

图 5.7 显示了逻辑分析仪采集到的数据,选取了按下 sw3 时的发送和接收到的 3333 的数据。图中显示了 108 ms 的采样间隔,9 ms 和 4.5 ms 的引导码、0.56 ms/0.565 ms 的"0"码、0.56 ms/1.69 ms 的"1"码等电平持续时间,接收到的 32 位数据都显示在图中。图中显示发送的 custom code 为 1234,data code 为 3333。可见,本项目用 Verilog HDL 设计的红外遥控接收信号解码器完全符合红外遥控通信协议的要求。

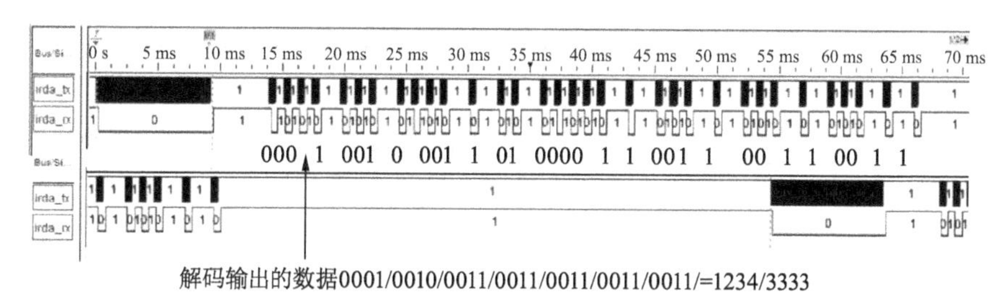


图 5.7　Agilent 逻辑分析仪采集到的传输数据

# 5.2　红外遥控接收信号解码器设计

## 一、系统介绍

在上节内容基础上,对家用常见遥控器(如电视遥控器、DVD 遥控器)进行译码器设计。本项目中采用的红外接收芯片是 IRM-3638N3,遥控发射采用新科的 RC-280H DVD 遥控发射器,系统的电路连接原理图如图 5.8 所示。

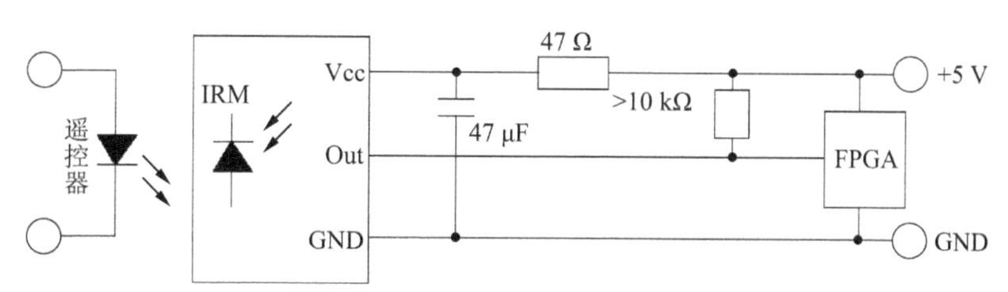


图 5.8　系统电路连接原理图

## 二、红外遥控解码器电路的HDL设计

用 HDL 和可编程逻辑器件(FPGA/CPLD)设计数字系统有传统方法无可比拟的优越性,它已经成为大规模集成电路设计最有效的一种手段。本项目采用 Verilog HDL 设计了红外遥控接收信号解码器电路。为简单起见,本设计中只对遥控传输的数据部分进行解码,不失一般性。

通过对通信协议的分析可以发现,最小的电平持续时间为 0.56 ms,为获取该信号,同时考虑一定的精度需求,通常对其至少采样 16 次,由此得到采样周期为 35 μs(0.56 ms/16)。该采样周期可以由开发板上的 50 MHz 时钟经 1 750 分频得到。同样,其他不同持续时间的电平可以通过不同的分频系数得到。本设计的主要设计思想是如何检测时序的上升沿和下降沿,同时开始对 35 μs 采样周期进行计数,不同的计数值对应于不同的持续时长。例如,对 0.56 ms 的电平时长,需计数到 16;对 2.25 ms 的电平时长,需计数到 48;对 9 ms 的电平时长,则需计数到 257。其系统框图如图 5.9 所示。

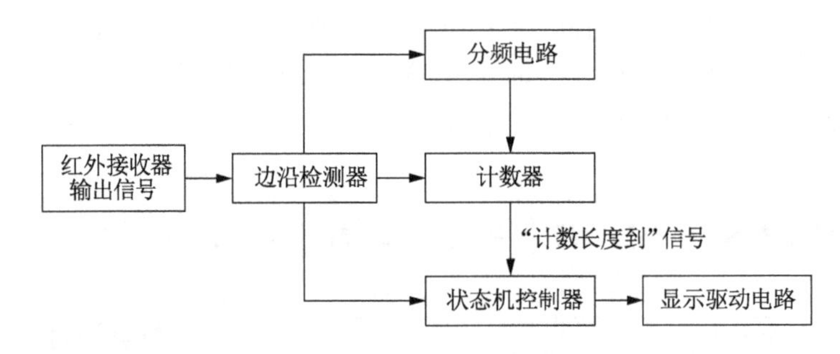


图 5.9　红外数据解码系统框图

整个时序的控制可由 Verilog HDL 中提供的有限状态机来完成,其状态转化图和转移条件如图 5.4 所示。显示电路采用两个 LED 数码管,驱动电路采用动态扫描驱动的方法,驱动时序也由 Verilog HDL 描述完成。

构建整个完整的系统,编写各个子模块的 Verilog HDL 程序,在顶层模块中调用各子模块。以下给出部分程序片段:

(1) 上升和下降边沿检测,采用三级 D 触发器缓冲,避免亚稳态的出现。

```
if(! rst_n)
  begin
    irda_reg0  <=  1'b0;
    irda_reg1  <=  1'b0;
    irda_reg2  <=  1'b0;
  end
else
  begin
    irda_reg0  <=  irda;
    irda_reg1  <=  irda_reg0;
    irda_reg2  <=  irda_reg1;
```

```
    end
assign irda_chang = irda_neg_pulse | irda_pos_pulse;
assign irda_neg_pulse = irda_reg2 & ( ~irda_reg1);
assign irda_pos_pulse = ( ~irda_reg2) & irda_reg1;
```

（2）分频器和计数器，根据跳变沿，开始计数并获取不同的电平时长。

```
  always @ (posedge clk)
    if (! rst_n)
      counter <= 11'd0;
    else if (irda_chang) irda              //irda 电平跳变，重新开始计数
      counter <= 11'd0;
    else if (counter == 11'd1750)
      counter <= 11'd0;
    else
      counter <= counter + 1'b1;
  always @ (posedge clk)
    if (! rst_n)
      counter2 <= 9'd0;
    else if (irda_chang) irda              //irda 电平跳变，重新开始计点
      counter2 <= 9'd0;
    else if (counter == 11'd1750)
      counter2 <= counter2 +1'b1;
  assign check_9ms =counter2 ==257;
  assign check_4ms = counter2 ==128;
  assign low =counter2 ==16;
  assign high =counter2 == 48;
```

（3）系统控制状态机。

```
  always @ ( * )
    case (cs)
      IDLE:
        if ( ~irda_reg1)
          ns = LEADER_9;
        else
          ns = IDLE;
      LEADER_9:
        if (irda_pos_pulse)                //leader 9ms check
          begin
            if (check_9ms)
              ns = LEADER_4;
            else
```

```
                ns  =  IDLE;
            end
          else                                    //完备的 if ---else --- ;防止生成 latch
            ns  = LEADER_9;
        LEADER_4:
          if (irda_neg_pulse)                     //leader 4.5ms check
            begin
              if (check_4ms)
                ns  =  DATA_STATE;
              else
                ns  =  IDLE;
            end
          else
            ns  =  LEADER_4;
        DATA_STATE:
        if ((data_cnt  ==  6'd32)  & irda_reg2 & irda_reg1)
            ns  =  IDLE;
          else if (error_flag)
            ns  =  IDLE;
          else
            ns  =  DATA_STATE;
        default:
          ns  =  IDLE;
    endcase
```

## 三、电路仿真、FPGA实现及应用测试

编写测试向量文件,在 ModelSim 仿真工具中进行功能仿真,经检验完全符合设计要求。由于下文中给出了测试结果,故在此忽略仿真结果图。

本设计的实现平台采用 Xilinx 公司的 SPARTANIII QFP 封装的 XC3S400-4PQ208C,总逻辑门为 400k 门。经综合、适配、仿真、布局布线后仅占用比较少的器件资源。整个系统下载到 FPGA 后在 50 MHz 时钟频率下能正常工作,在新科 RC-280H DVD 红外遥控器遥控下,按下不同的按键,接收数码管显示不同的译码值。

## 四、逻辑分析仪测试结果分析

为检验接收电路设计的正确性,必须对输出的时序进行研究,为此对采集输出的信号用逻辑分析仪采集显示来验证。如图 5.10、图 5.11 所示,逻辑分析仪器的测试端口通过测试探头及引线与待测电路引脚连接,通过测试软件设置好采集触发条件后将数据采集到测试软件中,进行显示或后续处理。测试条件为:采样周期为 2 μs;设置触发条件为“irda_rx 的下

降沿到来”。逻辑分析仪采用 Agilent 的 16823A。

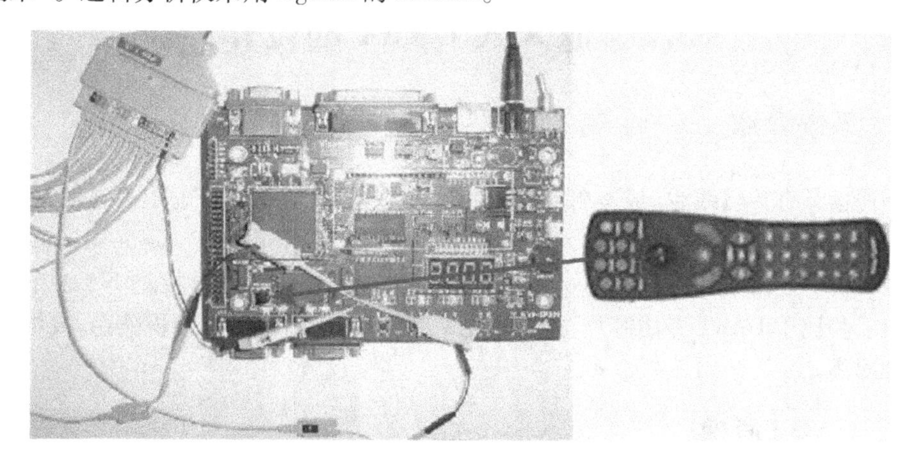

图 5.10　系统下载并测试

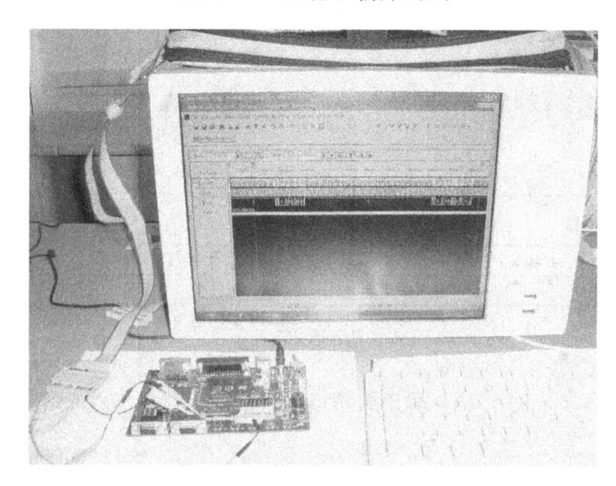

图 5.11　Agilent 逻辑分析仪现场分析测试状态图

图 5.12 显示了逻辑分析仪采集到的数据，选取了两次按键的数据。图中显示了 106 ms 的采样间隔，9 ms 和 4.5 ms 的引导码、0.56 ms/0.56 ms 的“0”码、0.56 ms/2.25 ms 的“1”码等电平持续时间，接收到的 32 位数据都显示在图中。可见，本项目用 Verilog HDL 设计的红外遥控接收信号解码器完全符合红外遥控通信协议的要求。

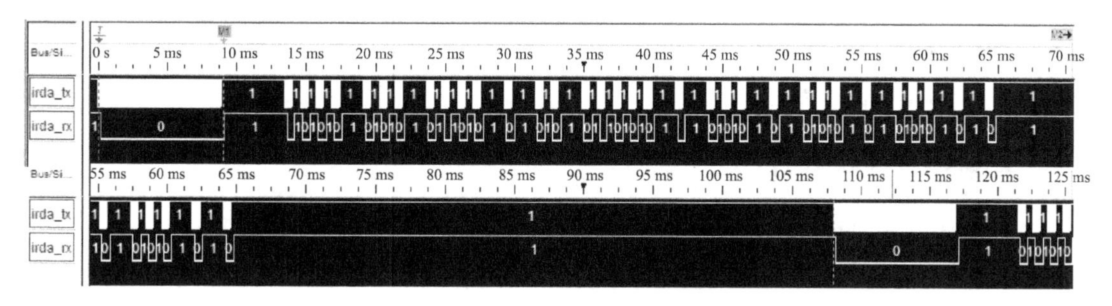


图 5.12　Agilent 逻辑分析仪采集到的传输数据

# 5.3 嵌入式 UART 的设计

## 一、系统介绍

串行通信具有传输线少、成本低、可靠性高等优点,所以系统间短距离通信常采用 RS-232 接口方式。基于 HDL 设计的异步串行通信控制器(Universal Asynchronous Receiver Transmitter,UART)知识产权(Intellectual Property,IP)核,可灵活地移植进 FPGA 中,用于实现该接口。相比于 UART 专用芯片,此方法使电路简化,印刷电路板面积缩小,成本降低,系统可靠性提高。

## 二、UART原理

UART 控制器是计算机串行通信系统中广泛使用的接口,包含了 RS-232、RS-422、RS-485 等串口。其工作原理是将传输数据的每个字符编码一位接着一位地传输,传输过程由波特率时钟控制。异步串行通信协议数据传输模式如图 5.13 所示。

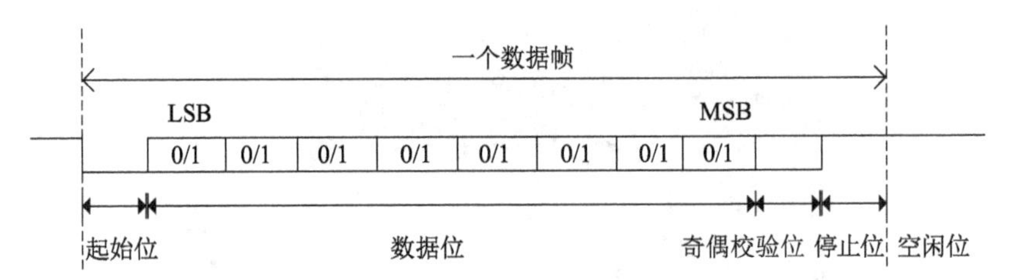


图 5.13 异步串行通信协议数据传输模式

其中各位的意义如下。

起始位:发出一个低电平信号,表示传输字符开始。

数据位:起始位后紧接着数据位,其位数常见的有 7、8 位构成一个字符,由时钟控制从最低位开始传送。

奇偶校验位:数据位加上这一位后,使得“1”的位数为偶数或奇数,以此来校验数据传送的正确性。

停止位:可以是 1 位、1.5 位、2 位的高电平,是一个数据帧的结束标志。

空闲位:处于高电平状态,表示当前线路上没有数据传送。若空闲位后出现低电平,则表示下一个数据帧的起始位。

## 三、UART设计

### 1. UART 设计框图

接收器从 SIN(串入)端口接收异步串行数据并执行串并转换。发送器从 CPU 接收 8 位的并行数据并执行并串转换。为了同步异步串行数据并保证数据的完整性,采用了标准异步通信格式,且发送器和接收器共用一个 CLK16X 时钟,该时钟是 UART 接口时钟的 16 倍,可从外部的输入时钟直接得到。UART 的原理框图如图 5.14 所示。

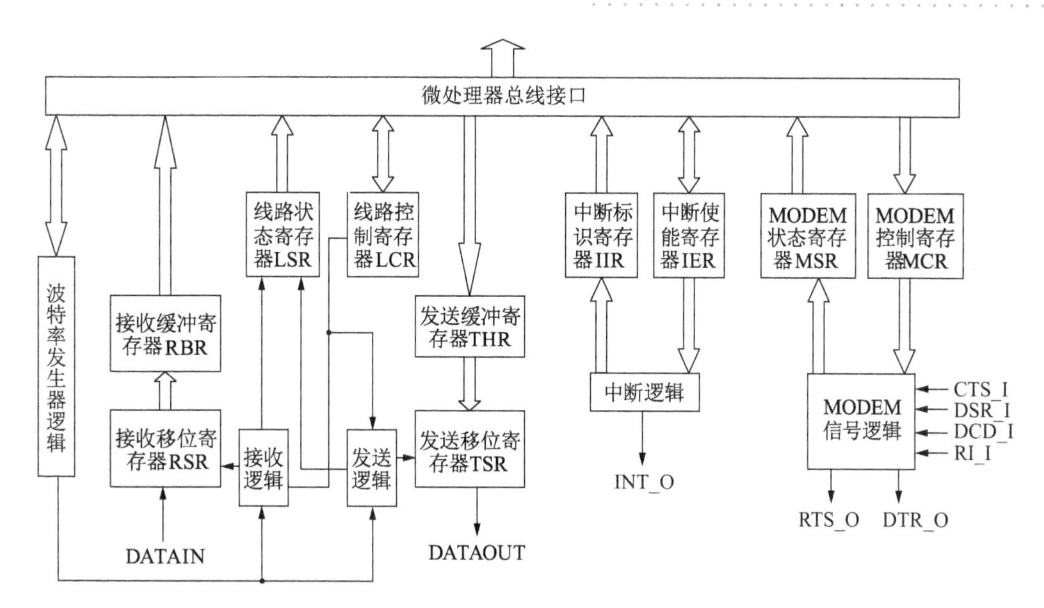


图 5.14　UART 的原理框图

在 UART 中，共有 10 个寄存器，其中有 8 个寄存器可以被 CPU 访问，需片选和地址线的配合。接收移位寄存器 RSR 通过 DATAIN 线接收数据，当 RSR 装满后，数据压入到接收缓冲寄存器 RBR，完成输入串并转换，然后通过 UP 总线接口把数据读取出来；发送过程是通过 UP 总线接口把数据送入发送缓冲寄存器 THR，一次性输入之后，当发送移位寄存器 TSR 内容为空时，把数据送入 TSR，由 TSR 再通过 DATAOUT 线发送出去，完成输出并串转换；整个数据输入/输出的过程需要一个控制波特率的时钟来实现。帧格式通过寄存器 LCR 进行配置，接收和发送的状态储存在 LSR 中。

## 2. 系统各模块设计

(1) 发送模块。串行发送器的功能是将要发送的并行数据转换成串行数据，并且在输出的串行数据流之前加入起始位 0，之后加入奇偶校验位 1 或 0，最后加停止位 1。组成的 11 位串行数据帧（起始位 + 数据位 + 奇偶校验位 + 停止位）以内部时钟 CLK16X 的 1/16 的速率送出。一个数据帧在传送的同时 THR 也在写入数据，当一帧送完后，下一帧立即开始传送，当没有数据传输时输出端 SOUT 保持高电平。整个过程采用了有限状态机来设计。发送状态机如图 5.15 所示。

当 UART 由复位管脚 MR 复位后，发送状态机复位到 START 状态，等待开始位的插入，这要等到 THR 中有数据移入，一旦开始位移出 SOUT，状态机就切换到 SHIFT 状态。在 SHIFT 状态下，等待有效数据位移出，当有效数据位全部移出，状态机切换到 PARITY 状态（奇偶校验使能，否则切换到停止位状态）。在 PARITY 状态下，最后的数据位仍处在传输中，传输结束后，状态机插入奇偶校验位，之后，状态机就立刻切换到停止位状态。

无论停止位是否配置为 1b 还是 1.5b 或 2b，状态机都会切换到 STOP_1b 状态，等待一个波特率的时钟周期，然后插入停止位。对停止位为 1b，状态机切换到 START 状态然后等待另一帧的 START 位；对停止位为 1.5b，状态机切换到 STOP_1.5b 状态，这个状态是 0.5b 数据和 1.5b 长度停止位，状态机等待半个时钟波特率周期后再切换到 START 状态；对停止位为 2b，状态机切换到 STOP_2b 状态，在此状态时第一个停止位处于传输状态，等待一个时

钟周期,插入另一个停止位,切换到 START 状态。

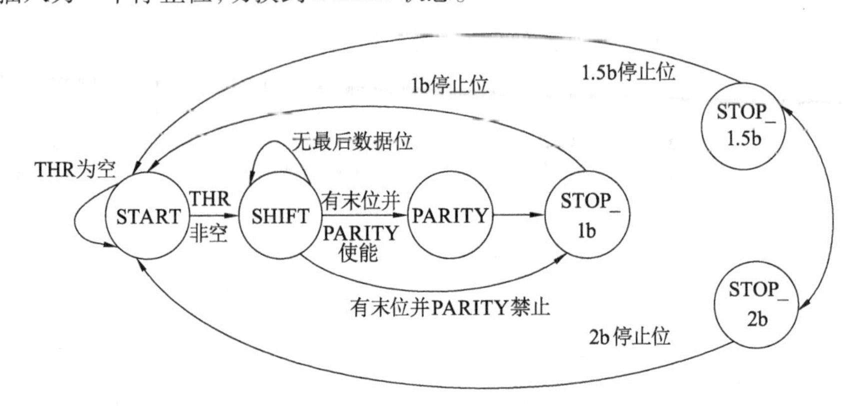


图 5.15 发送状态机

(2)接收模块。串行接收器的功能是将接收的串行数据转换成并行数据,开始位在至少 8 个 CLK16X 时钟内检测到低电平,认为开始位有效。若一个 START 位在 8 个 CLK16X 时钟内正确接收,则数据位和奇偶校验位每 16 个 CLK16X 时钟采样一次;若一个 START 位在 16 个 CLK16X 时钟内正确接收,则后面的位在位的中间采样。当发生任何的线路错误,如 Overrun error、Parity error、Framing error、Break 等,LSR 将会显示接收帧错误。接收状态机如图 5.16 所示。

当 UART 由复位管脚 MR 复位后,接收状态机复位到 IDLE 状态。等待 SIN 管脚由高到低,一旦判定是一个可用的开始位,状态机切换到 SHIFT 状态。在 SHIFT 状态下,16 个 CLK16X 时钟读取一位,并将它们移入 RSR,当最后一位读入后,状态机切换到 PARITY 状态。PARITY 状态中等待 16 个 CLK16X 后采样,读取到奇偶校验位后状态机转到 STOP 状态。无论停止位是 1b、1.5b 还是 2b,状态机都等待 16 个 CLK16X 时钟并采样停止位,当读到逻辑高电平,即采到停止位,之后状态机就自动切换到 IDLE 状态。

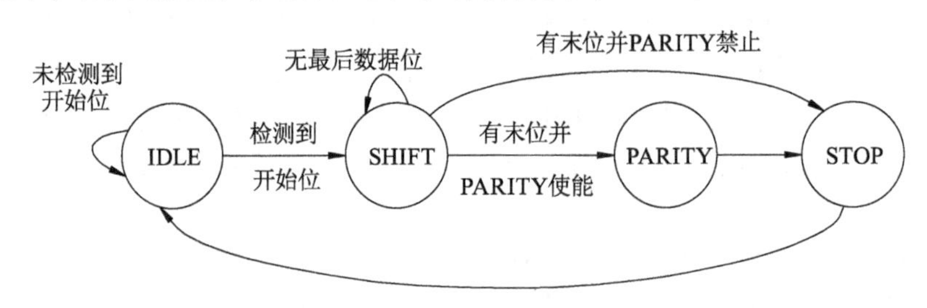


图 5.16 接收状态机

(3)中断仲裁模块。UART 将中断申请分为四个优先级,这样可减少外部对内部的查询。按中断优先级排序为:接收线路状态、接收数据准备完备、THR 清空、MODEM 状态。

一个读操作在 IIR 上将会读取最高优先级的中断,而其他中断要等待最高优先级的中断响应之后才予以查询。当最高优先级的中断响应后,响应记录也要消除,当下一次读 IIR 时就会读到下一优先级的中断。中断状态机如图 5.17 所示。

当 UART 由复位管脚 MR 复位后,中断状态机复位到 IDLE 状态。在该状态等待使能中断的条件,当条件匹配时,状态机就会切换到中断状态的最高优先级。当最高、第二、第三、

最低优先级的中断发生时，状态机依次切换到 INT0、INT1、INT2、INT3 状态，直到如图 5.17 所示的寄存器被访问读取。只要 IER 中断响应的使能位和中断条件匹配，中断就会持续发生。

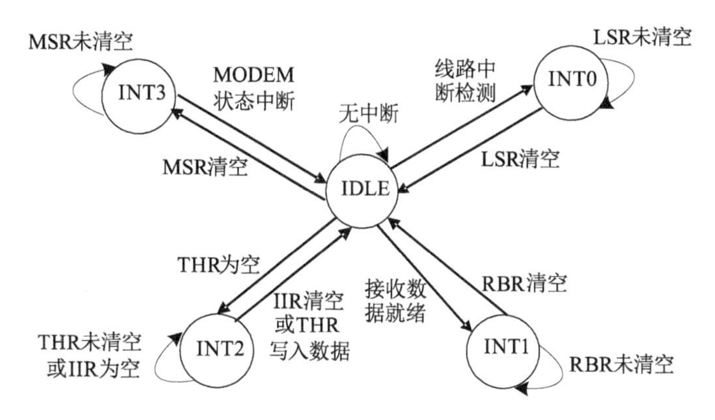


图 5.17 中断状态机

（4）MODEM 模块。

MODEM 模块用来和外部的 UART 设备通信，主要通过两个寄存器 MCR 和 MSR 进行。外部管脚输入信号改变 MSR，通过微处理器接口读出。MCR 用来控制 DTRN 和 RTSN 的输出，MCR 的配置通过外部微处理器接口输入。还可监视外部输入信号 DCDn、CTSn、DSRn、Rin。

## 四、模块功能仿真

系统功能和时序仿真是 EDA 设计的必经步骤。如图 5.18 所示是接收数据的仿真图形，可以看出接收端 SIN 上的数据序列为“01110000101”（数据位由低到高读取），起始位“0”后为数据位“10000111”，紧接着奇偶校验位“0”（设置为偶校验）和停止位“1”，数据依次串行输入 RSR 中，RSR 装满后，数据再一次性压入到 RBR 中，完成输入串并转换的过程。

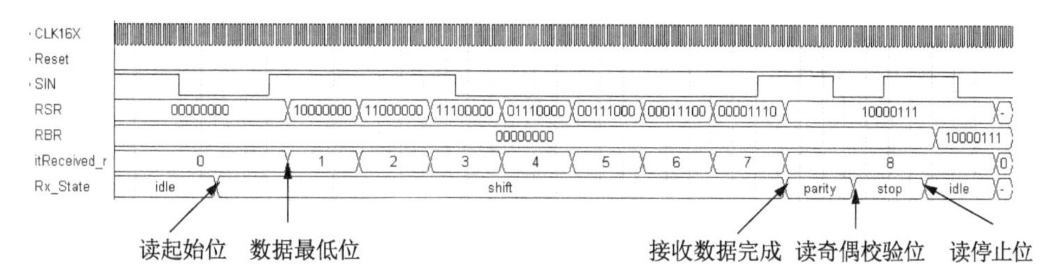


图 5.18 接收数据的仿真图形

如图 5.19 所示是发送数据的仿真图形，可以看到 THR 中待发送数据为“10000111”，将待发送数据再加上起始位、奇偶校验位、停止位，并从最低位开始发送，则发送端 SOUT 的数据序列为“01110000101”（数据位由低到高排列）。数据接收和发送功能完全正确。

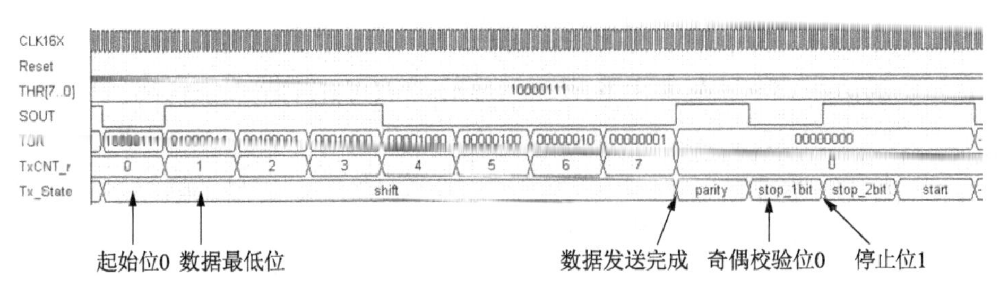


图 5.19　发送数据的仿真图形

## 五、硬件实现

FPGA 硬件验证是基于 IP cores 的嵌入式系统设计的手段和主要目的。设计中采用两种手段进行了验证。

(1) 单端发送测试,即 FPGA 系统设计成发送端,通过所嵌入的 UART IP core 向 PC 系统串口发送数据,PC 端超级终端软件通过 PC 中的 UART 接收数据并在屏幕上显示出来;UART IP 接口的传输格式为:8 bit 数据、无校验位、1 bit 停止位、波特率默认为 115 200 bps,为简单起见,UART 只用了 RX、TX,没有使用其他控制信号,所以超级终端的数据流控制选择“无”。PC 端通过 com1_115200_8n_1n. ht 来打开超级终端测试。超级终端的打开方法:开始→程序→附件→通信→超级终端。在打开超级终端时会提示设置 UART 的属性。经测试,数据传输正常。

(2) 回环测试,用于测试 UART 的 RX、TX(收、发)是否正常,即 PC 端通过系统 UART 向 FPGA 系统发、收数据,FPGA 系统通过嵌入式 UART IP 收、发数据。在做测试时用了收发测试软件工具“串口大师”,传输波特率设为 115 200 bps。在发送框内输入一个测试数据(如 a5),按一下发送按钮,就会马上在接收框看到测试数据,经测试,RX、TX 都能够正常工作。回环测试的结果如图 5.20 所示。

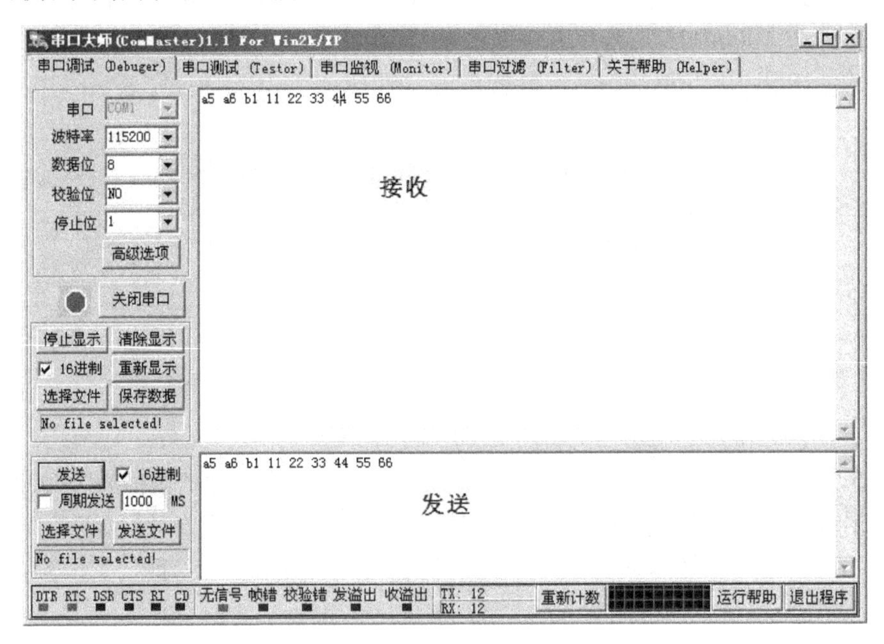


图 5.20　硬件收发回环测试的软件界面

# 5.4　步进电机驱动控制器设计

## 一、系统介绍

步进电机是一种应用范围广泛的驱动控制装置，其工作原理是将输入的电脉冲信号进行转换，使自身产生相对应的角位移或者线位移。步进电机的角位移量或线位移量与步进电机接收到的脉冲数成正比；输入的脉冲信号越多，步进电机的角位移或线位移就越多。而步进电机的转速则由输入脉冲的频率控制，输入的电脉冲信号的频率越高，步进电机的转速就越快。

步进电机根据结构的不同，主要可以分为三种类型：反应式（VR）、永磁式（PM）和混合式（HS）。本次设计所采用的步进电机是四相反应式步进电机，其示意图如图 5.21 所示。

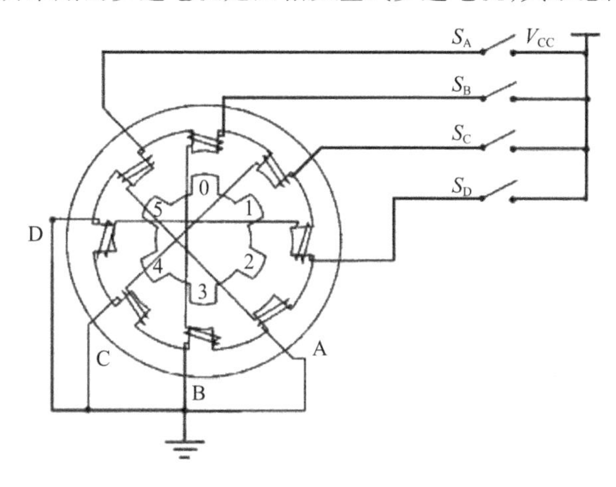


图 5.21　四相反应式步进电机示意图

在控制驱动步进电机时，由于步进电机能通过直接接收数字量的输入来控制电脉冲，且电路设计比较简单，适宜采用 HDL/FPGA 实现；通过 FPGA 开发工具 Quartus II 可以高效地进行编译、综合、波形仿真、下载测试，从而能够简化设计、提升效率、实现功能模块化。

## 二、步进电机的工作原理和驱动方式

如图 5.21 所示，步进电机主要由两部分组成：一部分是定子，上面有几组缠绕着线圈的齿，而另一部分是可自由转动的转子。定子有 4 相绕组，转子上一共有 6 个齿。以电机的四相单四拍的通电模式为例：反应式步进电机的工作原理是利用了物理上的“磁通总是力图使自己通过的路径的磁阻最小”所产生的磁阻转矩，驱动电机发生转动。开始时，只有 B 相绕组通电，由于电流在步进电机中产生一个穿过转子的磁场，而这个磁场将转子磁化，此时距离 B 相最近的齿会被吸引，直到与 B 相绕组对齐。由于图中 0、3 号齿本就与 B 相绕组对齐，所以此时转子不发生转动。当只有 C 相通电时，因为距离 C 相最近的 1、4 号齿未与 C 相对齐，所以此时在磁场的作用下，C 相会产生一个吸引转矩，吸引距离 C 相最近的 1、4 号齿向 C 相靠近，即在磁场作用下，转子逆时针转动。当转子转动至 1、4 号齿与 C 相对齐时停止。当只有 D 相通电时，因为磁场作用，2、5 号齿被吸引，转子发生转动。以此类推，通过不断切换通电的相,电机就能不停地转动。

除了电机每次单相通电的供电方式之外,即四相单四拍的通电方式,电机的四相绕组的供电方式还有四相双四拍和四相单、双八拍的通电方式。

四相双四拍的通电方式为:每次有两相相邻绕组接通电源,如 A、B 相绕组通电而 C、D 相绕组不通电。若初始状态如图 5.21 所示,那么 A、B 相通电时,因为磁场作用产生的转动力矩,会吸引 0、3 号齿与 A、B 相磁极的中间线对齐。当只有 B、C 相通电时,同理 0、3 号齿应该与 B、C 相磁极的中间线对齐。以此类推,可得到供电方式为四相双四拍时电机的转动状态。

而本次设计采用的四相单、双八拍的通电方式为单相通电和双相通电交替进行的模式。这种模式将步进电机转动一圈的拍数从 4 拍变为 8 拍,使得步进电机的每次转动的角度变为四拍状况下的一半,即四相单、双八拍的步距角是单四拍或双四拍步距角的一半。

当控制电机反转时,只需要将四相绕组的通电顺序改为与电机正转时的通电顺序相反即可。步进电机的步距角就是步进电机每转一次时转子转过的角度。步距角的计算公式为

$$\theta = \frac{360^\circ}{mCZ_k}$$

其中:$m$ 为步进电机径向相对的绕组数,也就是相数;$C$ 为步进电机工作的拍数和相数的比值,即步进电机以单四拍和双四拍的通电模式工作时,$C=1$,而当步进电机以单、双八拍的通电模式工作时,$C=2$;$Z_k$ 为转子的小齿数,本次设计所使用的四相步进电机的转子小齿数为 64。因为步进电机经过一个 1/8 的减速器引出,所以本次设计所使用的四相步进电机实际的步距角是

$$\frac{360^\circ}{512\times 8}\approx 0.0879^\circ$$

## 三、步进电机驱动控制的实现

本次设计采用四相单、双八拍的通电模式来控制四相步进电机的转动,A、B、C、D 四个相的通电与否由四路 I/O 信号并行控制,即由 FPGA 的四位 I/O 口输出四路脉冲信号,分别控制四相步进电机的四个相。FPGA 输出的脉冲信号经过功率放大之后,进入步进电机的各相绕组,由此便实现了由 FPGA 输出的脉冲信号直接控制步进电机的驱动,而不再需要脉冲分配器来对输入的电脉冲信号进行分配。如图 5.22 所示为四相步进电机与 FPGA 板的连接示意图。

**图 5.22　四相步进电机在开发板中的接法**

按照四相单、双八拍的控制方法来驱动四相步进电机进行正转时,电机四相绕组的通电顺序依次为 A→AB→B→BC→C→CD→D→DA。高电平为接通电源,低电平为不接通电源,容易得到在控制电机正转时,FPGA 四位 I/O 口的值如表 5.1 所示。当电机反转时,四个相的通电顺序与电机正转时的通电顺序相反,即通电相序为 A→DA→D→CD→C→BC→B→

AB。此时,FPGA 四位 I/O 口的值应与电机正转时四位 I/O 口输出值的顺序相反。

**表 5.1　FPGA 四位 I/O 口的值(电机正转时)**

| 十六进制 | 二进制 | 通电状态 |
|---|---|---|
| 1H | 0001 | A |
| 3H | 0011 | AB |
| 2H | 0010 | B |
| 6H | 0110 | BC |
| 4H | 0100 | C |
| CH | 1100 | CD |
| 8H | 1000 | D |
| 9H | 1001 | DA |

因为步进电机需要完成正转和反转两种工作,所以控制四相步进电机不仅需要能驱动电机转动的电脉冲信号 clk,还需要复位信号 rst 和控制电机正反转的方向信号 dir。步进电机的原理图如图 5.23 所示。

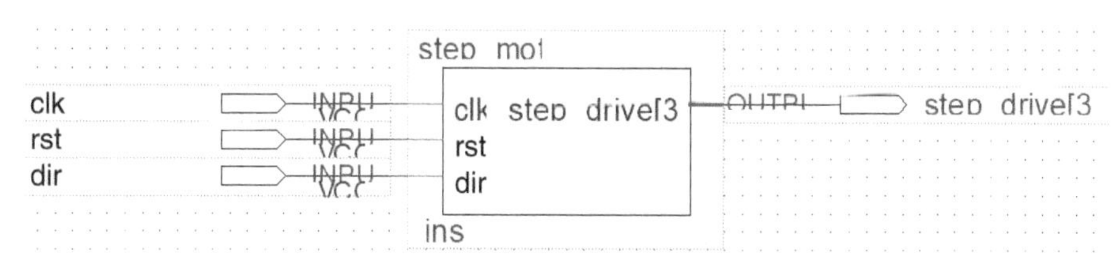


图 5.23　步进电机原理框图

本设计采用 Verilog HDL 的编程方法,在 Quartus II 软件中实现步进电机驱动控制电路的搭建、编译和波形仿真等工作。其中,实现主要功能部分的代码如下:

```
if ((clk == 1'b1))
begin
    StepCounter <= StepCounter + 31'b1;
if (StepEnable == 1'b1)
    begin InternalStepEnable <= 1'b1; end
if (StepCounter > = StepLockOut)
    begin
    StepCounter <= 32'b0;
    if (InternalStepEnable == 1'b1)
        begin
        InternalStepEnable <= StepEnable;
        if (Dir == 1'b1)
```

```
            begin state  <=  state  +  3'b001; end
        if (Dir  ==  1'b0)
            begin state  <=  state  -  3'b001; end
         case (state)
         3'b000 :begin StepDrive  <=  4'b0001; end
         3'b001 :begin StepDrive  <=  4'b0011; end
         3'b010 :begin StepDrive  <=  4'b0010; end
         3'b011 :begin StepDrive  <=  4'b0110; end
         3'b100 :begin StepDrive  <=  4'b0100; end
         3'b101 :begin StepDrive  <=  4'b1100; end
         3'b110 :begin StepDrive  <=  4'b1000; end
         3'b111 :begin StepDrive  <=  4'b1001;end
         endcase
        end
    end
end
```

上述代码主要实现了驱动电机时四位 I/O 口的八种输出状态,以及通过方向控制变量 dir 来实现控制电机的正转和反转。当通过使用条件语句时,state 的值为 0—7,分别对输出变量 step_drive 进行赋值。state 的值一共有 8 个,每个值对应着步进电机四个相的不同通电状态,当控制方向的变量 dir 为 1 时,电机正转,state 的值按照上面代码所展示的从上到下的顺序依次变化;而控制方向的变量 dir 为 0 时,电机反转,state 的值按从下到上的顺序依次变化。

## 四、波形仿真与下载测试

利用 Quartus II 软件对整个步进电机驱动控制器设计 HDL 代码进行波形仿真。

图 5.24 展示的是电机正转时 FPGA 四路 I/O 口的输出波形及接收到复位信号后的输出波形。其中 clk 表示控制电机转动的电脉冲信号;StepEnable 是控制电机是否工作的使能端,在进行波形仿真时,StepEnable 一直处于置 1 状态;rst 是复位信号,置 1 时电机正常运转,置 0 时电机复位;Dir 是方向信号,当 Dir 的值为 1 时,电机正转(逆时针旋转),当 Dir 的值为 0 时,电机反转(逆时针旋转)。

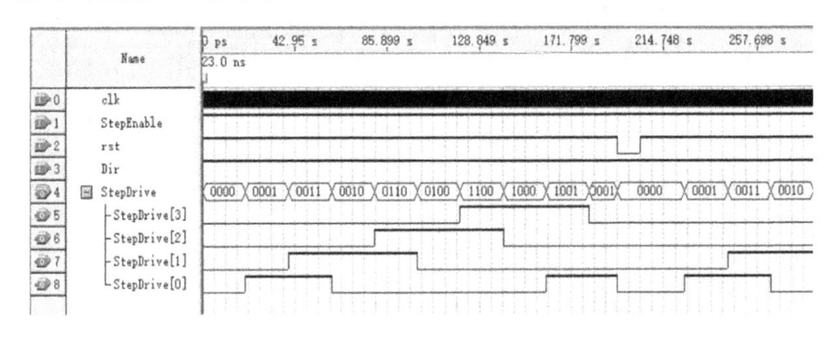


图 5.24　电机正转时输出波形及复位后波形

电机反转时的 FPGA 的四路 I/O 口的输出波形及接收到复位信号后的波形如图 5.25 所示，FPGA 四路 I/O 口数值为 0001，即步进电机反转时第一个状态为 A 相通电，随后四路 I/O 口输出波形和表 5.1 所描述的相反。当接收到复位信号时，四路 I/O 口的值变为 0000，然后重新从 0001 开始。即当步进电机接收到复位信号以后，步进电机的四个相均不通电，然后重新从 A 相通电的状态开始，步进电机重新开始旋转。

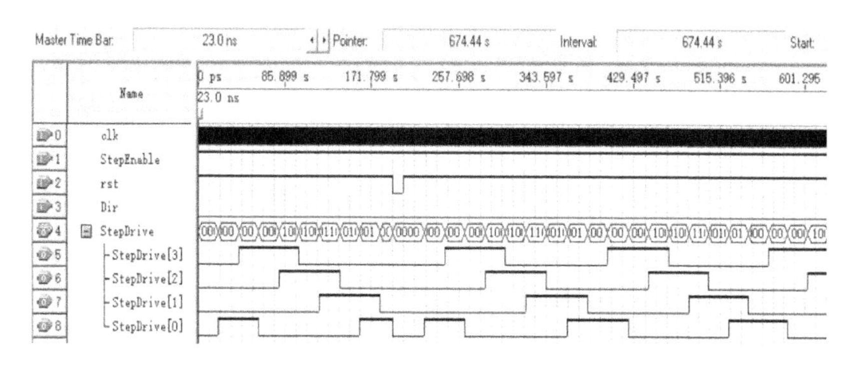


图 5.25　电机反转时的输出波形及复位后波形

当实现控制步进电机进行正反转状态切换的功能时，FPGA 的四路 I/O 口的输出波形如图 5.26 所示。当方向信号 Dir 的值由 1 变为 0 时，四路 I/O 口的值为 0011，在下一个使电机旋转的电脉冲信号到达后，四位 I/O 输出的值变为 0010，即电机由正转变为反转的状态。所以在控制电机从正转变为反转（或反转变为正转）时，电机保持现有的状态，等下一个控制电机旋转的脉冲信号到来时，电机变为反转状态（正转状态）。

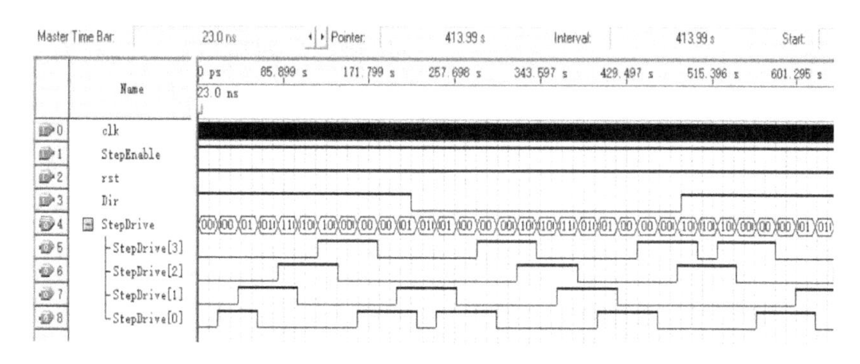


图 5.26　电机正反转切换时的输出波形

通过波形仿真结果，验证了步进电机驱动控制器设计程序的功能，即能够控制电机进行正转、反转、复位及正反转状态的切换。经过下载测试，与仿真结果相符，达到了设计要求。

# 5.5　$I^2C$ 串行总线控制器设计

## 一、系统介绍

串行总线和并行总线相比具有结构简单、占用引脚少、成本低的优点。常见的串行总线有 USB，IEEE1394、$I^2C$（Inter IC BUS）等，其中 $I^2C$ 总线具有使用简单的特点，在单片机、串行

$E^2PROM$、LCD 等器件中应用广泛。

$I^2C$ 是 Philips 公司开发的用于芯片之间连接的总线,$I^2C$ 总线用两根信号线来进行数据传输,一根为串行数据(Serial Data,SDA),另一根为串行时钟线(Serial Clock,SCL)。它允许若干兼容器件(如存储器、A/D、D/A、LCD 驱动器等)共享总线。$I^2C$ 理论上可以允许的最大设备数,是以总线上所有器件的总电容不超过 400 pF 为限(其中包括连线本身的电容和连接端的引出电容),总线上所有器件依靠 SDA 发送的地址信号寻址,不需要片选线。任何时刻总线只能由一个主器件控制,各从器件在总线空闲时启动数据传输。$I^2C$ 总线数据传输的标准模式速率为 100 kbps,快速模式速率为 400 kbps,高速模式速率为 3.4 Mbps。

用 HDL 和 CPLD 设计数字系统有传统方法无可比拟的优越性,它已经成为大规模集成电路设计最有效的一种手段。为简单起见,本项目采用 HDL 设计了标准模式的 $I^2C$ 总线控制电路。

## 二、$I^2C$总线上的数据传输

$I^2C$ 总线包含时钟线 SCL 和数据线 SDA 两条连线,SCL 由主机产生,其传输格式如图 5.27 所示。其传输过程为:首先主机产生起始位,然后传送第一个字节。8 位数据中首先传送的是数据的最高位 MSB,最低位 LSB 为读写指示位,1 表示主机读,0 表示写,高 7 位地址可使主机寻址 128 个从器件。

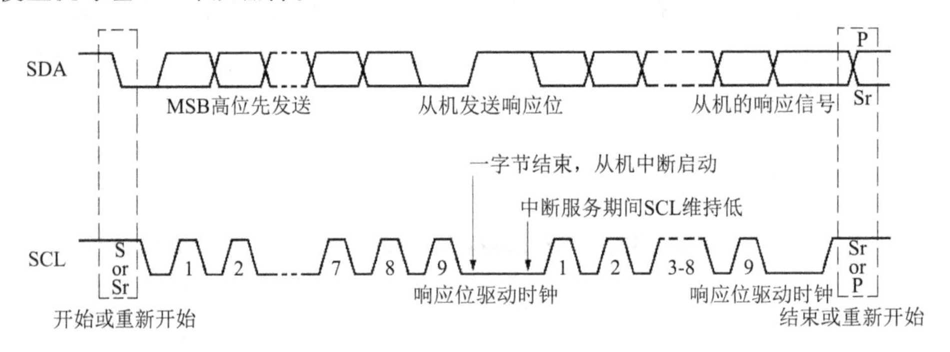


图 5.27　$I^2C$ 总线的数据传输流程

从机收到后发响应位,主机收到响应位后接着发送第二个字节的数据。数据发送完毕后产生结束位,数据传送结束。数据传送时,时钟 SCL 为低电平时 SDA 才允许切换,SCL 为高时 SDA 必须稳定,此时 SDA 的电平就是总线转送的数值。

在 SCL 为高电平时,SDA 线由高到低切换表示起始位,SDA 线由低到高切换表示停止位。起始位和停止位由主机产生,在起始位产生后总线处于忙状态,停止位出现并经过一定时间后总线进入空闲状态。发送器每发送一个字节,接收器必须产生一个响应位。响应位的驱动时钟由主机产生,接收器将 SDA 线拉低产生响应位。如果主机是接收器,接收最后一个字节时,不产生响应位(响应位为 1),以通知从机结束发送,否则响应位为 0。当从机不能响应从机地址(如它正在执行一些实时函数,不能接收或发送)时,或响应了从机地址,但是在传输了一段时间后不能接收更多的数据字节,此时从机可以通过不产生响应位来通知主机终止当前的传输,于是主机产生一个停止位终止传输,或者产生重复开始位开始新的传输。

SDA 线上传送的数据必须为 8 位，每次传送可以发送的字节数量不受限制，如果从机要完成一些其他功能（如执行一个内部中断服务程序）后，才能接收或发送下一个数据字节，那么从机可以使 SCL 维持低，迫使主机进入等待状态。从机准备好接收或发送下一个数据字节后，释放 SCL，数据传输继续。

SDA 和 SCL 都是双向线路，使用时通过上拉电阻连接到电源上，当总线空闲时这两条线路都是高电平，连接到总线的器件输出级必须是漏极开路或集电极开路，这样总线才能执行线与的功能。

主机发完第一个字节后，数据传输方向的变化可能存在三种情况：

① 传输方向不变，如主机向从机写；② 传输方向改变，如主机从从机读数据；③ 传输方向改变多次，如主机对从机进行多次读写。

## 三、时钟同步与仲裁

$I^2C$ 总线在一个时刻只能有一个主机，当 $I^2C$ 总线同时有两个或更多的器件想成为主机时，就需要进行仲裁；时钟同步的目的是为仲裁提供一个确定的时钟。时钟 SCL 的同步和仲裁通过线与来执行，SCL 的低电平取决于低电平时间最长的主机，高电平时间取决于高电平时间最短的主机。

仲裁过程在数据线 SDA 线上进行，当 SCL 为高电平时，如果 SDA 线上有主机发送低电平，那么发送高电平的主机将关闭输出级，因为总线的状态和自身内部不一样，于是发送低电平的主机赢得仲裁。仲裁可以持续多个比特，在实际通信过程中，仲裁的第一阶段比较地址位，如果多个主机寻址同一个从机，那么继续比较数据比特（主机是发送机）或响应（主机是接收机）。由于 $I^2C$ 总线上的地址和数据由赢得总线的主机决定，因此仲裁过程中不会丢失信息。如果一个主机具有从机功能，那么当它失去仲裁时，必须立即切换到从机状态，因为它可能正在被其他主机寻址。

## 四、$I^2C$总线控制器设计

$I^2C$ 总线控制器的主要作用是提供微控制器（μC）和 $I^2C$ 总线之间的接口，为两者之间的通信提供物理层协议的转换。在串行应用系统中，外围器件（如串行 $E^2$PROM、LCD、实时钟等）连接在 $I^2C$ 总线上，再通过 $I^2C$ 总线控制器和 μC 连起来。典型的应用如现在许多彩电的控制系统都基于 $I^2C$ 总线。为了使设计清晰明了，本项目中将控制器的设计分成两部分：一部分为微控制器接口，另一部分为 $I^2C$ 接口，如图 5.28 所示。

微控制器接口部分主要包含状态寄存器 MBSR、控制寄存器 MBCR、地址寄存器 MADR、数据寄存器 MBDR 和地址译码/总线接口模块。状态寄存器指示 $I^2C$ 总线控制器的当前状态，如传输是否完成、总线是否忙等信息。控制寄存器是 μC 控制 $I^2C$ 总线控制器的主要途径，通过置 0/1 完成 $I^2C$ 总线控制器使能、中断使能、主/从（Master/Slave）模式选择、产生起始位等操作。地址寄存器保存着 $I^2C$ 总线控制器作为从机时的地址。数据寄存器用于保存接收或是待发送的数据。

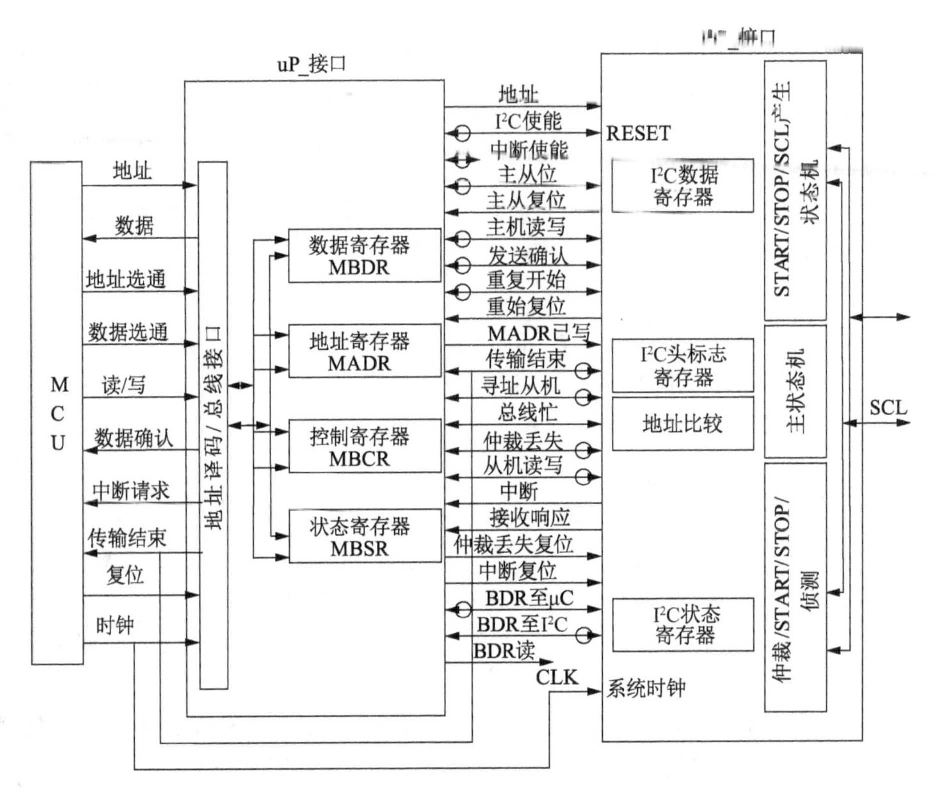


图 5.28　I²C 总线控制器顶层数据流图(图中带圆圈的信号表示所指向的模块使用了输入输出端口)

在 I²C 接口的核心是主状态机,它控制着整个 I²C 接口的运作。和 I²C 总线直接相连的模块有起始/停止位产生、I²C Header 寄存器、I²C 数据寄存器和仲裁及起始/停止位检测模块。当控制器是 Master 时,起始/停止位产生模块用于在 I²C 总线上产生起始和停止位;I²C 数据寄存器用于保存总线上传送的数据;仲裁及起始/停止检测模块的作用是执行仲裁,并检测 I²C 总线上的起始/停止位,以便为主状态机提供输入。其他模块包括:I²C 状态寄存器,用于记录 I²C 总线的状态;地址比较模块,用于比较总线上传送的地址和本机的从机地址是否一致,如果一致,说明其他主机正在寻址本控制器,控制器必须立即切换到 Slave 状态,同时发出响应比特。

### 1. μC 接口设计

μC 接口用于连接 I²C 总线接口电路和 μC,主要实现两者之间的信号交互握手机制。设计时可以用 HDL 提供的状态机来描述信号交互机制中的工作状态切换,如图 5.29(a)所示。

μC 接口电路中使用的 4 组寄存器的地址是 24 位的,高 16 位为 I²C 总线控制器的基址(MBASE),占用 μC 的地址空间,低 8 位用于区别不同的寄存器。寄存器本身是 8 位的,如图 5.29 中(b1)为控制寄存器,(b2)为状态寄存器。图中给出了每一位的含义。

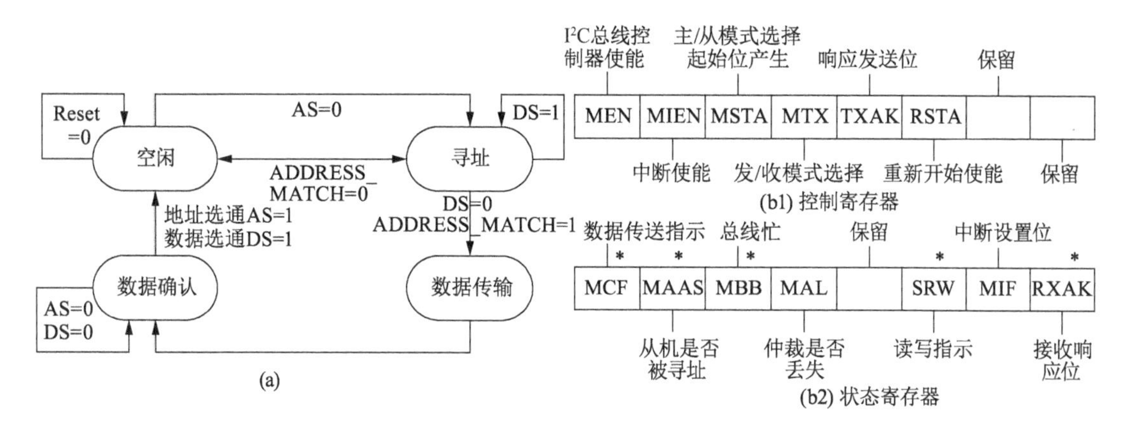


图 5.29　μC 接口电路状态机[(b1)(b2)中打 * 者为 μC 读,其余为读写]

## 2. I²C 接口设计

I²C 接口用于连接 μC 接口电路和 I²C 总线,由两个状态机构成:一个是 I²C 接口主状态机,用于执行发送和接收操作;另一个是名为"SCL/SDA/ STOP 产生"状态机,当 I²C 总线控制器为主机时,这个状态机产生 SCL/START/STOP 信号。

I²C 接口用于 I²C 总线的驱动和接收,当 I²C 总线控制器为主机时,I²C 接口必须按 I²C 总线规范驱动总线;当总线控制器为从机时,I²C 必须能正确接受满足 I²C 总线规范的信号。I²C 设计规范对总线的时序作了详细的定义,在不同模式下这些参数的具体数值都有明确的规定。I²C 接口"SCL/START/STOP 产生"状态机的状态转换如图 5.30 所示,I²C 接口主状态机的转移图如图 5.31 所示。

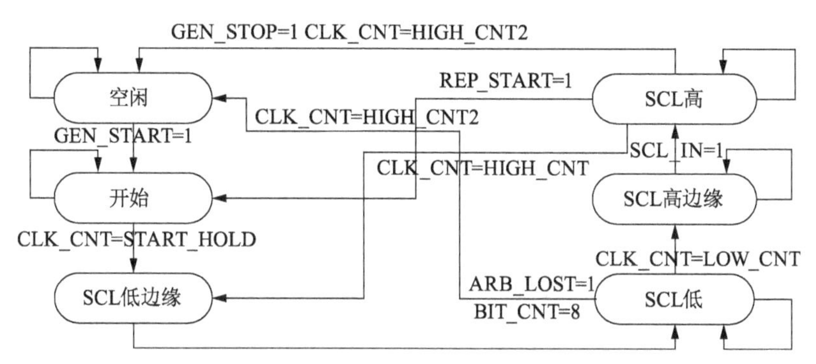


图 5.30　I²C 接口"SCL/START/STOP 产生"状态机的状态转换

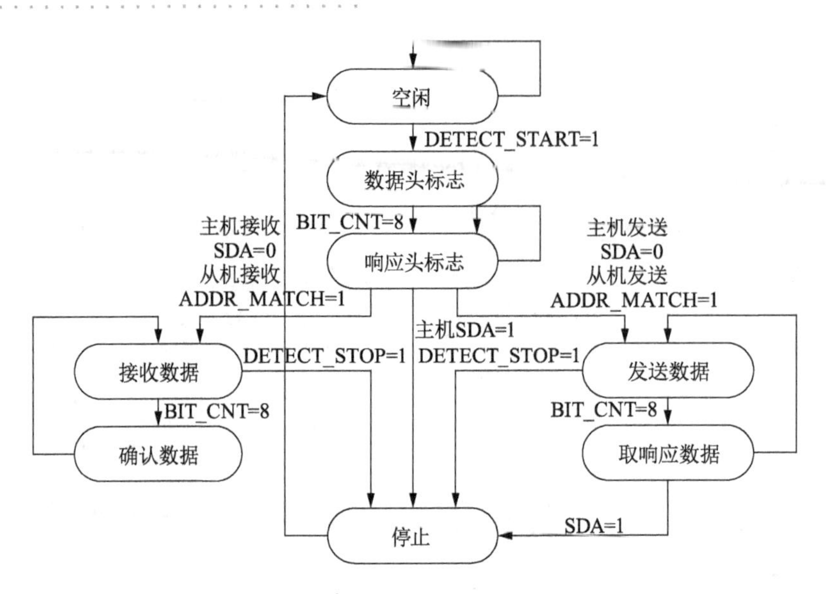


图 5.31　$I^2C$ 接口主状态机的转移图

## 五、仿真与硬件实现

本项目中仿真工具采用 Mentor 公司的 ModelSim,其显著的优越性能是提供了一个混合语言仿真环境,在产业界应用广泛。为了测试验证系统的功能,本项目采用了 Atemel 公司提供的采用 $I^2C$ 总线协议的 AT24C02 $E^2PROM$ 芯片(256 Byte　8 bit)的 Verilog HDL 仿真模型(AT24C02. v)作为从器件对象,用 Verilog HDL 语言构建了对所设计 $I^2C$ 控制器进行仿真所需的 testbench(测试向量)。

图 5.32、图 5.33 为 μC 通过 $I^2C$ 总线控制器对 $E^2PROM$ 进行数据写/读的仿真波形(将数据 FFH－0HH 写进地址 0—255 单元,然后将它们再按顺序读的模式读出)。$E^2PROM$ 写时需要给出具体的所写起始单元的地址(图 5.32 中为 00H);$E^2PROM$ 顺序读时不用给出地址而从当前地址处开始读(本项目中写完 256 字节数据后,地址指针又回到 0 处)。相关状态及数据已在图中作了标示。由此可见,所设计的总线控制器完全符合标准 $I^2C$ 串行协议的时序要求。

本项目设计的系统实现平台采用 Xilinx 公司的 XC95216-10-PQ160 CPLD 芯片,总逻辑门为 4800。经综合、适配、布局布线后占用器件资源的情况如下:宏单元 120/216(56%),寄存器 111/216(52%),功能块 331/432(77%),乘积项分配器 544/1080(51%)。可见,系统占用约一半的资源,相当精简。整个系统下载到 CPLD 后在 2 MHz 时钟频率下运行正常。

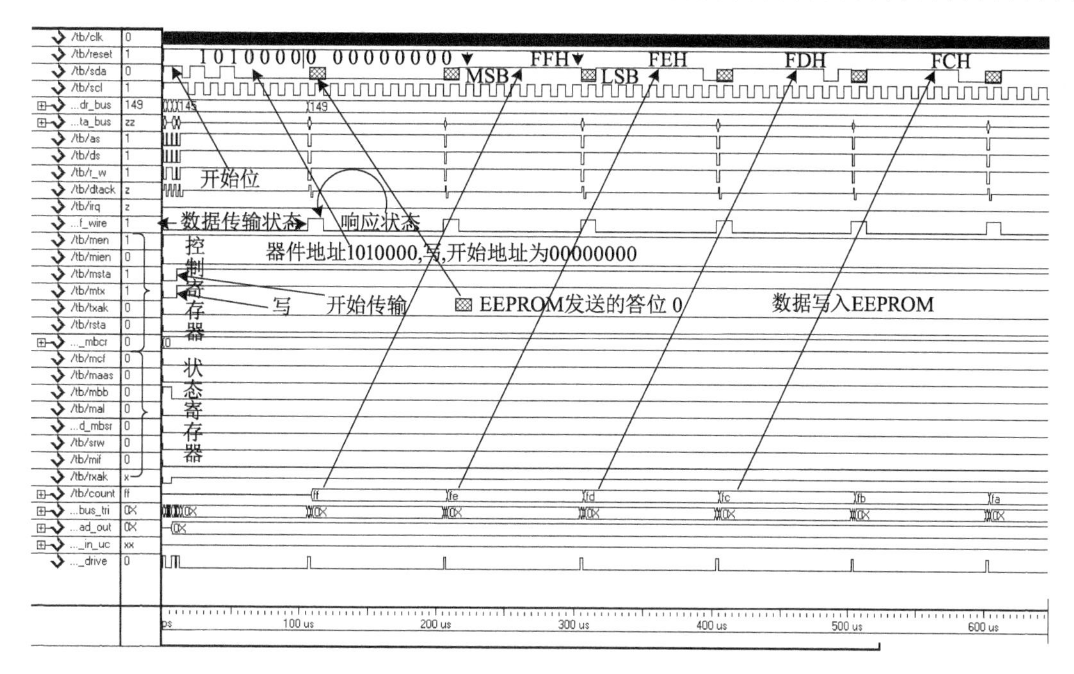


图 5.32　μC 向 $E^2$PROM 写数据的仿真波形

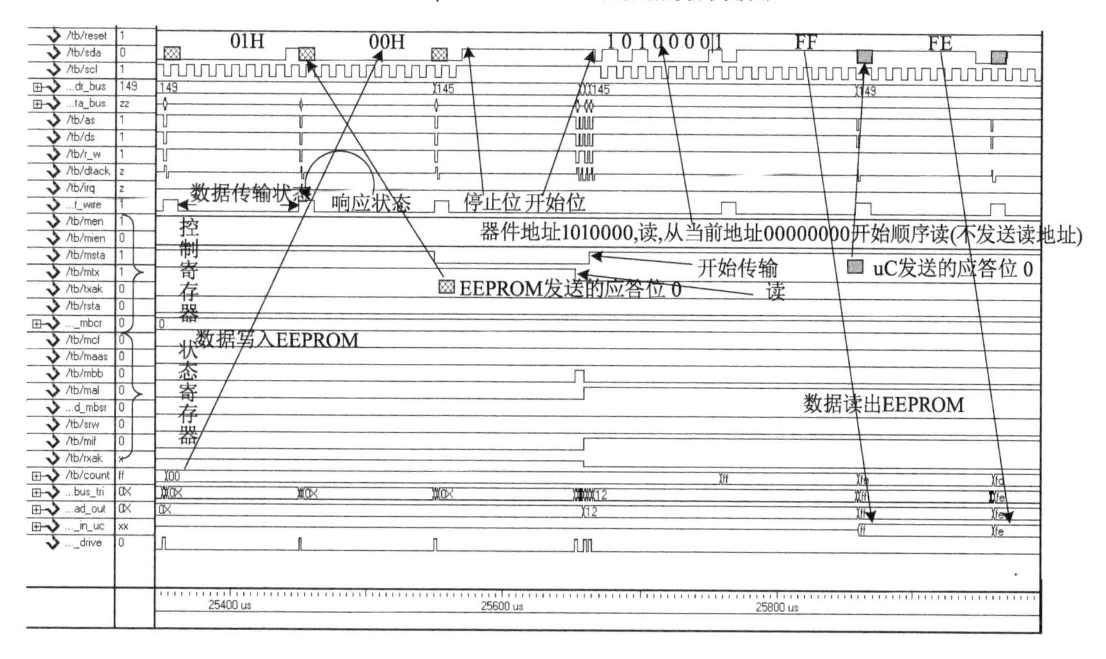


图 5.33　μC 从 $E^2$PROM 读数据的仿真波形

## 5.6　数字基带传输 HDB3 编解码器

### 一、系统介绍

数字基带信号的传输是数字通信系统的重要组成部分。在数字通信中,有些场合可不经过载波调制和解调过程,而对基带信号进行直接传输。采用 AMI 码(交替反转码)的信号交替反转,有可能出现四连 0 现象,这不利于接收端的时钟信号提取;而 HDB3 码因其无直流成分、低频成分少和连 0 个数最多不超过 3 个等特点,使接收端对时钟信号的恢复十分有利,并已成为国际电信咨询机构(CCITT)协会推荐使用的基带传输码型之一。基于可编程逻辑器件(FPGA/CPLD)的电子系统设计方法已成为电子工程师必须掌握的方法,在现代电子设计领域起着越来越重要的作用。本项目采用 FPGA/HDL 对 HDB3 编/解码器进行了设计。

## 二、HDB3码的编码规则

HDB3 码是 AMI 码的改进型,它克服了 AMI 码的长连 0 串现象,同时消除直流成分。HDB3 码的编码规则为先检查代码流中(二进制)的连 0 串,若没有 4 个或 4 个以上连 0 串,则按照 AMI 码的编码规则对消息代码进行编码;若出现 4 个或 4 个以上连 0 串,则将每 4 个连 0 小段的第 4 个 0 变换成与前一非 0 符号(+1 或 -1)同极性的符号(记为"V"),同时保证相邻 V 符号的极性交替(+1 记为 +V,-1 记为 -V);接着检查相邻"V"符号间非 0 符号的个数是否为偶数,若为偶,则将当前的 V 符号的前一非 0 符号后的第 1 个 0 变为 +B 或 -B 符号,且 B 的极性与前一非 0 符号的极性相反,并使后面的非 0 符号从 V 符号开始再交替变化。V、B 称为附加传号码。如图 5.34 所示为一个数据流传输波形编码实例,图中显示了正负极性两种极性的 HDB3 码。输入码流为 10101100000110000 1。

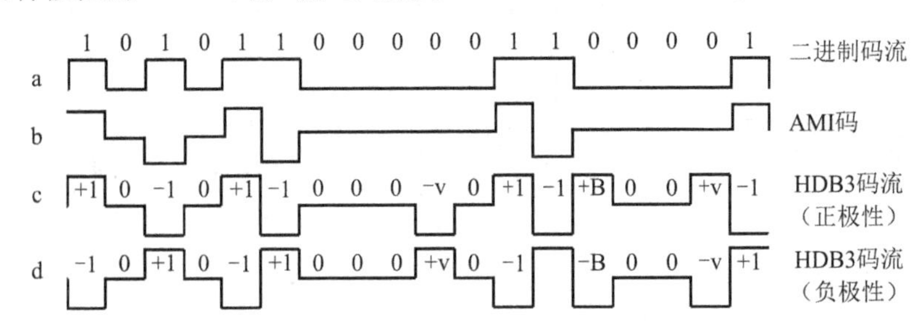


图 5.34 AMI、HDB3 编码数据流波形

HDB3 码的 HDL 建模思想是对输入码流依据 HDB3 编码规则进行插入"V"符号和"B"符号的操作,最后完成单极性信号变成双极性信号的转换,其编码模型如图 5.35 所示。

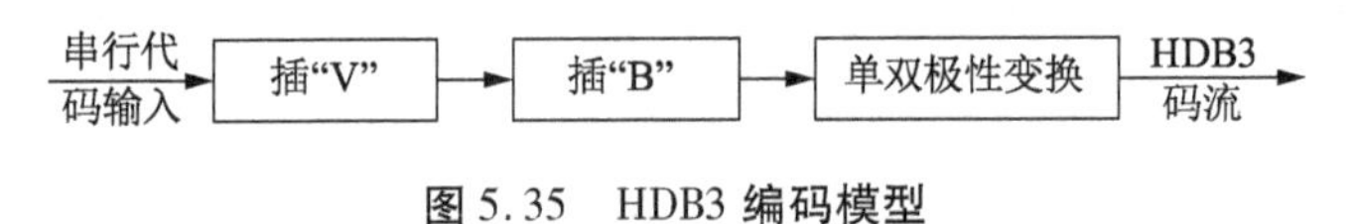


图 5.35 HDB3 编码模型

## 三、HDB3编码器设计

### 1. 插"V"模块的实现

插"V"模块的功能实际上就是对消息代码里的四连 0 串的检测,即当出现四个连 0 串的时候,把第四个 0 变换成符号 V(V 可为 +1 和 -1),而在其他情况下,则保持消息代码的原样输出。本设计中在进行插"V"时,用 11 标识它,"1"用 01 标识,"0"用 00 标识。如图 5.36所示为插"V"符号的流程图。

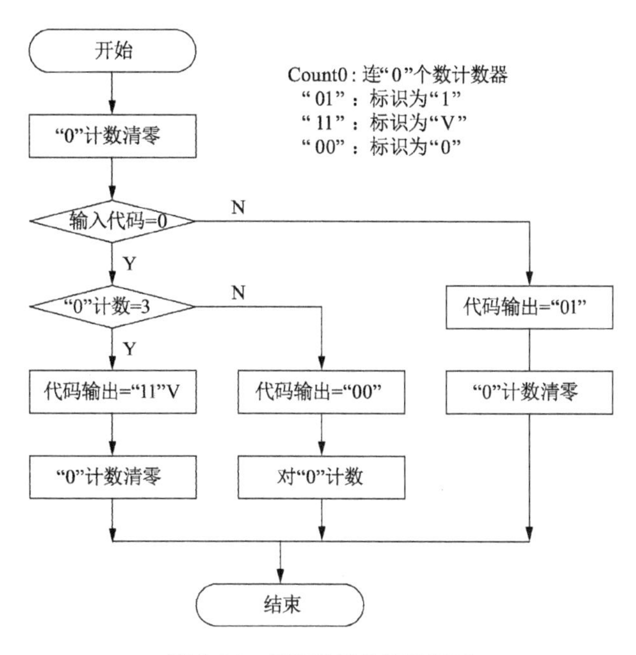


图 5.36　插"V"符号的流程图

## 2. 插"B"模块的实现

插"B"模块的功能是保证附加"V"符号后的序列不破坏"极性交替反转"所具有的"无直流"特性，即当相邻 V 符号之间有偶数个非 0 符号的时候，把后一小段的第 1 个 0 变换成 B 符，B 用"10"表示。如图 5.37 所示为插"B"符号的流程图。

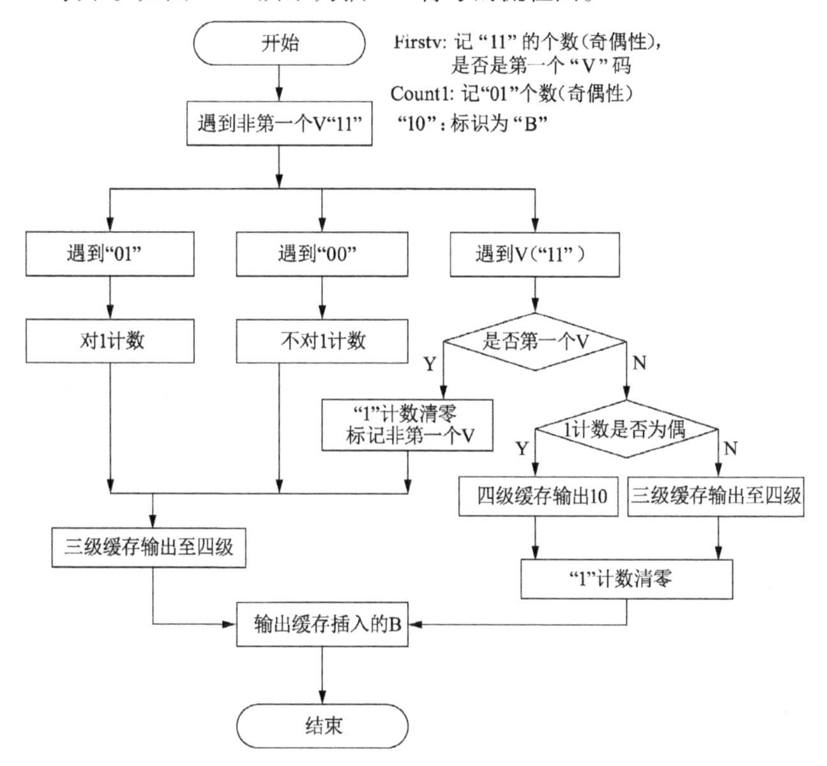


图 5.37　插"B"符号的流程图

图中插“B”模块因为涉及一个由现在事件的状态决定过去事件状态的问题,是本设计的难点。为此采用的方法是:在第二次判别为 V 之前、第一次判别为 V 之后引入四级缓存,在第四级缓存输出之前进行插 B 的判断。该方法经仿真证明切实有效。

3. 单极性变双极性的实现

根据编码规则,“B”符号的极性与前一非零符号相反,“V”极性符号与前一非零符号一致。因此,可对“V”单独进行极性变换,余下的“1”和“B”看成一体进行正负交替,从而完成 HDB3 的编码。V、B、1 分别用双相码 11、10、01 标志,输出编码为 11(-1)、01(+1)、00(0)。如图 5.38 所示为实现双极性变换的流程图。本设计采用负极性 HDB3 码。

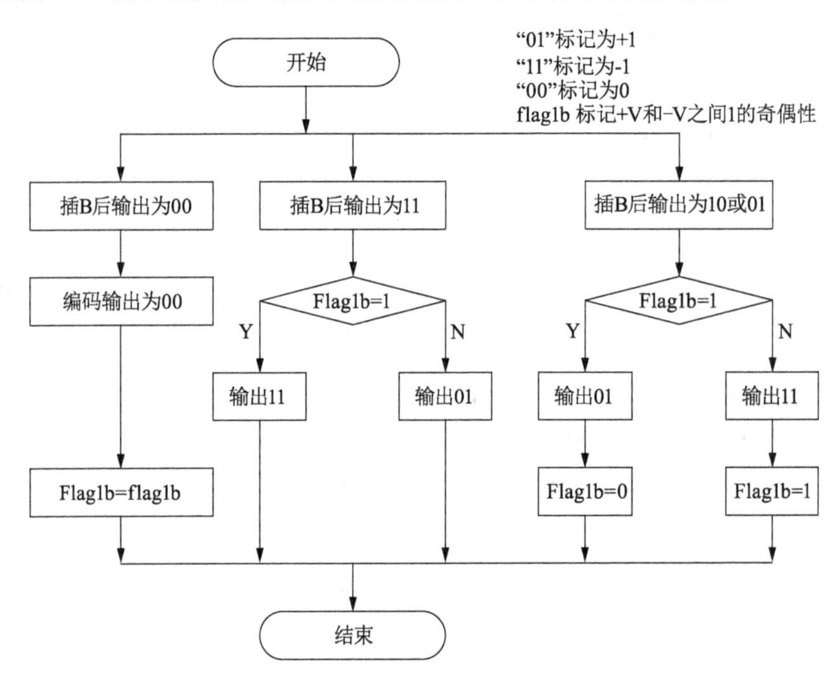


图 5.38 双极性变换的流程图

## 四、HDB3码的译码规则

HDB3 码的译码是编码的逆过程,其译码相对于编码较简单。从编码原理可知,收到的 HDB3 码序列中,V 符号必然与串行序列以 V0001 或 -V000 -1(向右串行输出)的形式出现;每一个 V 符号总是与前一非 0 符号同极性。因此,识别出 +V 和 -V 后,容易将其恢复成 4 个连 0 码。编码输出中插入的 B 必然伴随着 V 以 V00B 或 -V00 -B 的形式出现,将 B 和 V 还原成 0 即可。

## 五、HDB3译码器设计

利用两组各五个寄存器来对是否要插 V 符号进行判断。例如,当两组寄存器的前四位都为 0001 而新输入的两个数据为 11,则可看出这位新输入的数据与寄存器中第四位前的数据是同号的,说明这位新输入的数据是 V 符号,那么就将新输入的数据同前面三位都还原成 0;而第四位前的数据反映了原始信息,还原成 1。最后将所有的 -1 变成 +1 后便得到原串

行序列代码。译码器设计流程图如图 5.39 所示。

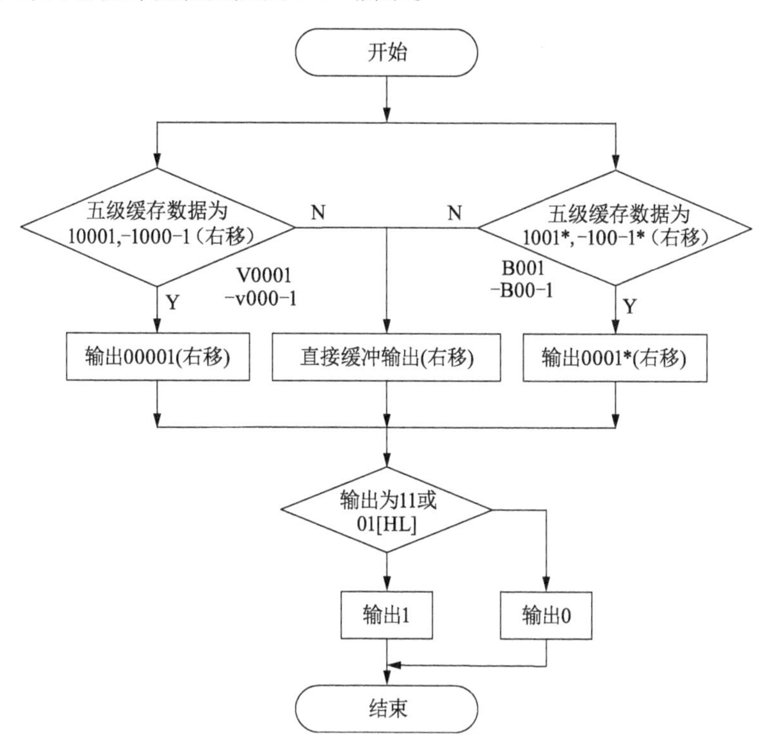


图 5.39　译码器设计流程图

## 六、系统仿真、FPGA 下载、数据采集和验证

根据系统设计流程图编写出 HDB3 编码和译码器的 HDL 程序，利用 EDA 工具对 HDL 源程序进行编译、逻辑综合和时序仿真。经软件仿真发现所设计的电路符合编、译码的要求。因为本项目中给出了逻辑分析仪的测试结果，所以仿真波形就未列出。将所设计的电路下载到 Xilinx 公司的 SPARTAN III XC3S200 FPGA 芯片中，驱动时钟采用板载的 50 M 晶振。采用 Agilent 公司 16823A 高端逻辑分析仪对系统进行数据采集、分析以验证设计的正确性。

如图 5.40 所示，逻辑分析仪的测试端口通过测试探头及引线与待测电路引脚连接，通过测试软件设置好采集触发条件后将数据采集到测试软件中，进行显示或后续处理。测试条件为：采样周期为 2 μs；设置触发条件为“输入代码 codein 的上升降沿到来”。抓取的数据如图 5.41、图 5.42 所示。在此，以图 5.41 中所列多“0”串行代码作为输入激励信号进行分析。

由图 5.41 看出，输入码流与编码输出码流之间存在延迟，这是因为所设计的编码模块中采用了四级 D 触发器缓存，在缓存阶段进行 V 和 B 的插入判断。同样在图 5.42 中也可以看到译码输出的延迟。从图中仔细辨别分析，可以发现编译码序列完全正确，从而验证了电路系统设计的正确性。

图 5.40　逻辑分析仪器现场分析测试状态图

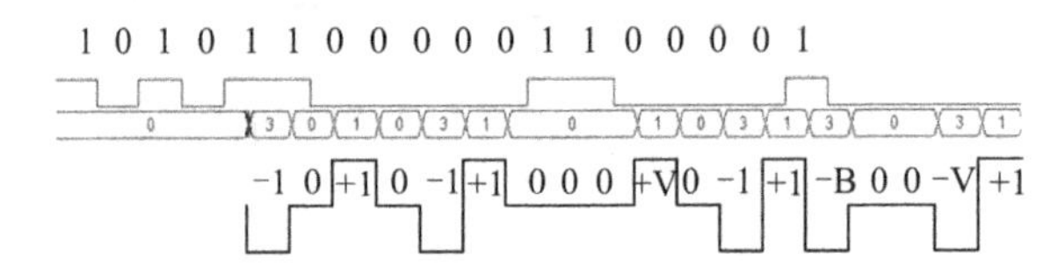


图 5.41　HDB3 编码器逻辑分析仪测试结果

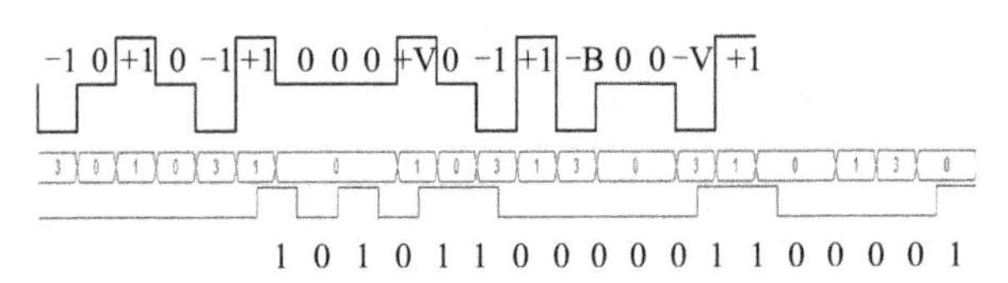


图 5.42　HDB3 译码器逻辑分析仪测试结果

# 5.7　PAL 制数字视频图像采集控制器设计

## 一、系统介绍

随着电子技术和计算机技术的飞速发展,数字图像技术近年来得到了极大的重视和长足的发展,并在生产、生活中得到了广泛的应用。实时视频信号处理是数字图像处理领域中一个非常重要的组成部分,如机器人视觉感知、移动目标识别、电视制导等。视频信号处理过程就是摄像机拍摄目标得到视频信号的逆过程,其基本过程如图 5.43 所示:

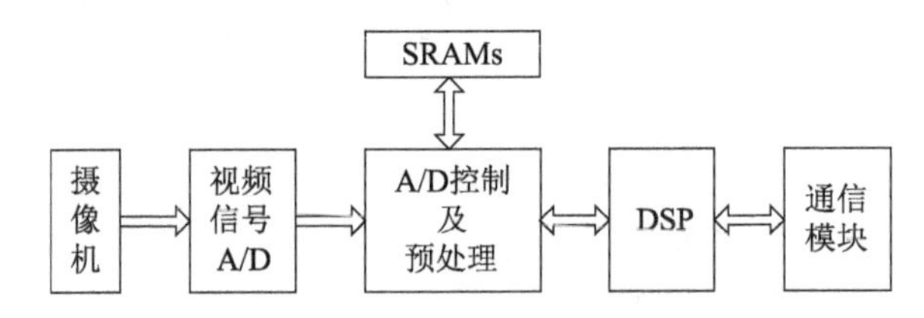


图 5.43　视频信号处理的过程

图中“视频信号 A/D”模块通常由大规模专用集成电路来实现,如 Philips 公司的 SAA7113 芯片、TI 公司的 THS8083A95 等,它主要完成视频信号的 A/D 转换、伴音、行/场同

步信号分离、时钟恢复等处理;“A/D 控制及预处理模块”则完成数据采集的时序控制、图像数据的格式转换、给 DSP 提供图像数据等功能;“DSP”则对数字视频信号进行数字图像处理;然后通过“通信模块”与其他系统互连。本项目主要涉及“预处理模块”中的视频图像数据采集控制器的设计。

基于 HDL/FPGA 设计数字系统有传统方法无可比拟的优越性,它已经成为大规模集成电路设计最有效的一种手段。在图像处理系统中,底层的图像预处理数据量很大,要求处理速度快,但运算结构相对比较简单,适用于 HDL/ FPGA 实现;从而能够提高运算处理的能力,同时又具有结构灵活,通用性强、设计方便、开发周期短、易于维护和扩展的优点。

## 二、PAL制视频数字图像信号输出格式

摄像机中的光电成像机构,在拍摄成像时,每扫描完一行图像,加入一个行同步脉冲,每扫描完一场信号加入一个场同步信号。同时为保证回扫期间不显示,必须加上行消隐和场消隐信号、均衡信号等。PAL 制模拟电视信号如图 5.44 所示。

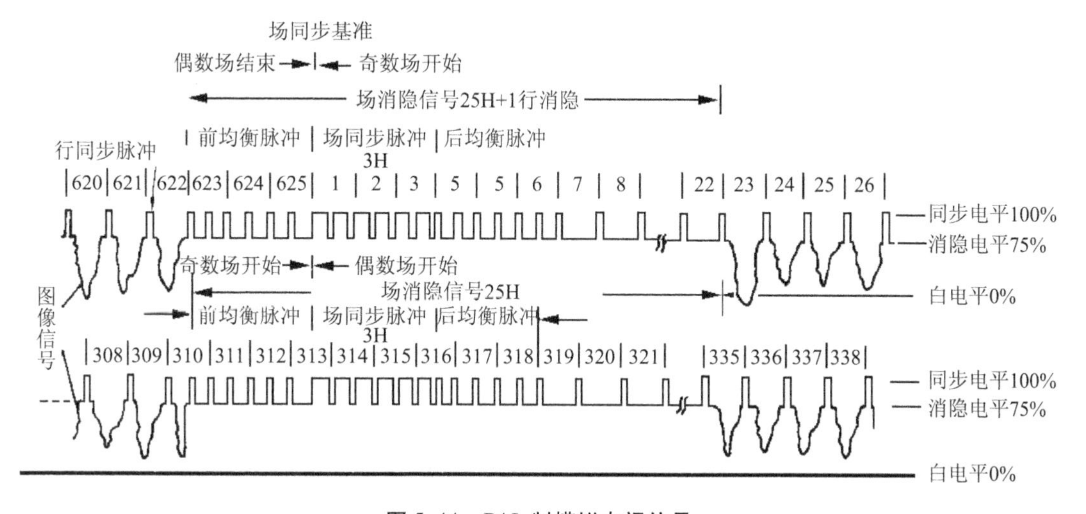


图 5.44　PAL 制模拟电视信号

视频模拟信号经过 A/D 模块后得到数字图像输出信号。本项目采用 Philips 公司的 SAA7113 芯片;它是 Philips 公司推出的一款功能强大的视频信号 A/D 转换芯片,输出的数字视频信号符合 ITU601 标准,采用外同步方式。ITU601 是长宽比为 4∶3 和 16∶9 的数字电视信号标准,它对数字电视信号的各项参数进行了详细的描述和规范。在我国,通常采用的都是 YUV422 采样格式、PAL 制式、长宽比为 4∶3 的数字电视信号。SAA7113 可以输出标准格式的信号,主要特征如下。

(1) 有三个正交分量:亮度分量 Y、色度分量 U(Cb)和 V(Cr),Y 表示明亮度(灰度值),Cb 和 Cr 表示色度(色彩及饱和度)。其中,Cr 反映 RGB 输入信号中红色部分与 RGB 信号亮度值之间的差异,而 Cb 反映了 RGB 输入信号蓝色部分与 RGB 信号亮度值之间的差异。

(2) 25 帧/秒的帧率,每帧两场,每帧扫描 625 行。

(3) 对于亮度分量 Y,每行采样 864 次,对于色度分量 Cr 和 Cb,每行采样 432 次。

(4) 8 bit 或者 10 bit 的 PCM 编码。

(5) 量化:0 和 255 用于同步;1 到 254 表示采样结果的 PCM 码;对于亮度分量 Y,16 表示黑色,235 表示白色;对于色度分量 Cb/Cr,128 表示没有色度。

(6) 有三个信号用于同步输出数据:行同步信号 SHS(15.6 kHz)、场同步信号 SVS(50 Hz)和像素数据同步信号 LLC2(27 MHz)。

包括消隐期在内,每帧数据扫描 625 行,其中有效图像数据 572 行;每行采样 864 个像素,其中有效像素有 720 个。因此,PAL 制电视信号的分辨率为 720×572。一帧数据分作奇偶两场,从上一帧的 624 行到本帧的 310 行是奇场,其中上帧 624 行到本帧 22 行是奇场消隐期,从 23 行到 310 行是奇场有效行;从本帧 311 行到 623 行是偶场,其中 311 行到 335 行是偶场消隐期,336 行到 623 行为偶场有效行,每场各有 286 行有效图像,如图 5.45(a)所示。对于帧内的每一行,共有 864 个像素,其中从第 0 个到第 719 个为有效像素,共计 720 个,从 720 个到 863 个为消隐期像素。PAL 制电视信号场频为 50 Hz,帧频为 25 Hz。图 5.45(b)中垂直参考电压信号 Vref 的高电平表示有效图像信号。ODD 信号高电平表示为奇数场,低电平表示偶数场。行参考电压信号 Href 信号表示一行有效的图像数据。

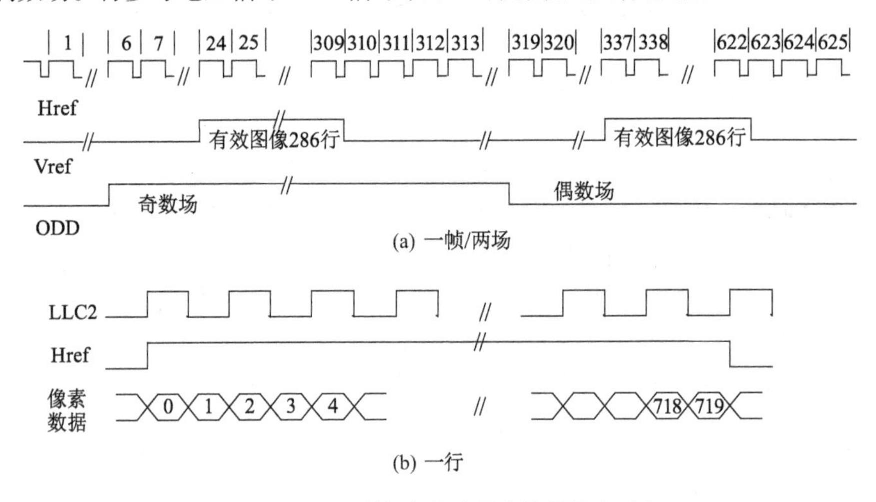


图 5.45　PAL 制视频数字图像数据输出时序

摄像头输出的图像信号通过 RCA-JACK 插座连接到 SAA7113,经过 A/D 转换及其他相关处理后得到数字图像数据。每个像素都采样 Y 分量,每两个像素则采样一个 Cr 和一个 Cb 分量,每个“采样数据点(包含两个像素)”构成为 $Cb_n Y_{2n} Cr_n Y_{2n+1}$。SAA7113 能输出标准和增强的 ITU601YUV4:2:2 格式的数据。标准的 ITU601 格式是 ITU 推荐的数字视频数据格式,一帧图像的整个数据输出的格式如图 5.46 所示。

PAL 制采用 YUV 主要目的在于优化彩色视频信号的传输,使其在传输中占用较少的带宽。如果直接采用 RGB 视频信号传输,将要求 RGB3 个独立的视频信号同时传输,占用带宽要多得多。

图 5.46 中“80 10”表示当前视频信号处于行消隐阶段。“FF 00 00 SAV”是时序参考代码,其中 SAV(Start of Active Video)意思是有效视频数据的开始,EAV(End of Active Video)意思是有效视频数据的结束。“Cb0 Y0 Cr0 Y1…”是有效视频数据。可以看到在完整的一帧图像数据中第一场场消隐阶段 SAV 为 AXH,第一场有效数据阶段 SAV 为 8XH,其他场 SAV 和 EAV 状态以此类推。

时序参考代码 SAV ← 有效数据开始　　有效数据结束 → 时序参考代码 EAV 第一行消隐

| FF | 00 | 00 | 8X | Cb0 | Y0 | Cr0 | Y1 | Cb1 | Y2 | Cr1 | Y3 | ... | Cb359 | Y718 | Cr359 | Y719 | FF | 00 | 00 | 9X | 80 | 10 | ... | 第一行 |
|---|---|---|---|---|---|---|---|---|---|---|---|---|---|---|---|---|---|---|---|---|---|---|---|---|
| | | | | 2pixels | | | | 2pixels | | | | | 2pixels | | | | | | | | 第二行消隐 | | | |
| FF | 00 | 00 | 8X | Cb0 | Y0 | Cr0 | Y1 | Cb1 | Y2 | Cr1 | Y3 | ... | Cb359 | Y718 | Cr359 | Y719 | FF | 00 | 00 | 9X | 80 | 10 | ... | 第二行 |
| | | | 8X | | | | …… | | | | EAV | | | | | | | | | 9X | | 第一场 | | |
| FF | 00 | 00 | AX | 80 | 10 | ... | FF | 00 | 00 | BX | 第一场消隐 | | | | | | | | | | | | | |

第一行消隐

| FF | 00 | 00 | CX | Cb0 | Y0 | Cr0 | Y1 | Cb1 | Y2 | Cr1 | Y3 | ... | Cb359 | Y718 | CR359 | Y719 | FF | 00 | 00 | DX | 80 | 10 | ... | 第一行 |
|---|---|---|---|---|---|---|---|---|---|---|---|---|---|---|---|---|---|---|---|---|---|---|---|---|
| | | | | 2pixels | | | | 2pixels | | | | | 2pixels | | | | | | | | 第二行消隐 | | | |
| FF | 00 | 00 | CX | Cb0 | Y0 | Cr0 | Y1 | Cb1 | Y2 | Cr1 | Y3 | ... | Cb359 | Y718 | CR359 | Y719 | FF | 00 | 00 | DX | 80 | 10 | ... | 第二行 |
| | | | CX | | | | …… | | | | EAV | | | | | | | | | DX | | 第二场 | | |
| FF | 00 | 00 | EX | 80 | 10 | ... | FF | 00 | 00 | FX | 第二场消隐 | | | | | | | | | | | | | |

图 5.46　PAL 制一帧(两场)视频数字图像数据输出格式

## 三、视频信号数字图像采集控制系统电路设计

### 1. 视频信号数字图像数据采集及格式转换

如图 5.47 所示为视频信号数字图像预采集控制系统结构框图,其主要功能是提供视频数据的采集(包括图像数据还原、格式转换处理等)。整个系统包括数据采集控制电路、存储器接口、总线切换电路和 DSP 接口等电路。SAA7113 通过 8 位总线 VPO 将数据传输给控制系统(FPGA)。当采样开始时,FPGA 在此后到来的第一个帧同步信号到来时启动采样,将采集到的视频信号数字图像数据保存到缓存中,为后端 DSP 对图像的进一步处理提供数据。由于一场有效视频数字图像的数据量为 236 × 720 × 2 = 332 KB,所以本项目采用两块 512 KB的 SRAM 来存储两场数据,地址总线是 19 位的 la[18 ~ 0]。图中粗线条为总线信号。

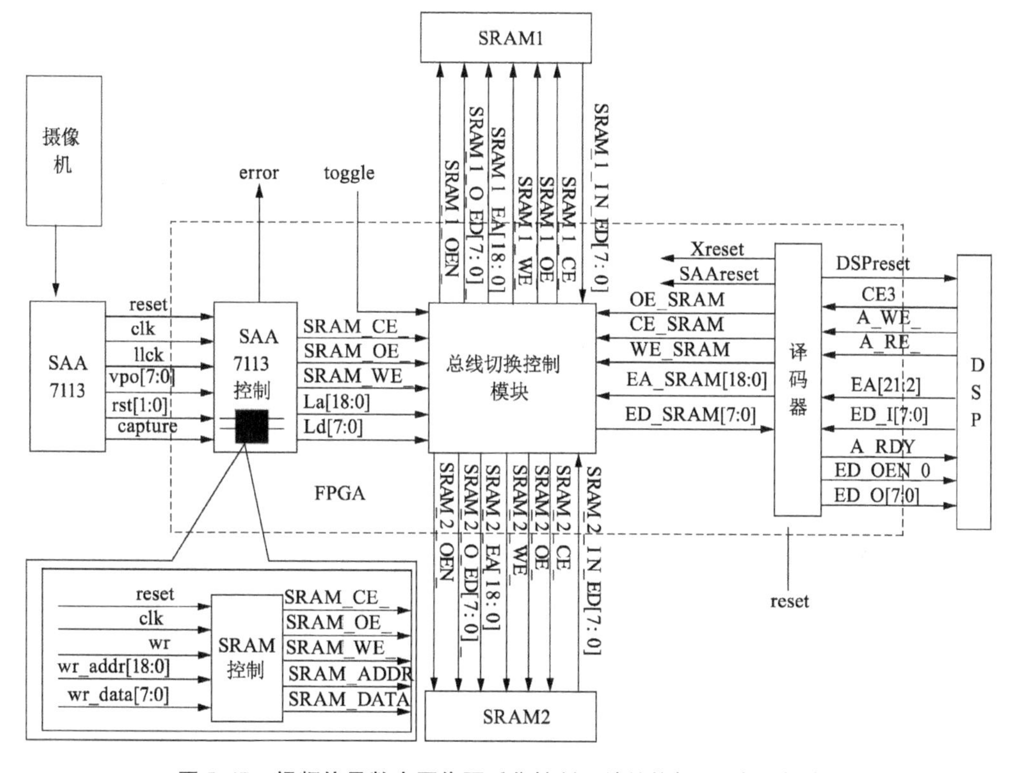


图 5.47　视频信号数字图像预采集控制系统结构框图(虚线框内)

本设计采用流水作业模式来提高执行效率。采用两块 SRAM 作为图像缓存,FPGA 把从 SAA7113 接收到的一场图像数据保存到 SRAM2 中,同时后端部分的 DSP 处理器可以从 SRAM1 中读取数据进行处理。第一次采样时,FPGA 将从 SAA7113 接收到一场图像数据保存到 SRAM2 中,此时 DSP 在等待;第一次采样结束后,DSP 和 FPGA 进行总线切换,分别连接到与上次不同的 SRAM 上,DSP 开始读取 SRAM2 中的数据,FPGA 开始第二场数据采集至 SRAM1 中。以后,每当 DSP 和 FPGA 都完成各自的任务时,就进行总线切换,交换连接 SRAM。

由于 PAL 制电视信号是隔行扫描,分为奇数场和偶数场分别传输,因此需要将奇数场和偶数场的数据还原成一幅完整的图像;同时根据需要进行格式转换。视频信号数字图像数据采集流程图如图 5.48 所示。该部分功能可用 Verilog HDL 提供的有限状态机来加以描述。

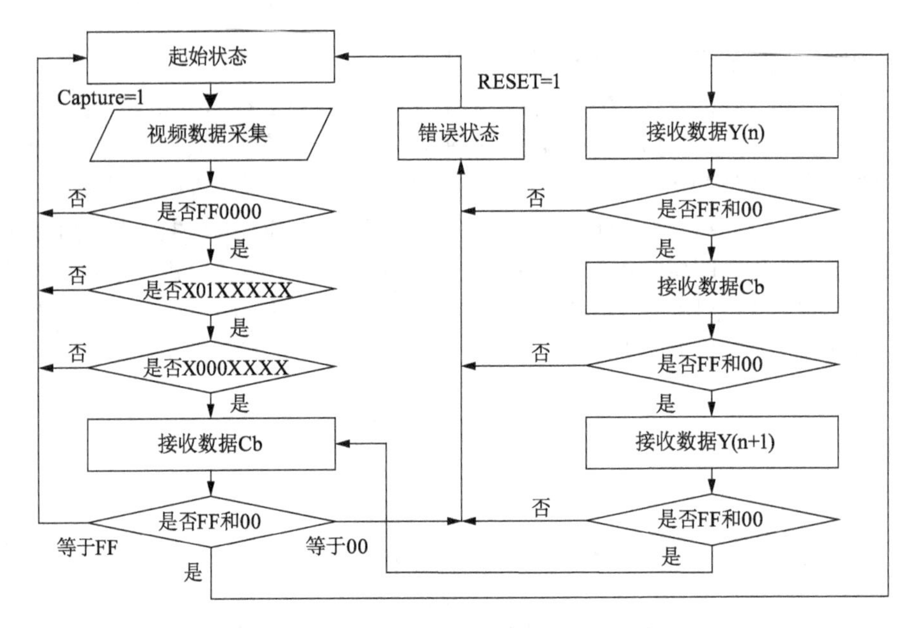


图 5.48　视频信号数字图像数据采集流程图

由于图像处理的需要,要将 YUV 信号转换成 RGB 信号。用下面的公式可以把传输用的 ITU601YUV 格式的数据还原为需要的 RGB 格式:

$$[RGB]=[YUV]\times\begin{bmatrix}1 & 1 & 1\\ 0 & 0.395 & 2.032\\ 1.14 & -0.581 & 0\end{bmatrix}$$

### 2. 数字图像缓存控制及 SRAM 的写控制

SRAM 在读写控制上有其时序要求,如图 5.49 所示,具体过程是:首先输出并保持地址和/OE 信号置低,然后片选信号/CE 置低,同时把输出使能信号/OE 置高,最后把写使能信号/WE 置低,并开始写数据。系统中两块 SRAM 分别由 DSP 和 FPGA 控制。当 DSP 和 FPGA 完成对相应 SRAM 的操作后,需要进行总线切换。总线切换后,DSP 和 FPGA 开始对另一块 SRAM 进行相应操作。

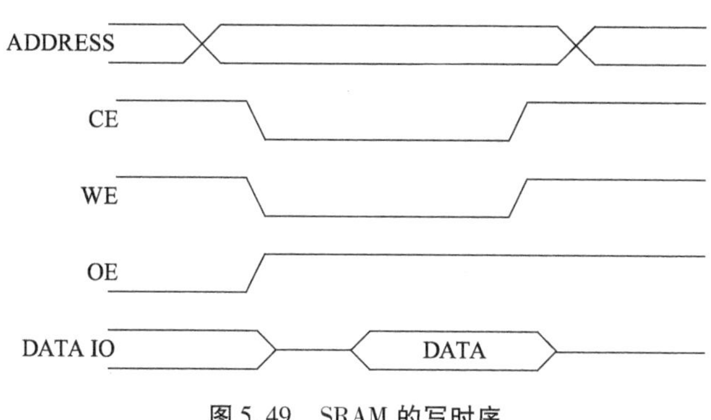


图 5.49　SRAM 的写时序

## 四、仿真与测试

本项目中采用了产业界应用广泛的 Mentor 公司的 ModelSim 仿真工具对所设计系统进行仿真测试。用 Verilog HDL 语言构建了 testbench(测试向量)。测试结果如图 5.50、图 5.51所示,图中标示了有关关键数据。

视频图像数据采集控制系统仿真结果如图 5.50 所示。开始的"aabbcc ddeeff"是无效数据,"ff 000080"表示时序参考代码(场同步信号)。图中标示了消隐阶段、正常有效数据采集阶段的各种标志信号,与图 5.46 一致。图中为清晰起见,仅显示了所采集到的亮度信息,获得数据为"04 08 0c"等,同时产生地址信号"00000H 00001H 00002H"等。

图 5.51 显示了控制系统采集一帧(两场)数字图像数据时各种信号的仿真结果,图中列出了 SAA7113 接口、DSP 接口、SRAM1/SRAM2 接口信号的变化情况。其主要工作是:FPGA 采集 SAA7113 提供的数字视频图像数据、产生相应的地址信号、发出写控制时序将数据写入 SRAM2;一场数据结束后,切换总线,将第二场数据写入 SRAM1,同时 DSP 将 SRAM2 中的数据取走;依次轮换,循环往复。图中标示了 SRAM 的读写控制、奇/偶场变换时两块 SRAM 地址/数据总线之间的切换等情况。由此可见,所设计的控制电路达到了设计要求。

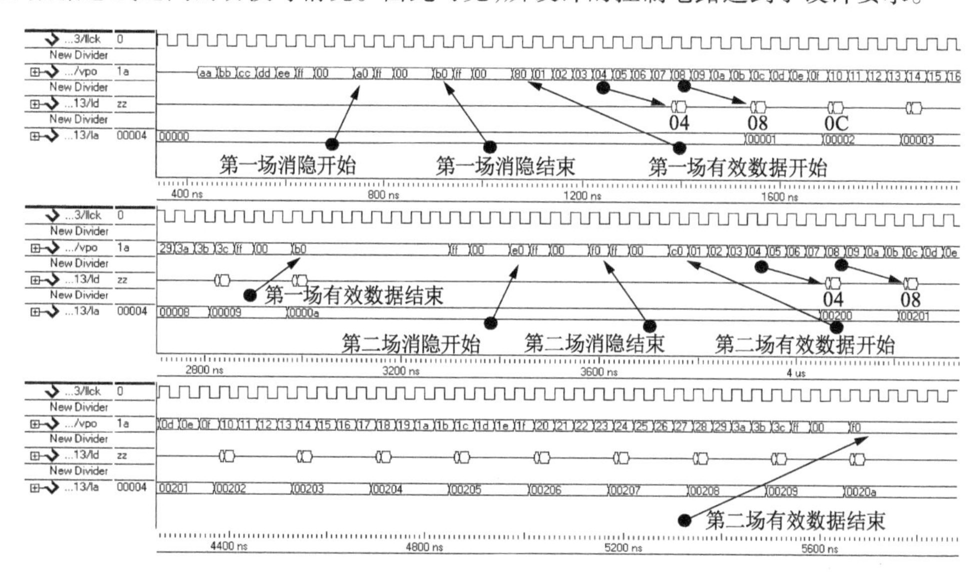


图 5.50　数字视频图像数据采集的顺序

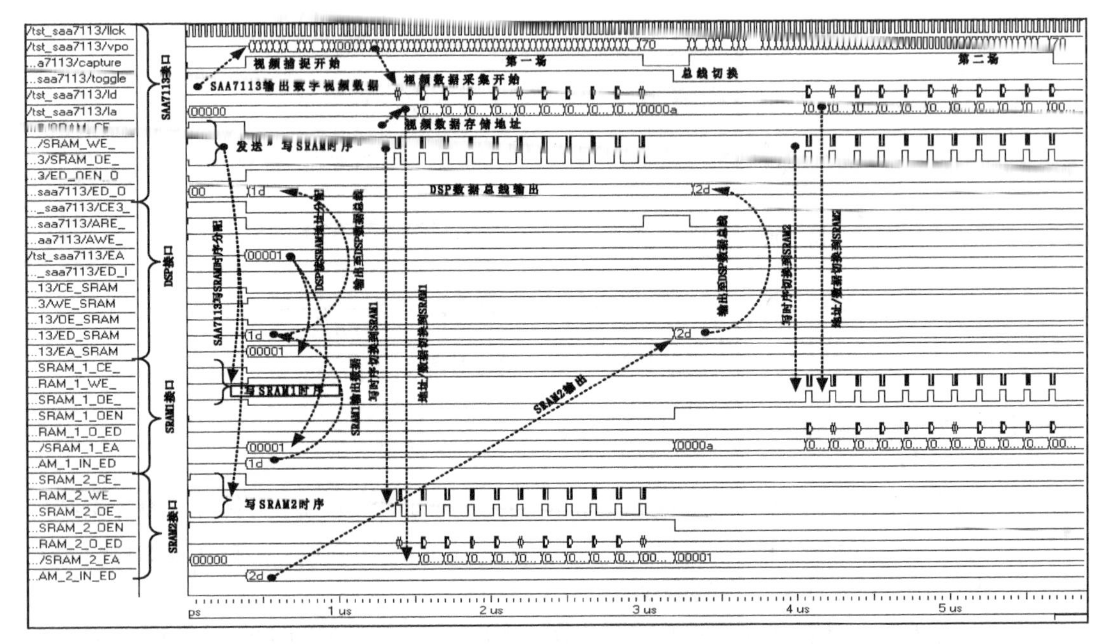

图 5.51　数字视频图像数据采集时的各种控制时序

# 5.8　双速自适应以太网 MAC 设计

## 一、系统介绍

当前,由 Soc 组成的嵌入式系统(Embedded System)越来越广泛地进入到人们的生活中,如从手机、电视、工业控制设备、网络设备等中都可以看到嵌入式系统的身影。随着网络规模的不断扩大,服务不断增加,嵌入式互联网发挥越来越重要的作用。因此,对嵌入式系统以太网通信的研究是非常必要的。目前应用于无线传感网的嵌入式以太网 MAC 也被广泛研究。

本项目基于 FPGA 实现了符合 IEEE 802.3 MAC 层通信协议的嵌入式以太网控制器。设计的重点目标是:能够支持 10 Mbps/100 Mbps 两种工作速率、全双工/半双工两种工作模式、基于 IEEE 802.3x 的全双工流量控制、灵活的收发选项,并能通过媒体无关接口(Media Independence Interface,MII)与以太网物理层(PHY)芯片进行通信。

## 二、以太网MAC子层协议

IEEE 802.3 协议把数据链路层分为介质访问控制(MAC)子层、逻辑链路控制(LLC)子层及可选的 MAC 控制子层,如图 5.52(a)所示。可选的 MAC 控制子层提供了全双工流量控制结构。MAC 子层使 LLC 子层适应不同的媒体访问技术和物理媒体,其主要实现的基本功能有:数据的封装及解封,包括发送前帧的组合和接收中、接收后的差错检测;媒体接入管理,包括媒体分配(冲突避免)、竞争处理(冲突的处理)。

以太网数据帧格式如图 5.52(b)所示。前导码用于同步收发双方,包括 7 个字节的

10101010。帧起始符(SFD),代码为 10101011,表示一帧的开始。目的/源地址中目的地址的 LSB(Least Significant Bit)位用来决定是单播(0)还是组播(1)。长度/类型域指定待收发数据的长度或传输类型。待收发数据由上层协议提供。填充位(PAD)用来保证帧长至少是 64 Byte。帧校验序列(FCS)的值通过对目的/源地址、长度/类型、待收发数据和填充位的 CRC 的计算得到。

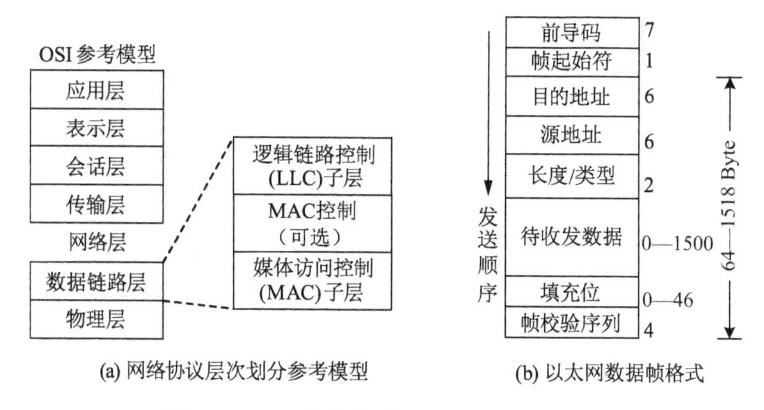


图 5.52　OSI 参考模型和以太网数据帧格式

## 三、双速自适应以太网控制器MAC架构

该控制器主要由发送/接收模块、流量控制模块、MII、寄存器模块和总线接口模块等几部分组成。它通过总线接口连接 WISHBONE 片上总线,并与片上处理器和其外围设备通信;通过 MII 与以太网物理层芯片连接实现数据收发,并由 MIIM 模块实现对物理层芯片的控制和管理,完成自适应等功能。以太网控制器结构框图如图 5.53 所示。

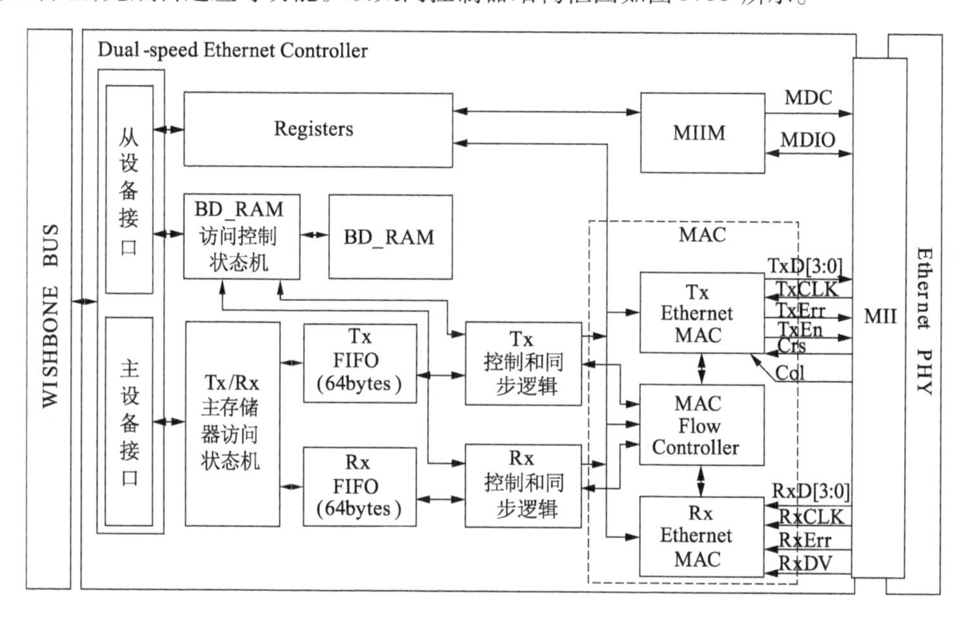


图 5.53　以太网控制器结构框图

### (一) 总线接口部分设计

本设计采用 WISHBONE 片上总线规范,通过总线接口连接总线并与片上处理器和共享存储器等通信,其包括主设备(Master)接口和从设备(Slave)接口。Slave 接口用于处理器读写以太网控制器的配置寄存器和 BD_RAM,以控制其工作状态,Master 接口主要用来实现 DMA 功能,将要发送的数据从共享存储器读到 TxFIFO 中或将接收到的数据从 RxFIFO 存储到共享主存储器中。

#### 1. 主设备(Master)接口及仲裁的设计

主设备接口用来实现 DMA 功能,把发送或接收到的数据帧读出或写入片上共享存储器中。发送逻辑和接收逻辑要使用同一 Master 接口访问存储器,因此可能存在竞争;为解决该问题,在 Master 接口模块中设计了一个仲裁状态机。

该状态机由"主接口发送逻辑控制""主接口接收逻辑控制""存储器读""存储器写""主接口存取结束""总线释放""发送突发""接收突发"几个信号组成,采用循环优先级算法。发送逻辑和接收交替享有控制优先权,当其中一个进行完一次总线操作后就释放 Master 总线接口,将控制权交给另一方。

"发送突发"信号决定读操作进入何种工作状态,当 TxFIFO 剩余空间和主存储器的待读数据都大于 4 个字时,该信号置高。当发送逻辑取得 Master 接口控制权后,若"发送突发"信号有效,进入突发操作状态,读取 4 个字的数据。在"突发读 3"状态,"发送突发"信号被置低,标志一次突发操作结束,进入释放总线状态。当"发送突发"信号为 0 时,进入"单次读"状态,读取 1 个字后,就释放总线。接收逻辑进行 DMA 操作过程和发送类似。

#### 2. 从设备(Slave)接口及仲裁的设计

仲裁器的作用是判决谁拥有设备的使用权。本项目设计的以太网控制器的发送过程和接收过程分别由发送描述符和接收描述符来控制,发送逻辑和接收逻辑需要访问 BD_RAM;发送/接收描述符由处理器来配置,处理器通过读取发送/接收描述符来获取发送/接收信息。本项目中设计了一个仲裁逻辑,来决定从设备 BD_RAM 的使用权。

优先级仲裁算法通常有两种:一种是固定优先级(fixed priority)算法,另一种是循环优先级(rotatory priority)算法。固定优先级的好处是电路简单、硬件开销少,但容易发生优先级低的设备"饿死"的现象。在循环优先级中,每个设备都能上升为最高优先级,从而保证了每个设备都能拥有从设备的使用权。

本设计中采用循环优先级算法,其控制逻辑通过一个有限状态机实现。总线主设备(简记为"WbM")、以太网发送逻辑(简记为"TxLogic")、以太网接收逻辑(简记为"RxLogic")的访问优先权按照 WbM→RxLogic→TxLogic→WbM 的顺序进行流转;当控制权进行切换时,仲裁器总是把 BD_ RAM 授予最高优先权。当总线主设备通过总线对以太网控制器的 BD_RAM 进行操作时,必须首先通过总线仲裁(一级仲裁)来获得总线的控制权。二级仲裁(BD_RAM 访问仲裁)可能会增加访问迟滞,因此在设计中,把来自总线的访问请求作为默认访问请求,与 Idle 状态交替控制 BD_RAM。

### (二) MAC 部分设计

#### 1. 发送模块

发送模块主要实现 CSMA/CD 协议,包括数据的封装、媒体管理、信道获取、冲突处理等。发送模块把从 TxFIFO 中读取数据的数据封装后转换为 4 bit(半字节)传送给物理层芯

片,并能完成相关退避(back-off)操作和 CRC 值的计算,同时监视来自物理层的信号(载波和冲突信号)。

该模块由发送控制逻辑、发送计数器、随机数生成器和 CRC 产生器等组成。其中发送控制逻辑是整个发送模块的核心,用以管理整个功能子模块,使之协同工作,状态转换如图 5.54 所示,其中实线表示在全双工模式下状态转换,半双工模式包括实线和虚线。

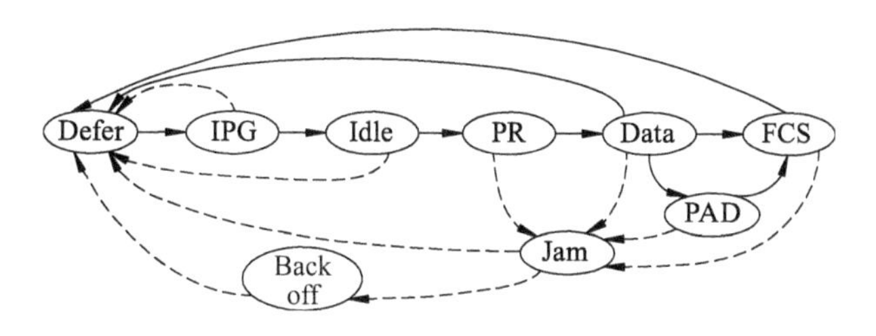


图 5.54　以太网发送控制状态机

2. 接收模块

接收模块主要完成数据的解封和媒体管理。解封功能包括响应物理层芯片的"数据有效"信号,接收 4 bit 数据,移除前导码和 SFD 后,将其转化为整字节后存储到 RxFIFO 中,同时完成对目的地址和 CRC 值的检测。媒体管理功能包括判断帧的有效性(是否为残帧、帧是否字节对齐等)。

该模块主要由接收控制器、接收计数器、地址检测和 CRC 校验等子模块组成。其中接收控制器是整个接收模块的核心,用以管理各功能子模块,并实现接收时序,状态机转换如图 5.55 所示,其中实线表示在全双工模式下状态转换,半双工模式包括实线和虚线。

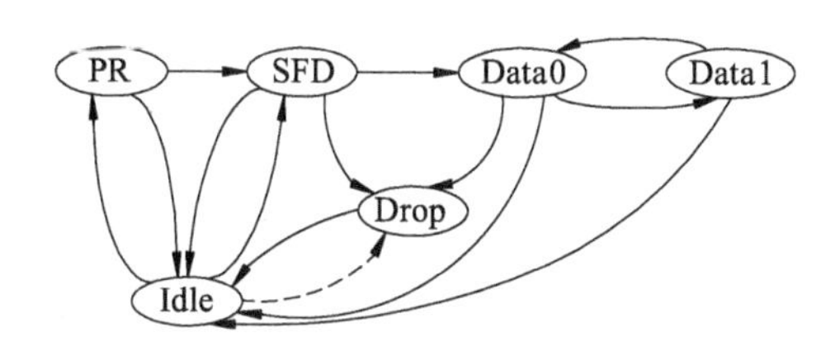


图 5.55　以太网接收控制状态机

3. 流量控制模块

流量控制模块提供符合 IEEE 802.3x 标准的全双工流量控制,在 MAC 控制子层的框架下以暂停操作实现控制机制,主要完成发送帧队列中插入控制帧,对收到的控制帧进行分析并完成暂停操作。

该模块主要包括发送控制帧子模块、接收控制帧子模块和控制逻辑三个部分。当高层协议来不及处理连续接收的网络数据帧时,置位配置寄存器的"暂停帧发送请求"位,流量控制模块就会产生控制帧交给发送模块发送出去;此时,发送模块不再和 TxFIFO 的数据通道相连。若发送模块此时有数据帧正在发送,发送控制帧不能打断当前数据帧的发送,必须等待数据帧发送完毕再发送控制帧;同时由于控制帧格式的要求,必须添加 PAD 和 FCS。

接收控制帧子模块用来监测接收模块接收到的是否为控制帧;若接收到控制帧,PAUSE 计数器锁存控制时间参数 N 作为初始值,然后每隔 SlotTime 减"1"。当 PAUSE 计数器减到 0 后,发送模块恢复发送数据。

**(三) MII 接口**

MII 接口用于设置 PHY 寄存器并获得其状态信息,同时与 PHY 芯片配合完成自适应功能。该模块是一个两线接口:MDC(时钟线)和 MDIO(双向数据线),主要包括时钟产生子模块、输出控制子模块、移位寄存器模块和控制逻辑四个部分。

以太网控制器的自适应功能主要由 PHY 芯片的自动协商功能体现。自动协商功能使在网络连接的两端之间可以交换配置信息,自动选择最优的配置。

本设计选用 Realtek 公司的 RTL8201CP 作为 PHY 芯片。该芯片支持 10 Mbps 全/半双工、100 Mbps 全/半双工四种工作模式,自动协商功能自动选择性能最高的工作方式。

## 四、仿真与验证

本项目中采用了产业界应用广泛的 Mentor 公司的 ModelSim 仿真工具对所设计以太网控制器进行仿真测试,用 Verilog HDL 语言构建了 testbench(测试向量),模拟了 WISHBONE 总线系统(包括 Processor、Bus Arbiter、Main Memory 等)及 PHY 行为级模型,它们和 dual-speed MAC 结合在一起构成了一个完整的系统架构。仿真结果表明本设计完全实现了相关功能。

在硬件测试平台的搭建中,FPGA 采用 ALTERA 公司的 EP3C16Q240C8,外围接入 RTL8201CP 作为 PHY 芯片。通过移植 Linux 操作系统和相关驱动,成功实现了以太网的通信操作。图 5.56 显示了通过以太网进行 Tftp 操作情况;Client 运行在 MAC 测试平台上,Server 运行在 PC 上,同时在 PC 端安装 Sniffer 软件抓取以太网数据包。

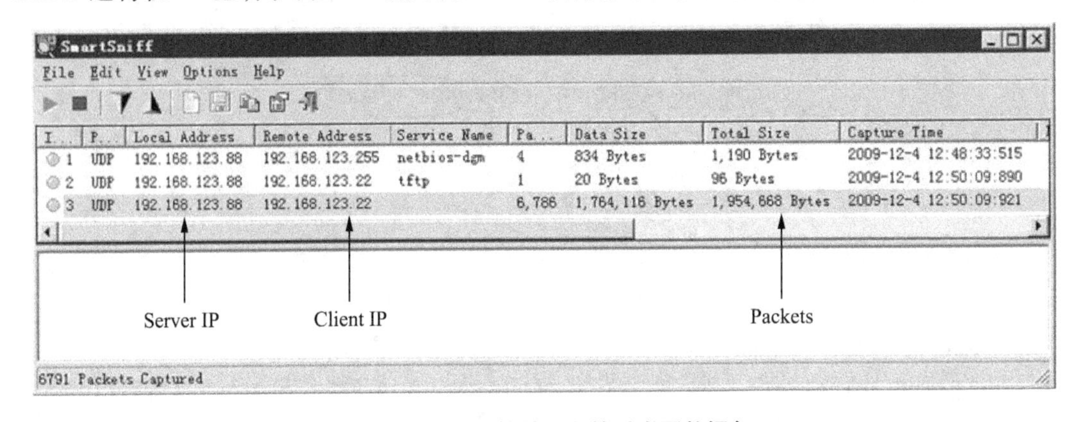


图 5.56 Sniffer 软件抓取的以太网数据包

# 附录1　GW48 SOC/EDA 系统使用说明

## 一、GW48系统使用注意事项

（1）闲置不用 GW48 SOC/EDA 系统时，关闭电源，拔下电源插头。

（2）EDA 软件安装方法可参见光盘中相应目录中的中文 README. TXT；详细使用方法可参阅本书或《EDA 技术实用教程》或《VHDL 实用教程》中的相关章节。

（3）在实验中，当选中某种模式后，要按一下右侧的复位键，以使系统进入该结构模式工作。

（4）换目标芯片时要特别注意，不要插反或插错，也不要带电插拔，确定插对后才能开电源。其他接口都可带电插拔（当适配板上的10芯座处于左上角时，为正确位置）。

（5）对工作电源为5V 的 CPLD（如 1032E/1048C、95108 或 7128S 等）下载时，最好将系统的电路“模式”切换到“b”，以便使工作电压尽可能接近5V。

（6）主板左侧3个开关默认向下，但靠右的开关必须向上打（DLOAD）才能下载。

（7）跳线座“SPS” 默认向下短路（PIO48）；右侧开关默认向下打（LOCK）。

（8）左下角拨码开关除第4档“DS8 使能”向下拨（8数码管显示使能）外，其余皆默认向上拨。

## 二、GW48系统主板结构与使用方法

以下是对 GW48 系统主板功能块的注释。

（1）SW9：按动该键能使实验板产生12种不同的实验电路结构。这些结构将在后文中的实验电路结构图中给出。例如，选择了“实验电路结构图 NO.3”，须按动系统板上的“SW9”键，直至数码管 SWG9 显示“3”，于是系统即进入相应的实验电路结构。

（2）B2：这是一块插于主系统板上的目标芯片适配座。对于不同的目标芯片可配不同的适配座。可用的目标芯片包括目前世界上最大的六家 FPGA/CPLD 厂商几乎所有 CPLD、FPGA 和所有 ispPAC 等模拟 EDA 器件。下文中将给出多种芯片对系统板引脚的对应关系，以备在实验时查用。

（3）J3B/J3A：如果仅作为教学实验之用，系统板上的目标芯片适配座无须拔下，但如果要进行应用系统开发、产品开发、电子设计竞赛等开发实践活动，在系统板上完成初步仿真设计后，就有必要将连有目标芯片的适配座拔下插在自己的应用系统上（如 GWDVP 板）进行调试测试。为了避免由于需要更新设计程序和编程下载而反复插拔目标芯片适配座，GW48 系统设置了一对在线编程下载接口座：J3A 和 J3B。此接口插座可适用于不同的 FPGA/CPLD（注意：① 此接口仅适用于5 V 工作电源的 FPGA 和 CPLD；② 5 V 工作电源必须由被下载系统提供）的配置和编程下载。对于低压 FPGA/CPLD（如 EP1K30/50/100、EPF10K30E 等，都是2.5 V 器件），下载接口座必须是另一座，即 ByteBlasterMV。注意：对于

GW48-GK/PK,只有一个下载座,即 ByteBlasterMV 是通用的。

(4) 混合工作电压使用:对于低压 FPGA/CPLD 目标器件,在 GW48 系统上的设计方法与使用方法完全与5V 器件一致,只是要对主板的跳线作一选择(对 GW48-GK/PK 系统不用跳线)。

JVCC/VS2:跳线 JVCC(GW48-GK/PK 型标为"VS2")对芯片 I/O 电压 3.3 V(VCCIO)或 5 V(VCC)作选择,对 5 V 器件,必须选"5.0 V"。例如,若系统上插的目标器件是 EP1K30/50/100 或 EPF10K30E/50E 等,要求将主板上的跳线座"JVCC"短路帽插向"3.3 V"一端;将跳线座"JV2"短路帽插向"+2.5 V"一端(如果是 5 V 器件,跳线应插向"5.0 V")。

(5) 并行下载口:此接口通过下载线与微机的打印机口相连。来自 PC 的下载控制信号和 CPLD/FPGA 的目标码将通过此口,完成对目标芯片的编程下载。编程电路模块能自动识别不同的 CPLD/FPGA 芯片,并作出相应的下载适配操作。

(6) 键 1 ~ 键 8:为实验信号控制键,此 8 个键受"多任务重配置"电路控制,它在每一张电路图中的功能及其与主系统的连接方式随 SW9 的模式选择而变。

(7) 键 9 ~ 键 12:实验信号控制键(仅 GW48-GK/PK 型含此键),此 4 个键不受"多任务重配置"电路控制,使用方法参考"实验电路结构图 NO.5"。

(8) 数码管 1 ~ 8/发光管 D1 ~ D16:也受"多任务重配置"电路控制。

(9) 数码管 9 ~ 14/发光管 D17 ~ D22:不受"多任务重配置"电路控制(仅 GW48-GK/PK 型含此发光管),它们的连线形式和使用方法参考"实验电路结构图 NO.5"。

(10) "时钟频率选择"P1A/JP1B/JP1C:为时钟频率选择模块。通过短路帽的不同接插方式,使目标芯片获得不同的时钟频率信号。对于"CLOCK0"JP1C,同时只能插一个短路帽,以便选择输向"CLOCK0"的一种频率:

信号频率范围:1 Hz ~ 50 MHz(对 GW48-CK 系统);

信号频率范围:0.5 Hz ~ 50 MHz(对 GW48-GK 系统);

信号频率范围:0.5 Hz ~ 100 MHz(对 GW48-PK 系统)。

由于 CLOCK0 可选的频率比较多,所以比较适合于目标芯片对信号频率或周期测量等设计项目的信号输入端。JP1B 分三个频率源组,即如系统板所示的"高频组"、"中频组"和"低频组"。它们分别对应三组时钟输入端。例如,将三个短路帽分别插于 JP1B 座的 2Hz、1024Hz 和 12MHz;而另三个短路帽分别插于 JP1A 座的 CLOCK4、CLOCK7 和 CLOCK8,这时,输向目标芯片的三个引脚:CLOCK4、CLOCK7 和 CLOCK8 分别获得上述三个信号频率。需要特别注意的是,每一组频率源及其对应时钟输入端,分别只能插一个短路帽。也就是说,通过 JP1A/B 的组合频率选择,最多只能提供三个时钟频率。

注意,对于 GW48-GK/PK 系统,时钟选择比较简单:每一频率组仅接一个频率输入口,如低频端的 4 个频率通过短路帽,可选的时钟输入口仅为 CLOCK2。因此,对于 GW48-GK/PK,总共只有 4 个时钟可同时输入 FPGA:CLOCK0、CLOCK2、CLOCK5、CLOCK9。

(11) 扬声器 S1:目标芯片的声讯输出,与目标芯片的"SPEAKER"端相接,即 PIO50。通过此口可以进行奏乐或了解信号的频率。

(12) PS/2 接口:通过此接口,可以将 PC 的键盘和(或)鼠标与 GW48 系统的目标芯片相连,从而完成 PS/2 通信与控制方面的接口实验,GW48-GK/PK 含另一 PS/2 接口,参见"实验电路结构 NO.5"。

（13）VGA 视频接口：通过它可完成目标芯片对 VGA 显示器的控制。

（14）单片机接口器件：它与目标板的连接方式也已标于主系统板上，连接方式可参见附图2.13。

**注意** ① 对于 GW48-GK/PK 系统，实验板左侧有一开关，向上拨，将 RS232 通信口直接与 FPGA 的 PIO31 和 PIO30 相接；向下拨则与 89C51 单片机的 P30 和 P31 端口相接。于是通过此开关可以进行不同的通信实验，详细连接方式可参见附图1.13。平时此开关向下打，不要影响 FPGA 的工作。

② 由附图1.13可知，单片机 89C51 的 P3 和 P1 端口是与 FPGA 的 PIO66 ~ PIO79 相接的，而这些端口又与6数码管扫描显示电路连在一起的，所以当要进行6数码管扫描显示实验时，必须拔去右侧的单片机，并按实验电路结构图 NO.5 将拨码开关3拨为使能，这时 LCD 停止工作。

（15）RS232 串行通信接口：此接口电路是为单片机与 PC 通信准备的，由此可以使 PC、单片机、FPGA/CPLD 三者实现双向通信。当目标板上 FPGA/CPLD 器件需要直接与 PC 进行串行通信时，可参见附图1.13和按实验电路结构图 NO.5，将实验板右侧的开关向上拨至"TO FPGA"，从而使目标芯片的 PIO31 和 PIO30 与 RS232 口相接，即使 RS232 的通信接口直接与目标器件 FPGA 的 PIO30/PIO31 相接。而当需要使 PC 的 RS232 串行接口与单片机的 P3.0 和P3.1 口相接时，则将开关向下拨至"TO MCU"即可，平时不用时也应保持在此位置。

（16）AOUT D/A 转换：利用此电路模块（实验板左下侧），可以完成 FPGA/CPLD 目标芯片与 D/A 转换器的接口实验或相应的开发。它们之间的连接方式可参见按实验电路结构图 NO.5；D/A 的模拟信号的输出接口是"AOUT"，示波器可挂接左下角的两个连接端。当使能拨码开关8拨至"滤波1"时，D/A 的模拟输出将获得不同程度的滤波效果。

**注意** 进行 D/A 接口实验时，应打开左侧第2个开关，获得 +（－）12 V 电源，实验结束后关上此电源。

（17）AIN0/AIN1：外界模拟信号可以分别通过系统板左下侧的两个输入端"AIN0"和"AIN1"进入 A/D 转换器 ADC0809 的输入通道 IN0 和 IN1，ADC0809 与目标芯片直接相连。通过适当设计，目标芯片可以完成对 ADC0809 的工作方式确定、输入端口选择、数据采集与处理等所有控制工作，并可通过系统板提供的译码显示电路，将测得的结果显示出来。此项实验首先需参见按实验电路结构图 NO.5 中有关0809与目标芯片的接口方式，同时需了解系统板上的接插方法以及有关0809工作时序和引脚信号功能方面的资料。

**注意** 不用0809时，应将左下角的拨码开关的"A/D 使能"和"转换结束"拨向"禁止"（向上拨），以避免与其他电路冲突。

ADC0809 A/D 转换实验接插方法（如按实验电路结构图 NO.5 所示）：

① 左下角拨码开关的"A/D 使能"和"转换结束"拨向"使能"（向下拨），即将 ENABLE(9)与 PIO35 相接；若向上拨则为"禁止"，即使 ENABLE(9)←0，表示禁止0809工作，使它的所有输出端为高阻态。

② 左下角拨码开关的"转换结束"拨向"使能"，使 EOC(7)←PIO36，由此可使目标芯片对 ADC0809 的转换状态进行测控。

（18）VR1/AIN1：VR1 电位器，通过它可以产生 0 ~ +5 V 幅度可调的电压。其输入口是0809的 IN1（与外接口 AIN1 相连，但当 AIN1 插入外输入插头时，VR1 将与 IN1 自动断开)。若利用 VR1 产生被测电压,则应使 0809 的第 25 脚置高电平,即选择 IN1 通道,参考实验电路结构图 NO.5。

(19) AIN0 的特殊用法 :系统板上设置了一个比较器电路,主要由 LM311 组成。若与 D/A 电路相结合,可以将目标器件设计成逐次比较型 A/D 变换器的控制器件可参考实验电路结构图 NO.5。

(20) 系统复位键:此键是系统板上负责监控的微处理器的复位控制键,同时也与接口单片机的复位端相连,因此兼作单片机的复位键。

(21) 下载控制开关 :在系统板的左侧第 3 个开关。当需要对实验板上的目标芯片下载时必须将开关向上打(DLOAD);而当向下打(LOCK)时,将关闭下载口,这时可以将下载并行线拔下而做他用(这时已经下载进 FPGA 的文件不会由于下载口线的电平变动而丢失);例如拔下的 25 芯下载线可以与 GWAK30 + 适配板上的并行接口相接,以完成类似逻辑分析仪方面的实验。

(22) 跳线座 SPS :短接“T_F”可以使用在系统频率计,即频率输入端在主板右侧标有“频率计”处,模式选择为“A”。短接“PIO48”时,信号 PIO48 可用,如实验电路结构图 NO.1 中的 PIO48。平时应该短路“PIO48”。

(23) 目标芯片万能适配座 CON1/2 :在目标板的下方有两条 80 个插针插座(GW48-CK 系统),其连接信号如附图 1.1 所示,此图为用户对此实验开发系统做二次开发提供了条件。此二座的位置设置方式和各端口的信号定义方式与综合电子设计竞赛开发板 GWDVP-B 完全兼容。

对于 GW48-GK/PK 系统,此适配座在原来的基础上增加了 20 个插针,功能大为增强。增加的 20 插针信号与目标芯片的连接方式可参考实验电路结构图 NO.5 和附图 1.13。

(24) 拨码开关 :拨码开关的详细用法可参考实验电路结构图 NO.5 和附图 1.13。

(25) ispPAC 下载板 :对于 GW48-GK 系统,其右上角有一块 ispPAC 模拟 EDA 器件下载板,可用于模拟 EDA 实验中对 ispPAC10/20/80 等器件编程下载。

(26) 拨 8×8 数码点阵 :在右上角的模拟 EDA 器件下载板上还附有一块数码点阵显示块,是通用供阳方式,需要 16 根接插线和两根电源线连接。

(27) 使用举例:若通过键 SW9 选中了实验电路结构图 NO.1,这时的 GW48 系统板所具有的接口方式变为:FPGA/CPLD 端口 PIO31 ~ PIO28、PIO27 ~ PIO24、PIO23 ~ PIO20 和 PIO19 ~ PIO16,共 4 组 4 位二进制 I/O 端口分别通过一个全译码型的七段译码器输向系统板的七段数码显示器。这样,如果有数据从上述任一组 4 位输出,就能在数码显示器上显示出相应的数值,其数值对应范围见附表 1.1。

**附表 1.1 数值对应范围**

| FPGA/CPLD 输出 | 0000 | 0001 | 0010 | … | 1100 | 1101 | 1110 | 1111 |
|---|---|---|---|---|---|---|---|---|
| 数码管显示 | 0 | 1 | 2 | … | C | D | E | F |

端口 I/O A GW48-CK 实验开发系统的板面结构图如附图 1.1 所示,32 ~ 39 分别与 8 个发光二极管 D8 ~ D1 相连,可作输出显示,高电平亮。还可分别通过键 8 和键 7,发出高低电平输出信号进入端口 I/O 49 和 48;键控输出的高低电平由键前方的发光二极管 D16 和 D15 显示,高电平输出为亮。此外,可通过按动键 4 至键 1,分别向 FPGA/CPLD 的 PIO0 ~ PIO15 输入 4 位十六进制码。每按一次键将递增 1,其序列为 1、2、…、9、A、…、F。

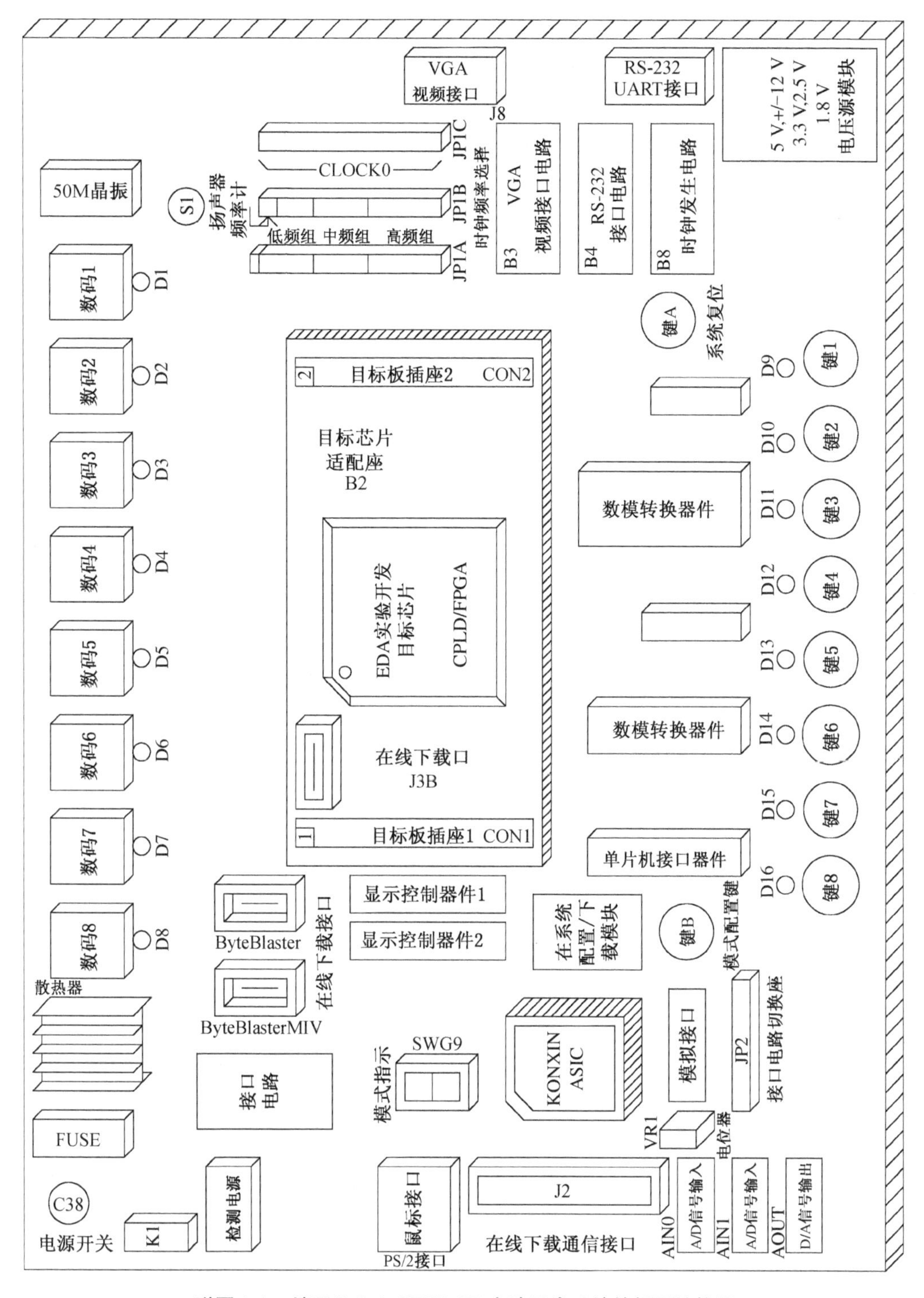


附图 1.1 端口 I/O A GW48-CK 实验开发系统的板面结构图

**注意** 对于不同的目标芯片,其引脚的 I/O 标号数一般是同 GW48 系统接口电路的“PIO”标号是一致的(这就是引脚标准化),但具体引脚号是不同的,而在逻辑设计中引脚的锁定数必须是该芯片的具体的引脚号。

## 三、实验电路结构图

### 1. 实验电路信号资源符号图说明

结合附图1.2,以下对实验电路结构图中出现的信号资源符号功能做出一些说明.

(1) 附图1.2(a)是十六进制七段全译码器,它有7位输出,分别接七段数码管的7个显示输入端:a、b、c、d、e、f和g;它的输入端为D、C、B、A,D为最高位,A为最低位。例如,若所标输入的口线为PIO19~PIO16,表示PIO19接D、PIO18接C、PIO17接B、PIO16接A。

(2) 附图1.2(b)是高低电平发生器,每按键一次,输出电平由高到低或由低到高变化一次,且输出为高电平时,所按键对应的发光管变亮,反之不亮。

(3) 附图1.2(c)是十六进制码(8421码)发生器,由对应的键控制输出4位二进制构成的1位十六进制码,数的范围是0000~1111。每按键一次,输出递增1,输出进入目标芯片的4位二进制数将显示在该键对应的数码管上。

(4) 直接与七段数码管相连的连接方式的设置是为了便于对七段显示译码器的设计学习。以附图1.5为例,图中所标"PIO46—PIO40接g、f、e、d、c、b、a"表示PIO46、PIO45、...、PIO40分别与数码管的7段输入g、f、e、d、c、b、a相接。

(5) 附图1.2(d)是单次脉冲发生器。每按一次键,输出一个脉冲,与此键对应的发光管也会闪亮一次,时间为20 ms。

(6) 附图1.2(e)是琴键式信号发生器,当按下键时,输出为高电平,对应的发光管发亮;当松开键时,输出为高电平,此键的功能可用于手动控制脉冲的宽度。具有琴键式信号发生器的实验结构图是NO.3,如附图1.6所示。

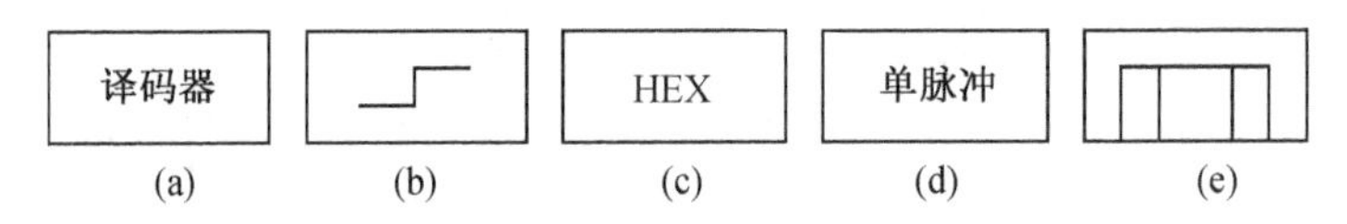


附图1.2　实验电路信号资源符号图

### 2. 各实验电路结构图特点与适用范围简述

(1) 实验电路结构图NO.0:如附图1.3所示,目标芯片的PIO19~PIO44共8组4位二进制码输出,经外部的七段译码器可显示于实验系统上的8个数码管。键1和键2可分别输出2个4位二进制码。一方面,这4位码输入目标芯片的PIO11~PIO8和PIO15~PIO12;另一方面,可以观察发光管D1~D8来了解输入的数值。例如,当键1控制输入PIO11~PIO8的数为^HA时,则发光管D4和D2亮,D3和D1灭。电路的键8~键3分别控制一个高低电平信号发生器向目标芯片的PIO7至PIO2输入高电平或低电平,扬声器接在"SPEAKER"上,具体接在哪一引脚要看目标芯片的类型,这需要查引脚对照表(附表1.2)。如目标芯片为FLEX10K10,则扬声器接在"3"引脚上。目标芯片的时钟输入未在图上标出,也需查阅引脚对照表(附表1.2)。例如,目标芯片为XC95108,则输入此芯片的时钟信号有CLOCK0~CLOCK10,共11个可选的输入端,对应的引脚为65~80。具体的输入频率可参考主板频率选择模块。此电路可用于设计频率计、周期计、计数器等。

(2) 实验电路结构图NO.1:如附图1.4所示,适用于加法器、减法器、比较器或乘法器等。例如,加法器设计,可利用键4和键3输入8位加数;利用键2和键1输入8位被加数,

输入的加数和被加数将显示于键对应的数码管4～数码管1,相加的和显示于数码管6和数码管5;可令键8控制此加法器的最低位进位。

(3)实验电路结构图NO.2:如附图1.5所示,可用于VGA视频接口逻辑设计,或使用数码管8～数码管5共4个数码管做七段显示译码方面的实验;而数码管4～数码管1,这4个数码管可作为译码后显示,键1和键2可输入高低电平。

(4)实验电路结构图NO.3:如附图1.6所示,特点是有8个琴键式键控发生器,可用于设计八音琴等电路系统,也可以产生时间长度可控的单次脉冲。该电路结构同附图1.3所示的结构图NO.0一样,有8个译码输出显示的数码管,以显示目标芯片的32位输出信号,且8个发光管也能显示目标器件的8位输出信号。

(5)实验电路结构图NO.4:如附图1.7所示,适合于设计移位寄存器、环形计数器等。电路特点是,当在所设计的逻辑中有串行二进制数从PIO10输出时,若利用键7作为串行输出时钟信号,则PIO10的串行输出数码可以在发光管D8～发光管D1上逐位显示出来,这能很直观地看到串出的数值。

(6)实验电路结构图NO.5:如附图1.8所示,此电路结构比较复杂,有较强的功能,主要用于目标器件与外界电路的接口设计实验。该电路主要含以下9大模块:

① 普通内部逻辑设计模块。在图的左下角,此模块与以上几个电路使用方法相同,例如,同结构图NO.3的唯一区别是8个键控信号不再是琴键式电平输出,而是高低电平方式向目标芯片输入(乒乓开关)。此电路结构可完成许多常规的实验项目。

② RAM/ROM接口。在图的左上角,此接口对应于主板上,有两个32脚的DIP座,在上面可以插RAM,也可插ROM(仅GW48-GK/PK系统包含此接口)。例如,RAM:628128;ROM:27C010、27C020、27C040、27C080、29C010、29C020、29C040等。此32脚座的各引脚与目标器件的连接方式示于图上,是用标准引脚名标注的,如PIO48(第1脚)、PIO10(第2脚)等。

**注意** RAM/ROM的使能由拨码开关“1”控制。

对于不同的RAM或ROM,其各引脚的功能定义不尽一致,即不一定兼容。因此,在使用前应该查阅相关的资料,但在结构图的上方也列出了部分引脚情况,以供参考。

③ VGA视频接口。在图的右上角,它与目标器件有5个连接信号:PIO40～PIO44,通过查表(附表1.1的引脚对照表),可得对应于EPF10K20-144或EP1K30/50-144的5个引脚号分别是87、88、89、90、91。

④ PS/2键盘接口。在图的右上侧。它与目标器件有两个连接信号,即PIO45、PIO46。

⑤ A/D转换接口。在图的左侧中。图中给出了ADC0809与目标器件连接的电路图。有关FPGA/CPLD与ADC0809接口方面的实验示例在本书中已经给出(实验4.10)。

⑥ D/A转换接口。在图的右下侧。图中给出了DAC0832与目标器件连接的电路图。有关FPGA/CPLD与0832接口方面的实验示例在本书中已经给出(实验4.11)。

⑦ LM311接口。注意:此接口电路包含在以上的D/A接口电路中,可用于完成使用DAC0832与比较器LM311共同实现A/D转换的控制实验。比较器的输出可通过主板左下侧的跳线选择“比较器”,使之与目标器件的PIO37相连。以便用目标器件接收311的输出信号。

**注意** 有关D/A和311方面的实验都必须打开+(－)12V电压源,实验结束后关闭此电源。

⑧ 单片机接口。根据附图 1.13,可给出单片机与目标器及 LCD 显示屏的连接电路图。

⑨ RS232 通信接口。

**注意** 实验电路结构图 NO.5 中并不是所有电路模块都可以同时使用,这是因为各模块与目标器件的 I/O 接口有重合。仔细观察可以发现:

① 当使用 RAM/ROM 时,数码管 3、4、5、6、7、8 共 6 个数码管不能同时使用,这时,如果有必要使用更多的显示,必须使用以下介绍的扫描显示电路。

但 RAM/ROM 可以与 D/A 转换同时使用,尽管它们的数据口(PIO24 ~ PIO31)是重合的。这时如果希望将 RAM/ROM 中的数据输入 D/A 器件中,可设定目标器件的 PIO24 ~ PIO31 端口为高阻态;而如果希望用目标器件 FPGA 直接控制 D/A 器件,可通过拨码开关禁止 RAM/ROM 数据口。

RAM/ROM 能与 VGA 同时使用,但不能与 PS/2 同时使用,这时可以使用以下介绍的 PS/2 接口。

② A/D 不能与 RAM/ROM 同时使用,由于它们有部分端口重合,若使用 RAM/ROM,必须禁止 ADC0809,而当使用 ADC0809 时,应该禁止 RAM/ROM,如果希望 A/D 和 RAM/ROM 同时使用以实现诸如高速采样方面的功能,必须使用含有高速 A/D 器件的适配板,如 GWAK30 + 等型号的适配板。

③ RAM/ROM 不能与 311 同时使用,因为在端口 PIO37 上两者重合。

(7) 实验电路结构图 NO.6:如附图 1.9 所示,此电路与 NO.2 相似,但增加了两个 4 位二进制数发生器,数值分别输入目标芯片的 PIO7 ~ PIO4 和 PIO3 ~ PIO0。例如,当按键 2 时,输入 PIO7 ~ PIO4 的数值将显示于对应的数码管 2,以便了解输入的数值。

(8) 实验电路结构图 NO.7:如附图 1.10 所示,此电路适合于设计时钟、定时器、秒表等。因为可利用键 8 和键 5 分别控制时钟的清零和设置时间的使能;利用键 7、键 5 和键 1 进行时、分、秒的设置。

(9) 实验电路结构图 NO.8:如附图 1.11 所示,此电路适用于并进/串出或串进/并出等工作方式的寄存器、序列检测器、密码锁等逻辑设计。它的特点是利用键 2、键 1 能序置 8 位二进制数,利用键 6 能发出串行输入脉冲,每按键一次,即发一个单脉冲,则此 8 位序置数的高位在前,向 PIO10 串行输入一位,同时能从 D8 ~ D1 的发光管上看到串形左移的数据,十分形象直观。

(10) 实验电路结构图 NO.9:如附图 1.12 所示,若欲验证交通灯控制等类似的逻辑电路,可选此电路结构。

(11) 当系统上的“模式指示”数码管显示“A”时,系统将变成一台频率计,数码管 8 将显示“F”,数码 6 ~ 数码 1 显示频率值,最低位单位是 Hz。测频输入端为系统板右下侧插座。

(12) 实验电路结构图 COM(NO.A):如附图 1.13 所示,此图的所有电路仅 GW48-GK/PK 系统拥有,即以上所述的所有电路结构(除 RAM/ROM 模块),包括实验电路结构 NO.0 ~ NO.9 共 10 套电路结构模式为 GW48-CK 和 GW48-GK/PK 两种系统共同拥有(兼容),我们把它们称为通用电路结构。在原来的 10 套电路结构模式中增加附图 1.13 所示的“实验电路结构图 COM”。

例如,在 GW48-GK 系统中,当“模式键”选择“5”时,电路结构将进入附图 1.8 所示的实验电路结构图 NO.5 外,还应该加入“实验电路结构图 COM”。这样,在每一电路模式中就能

比原来实现更多的实验项目。

“实验电路结构图 COM”包含的电路模块有：

① PS/2 键盘接口。在通用电路结构中，还有一个用于鼠标的 PS/2 接口。

② 4 键直接输入接口。原来的键 1～键 8 是由“多任务重配置”电路结构控制的，所以键的输入信号没有抖动问题，不需要在目标芯片的电路设计中加入消抖动电路，这样，能简化设计，让设计者迅速入门。所以设计者如果希望完成键的消抖动电路设计，可利用此图的键 9～键 12。当然也可以利用此 4 键完成其他方面的设计。注意，此 4 键为上拉键，按下后为低电平。

③ $I^2C$ 串行总线存储器件接口。该接口器件用 24C01 担任，这是一种十分常用的串行 $E^2ROM$ 器件。

④ USB 接口。此接口是 SLAVE 接口。

⑤ 扫描显示电路。这是一个 6 数码管（共阴数码管）的扫描显示电路。段信号为 7 个数码段加一个小数点段，共 8 位，分别由 PIO60～PIO67 通过同相驱动后输入；而位信号由外部的 6 个反相驱动器驱动后输入数码管的共阴端。

⑥ 实验电路结构图 COM 中各标准信号（PIOX）对应的器件的引脚名，必须查附表 1.1。

⑦ 发光管插线接口。在主板的右上方有 6 个发光管（共阳连接），以供必要时用接插线与目标器件连接显示。由于显示控制信号的频率比较低，所以目标器件可以直接通过连接线向此发光管输出。

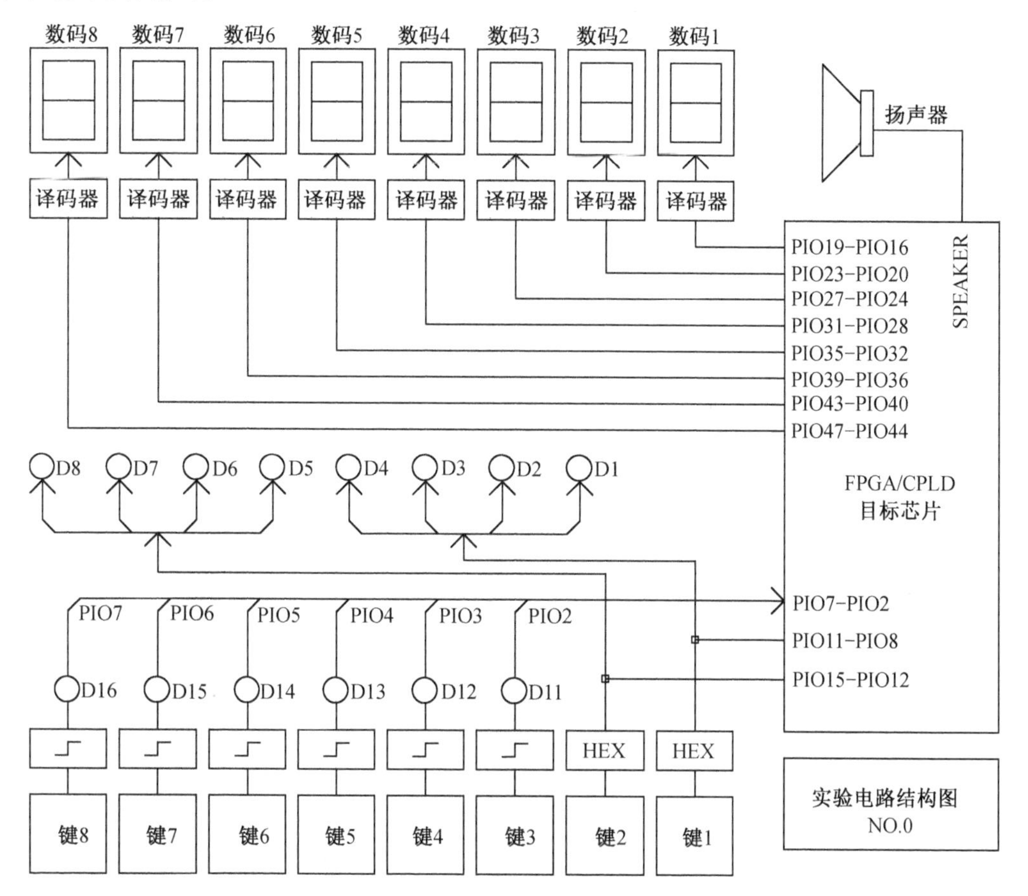


附图 1.3　实验电路结构图 NO.0

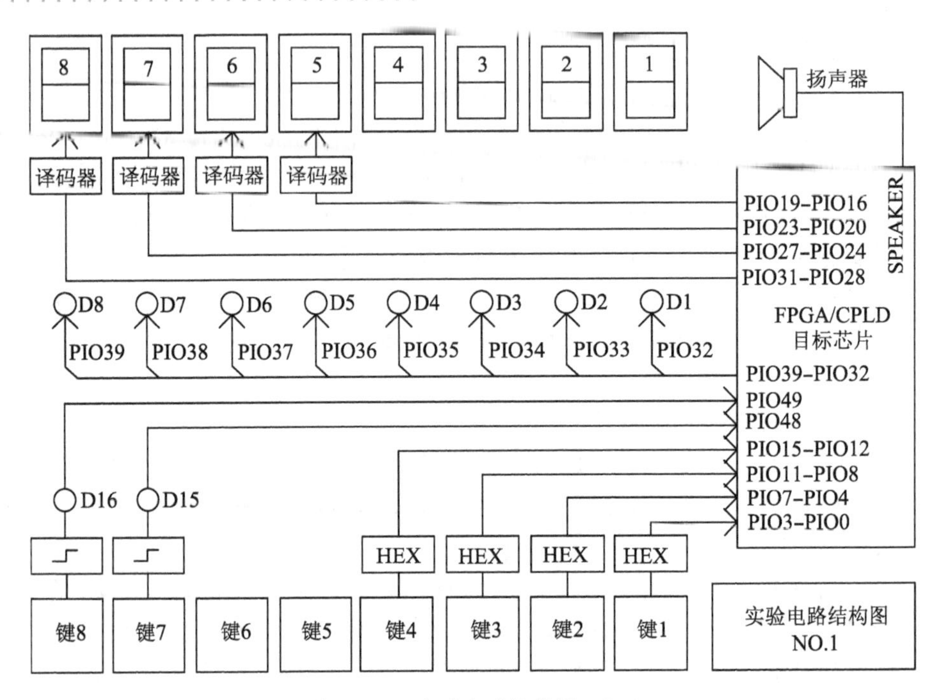


附图 1.4　实验电路结构图 NO.1

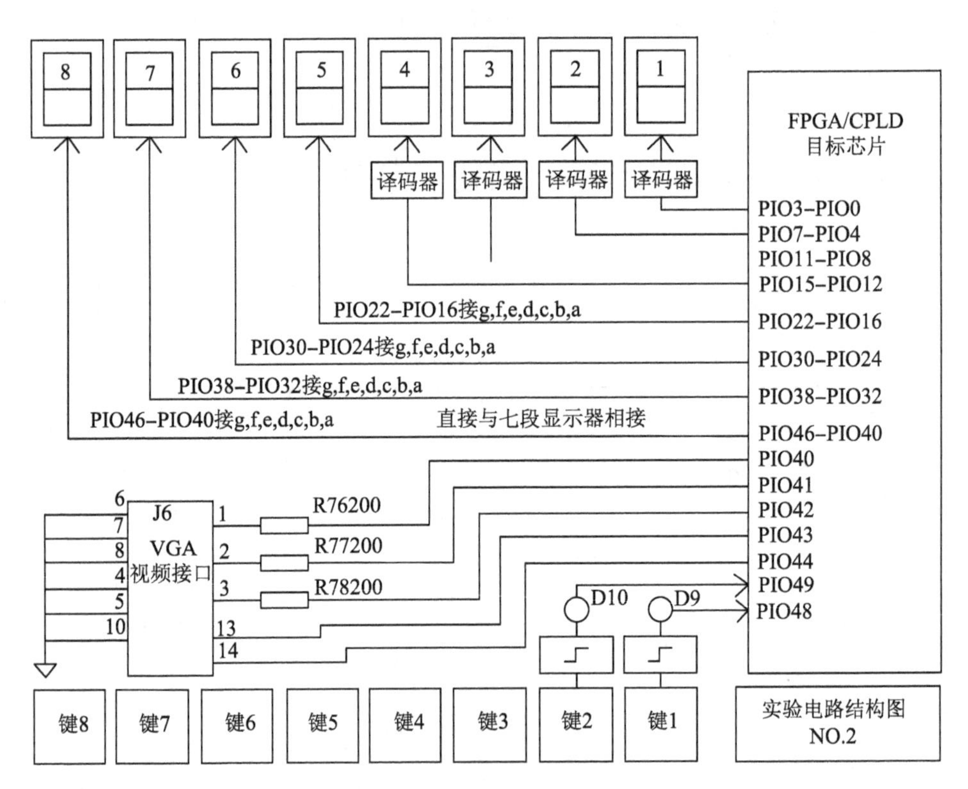


附图 1.5　实验电路结构图 NO.2

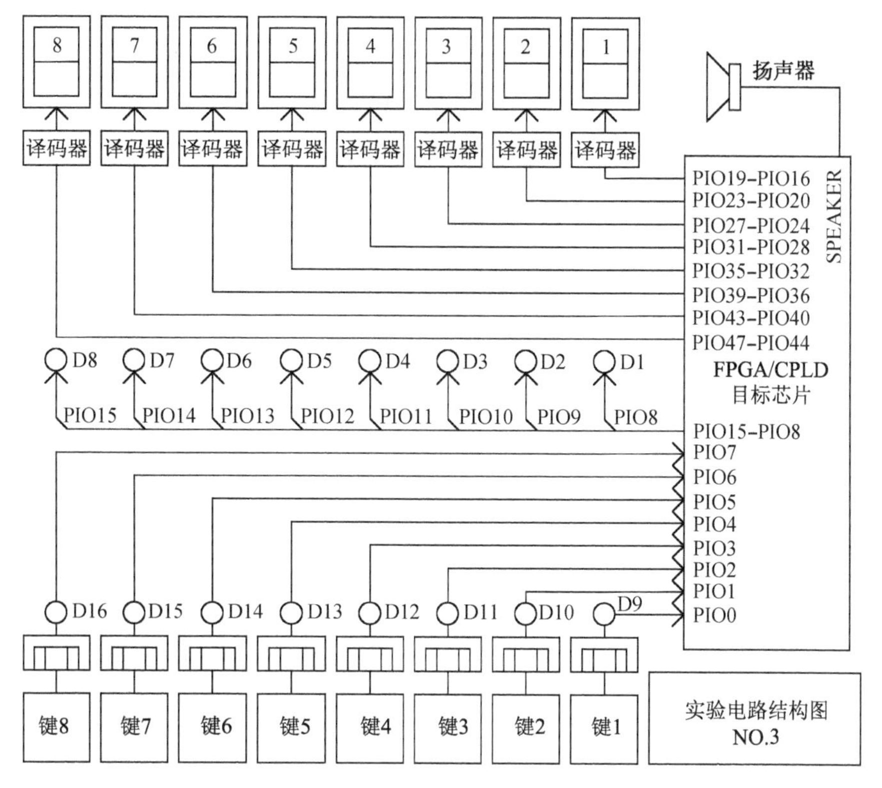


附图 1.6　实验电路结构图 NO.3

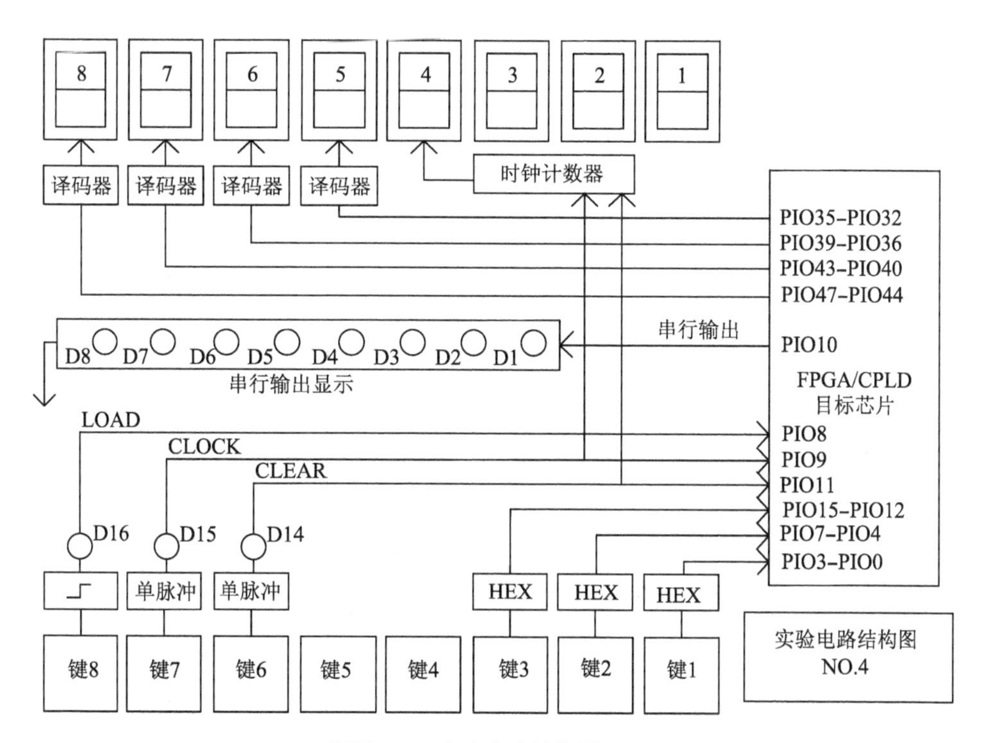


附图 1.7　实验电路结构图 NO.4

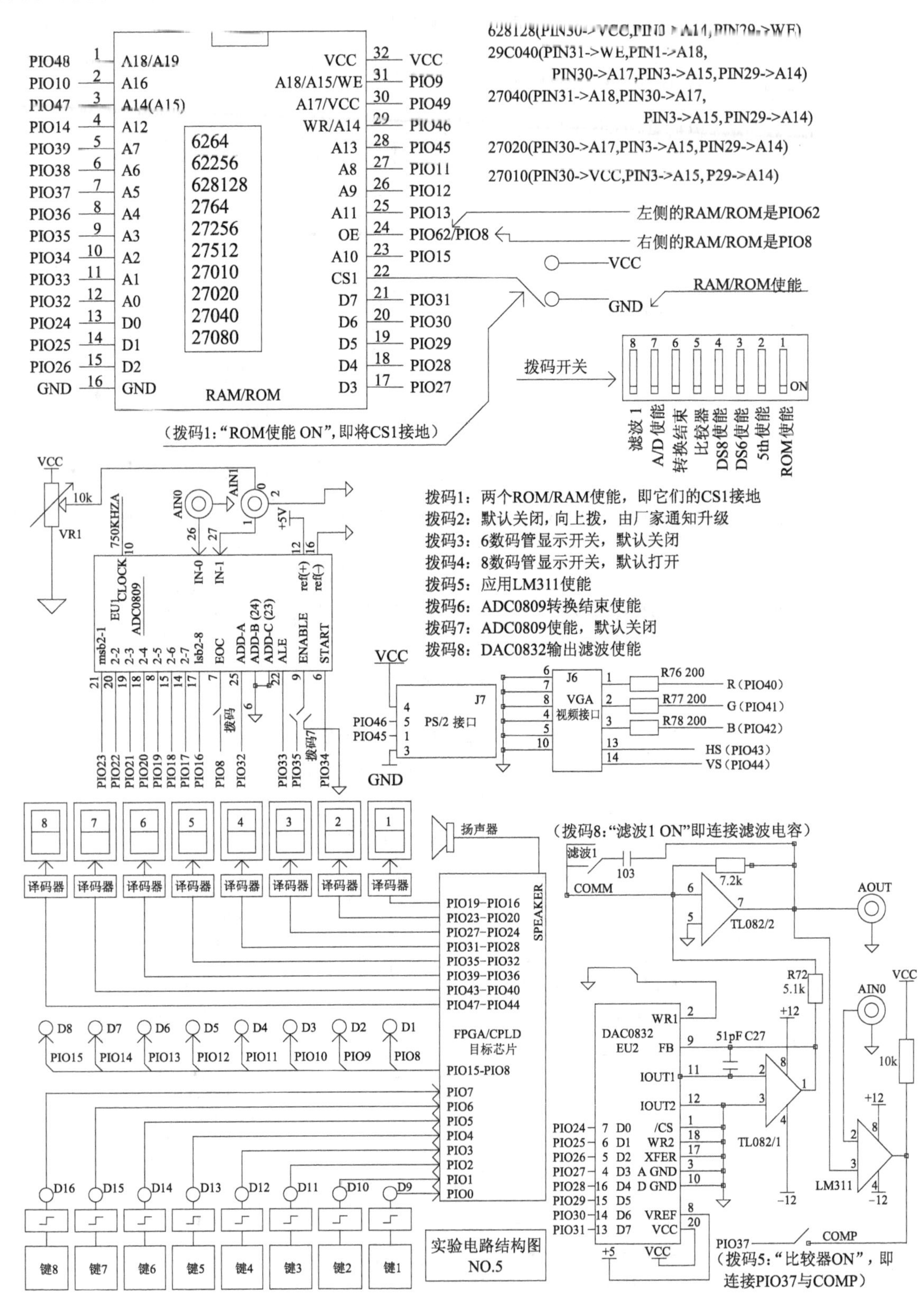


附图 1.8　实验电路结构图 NO. 5

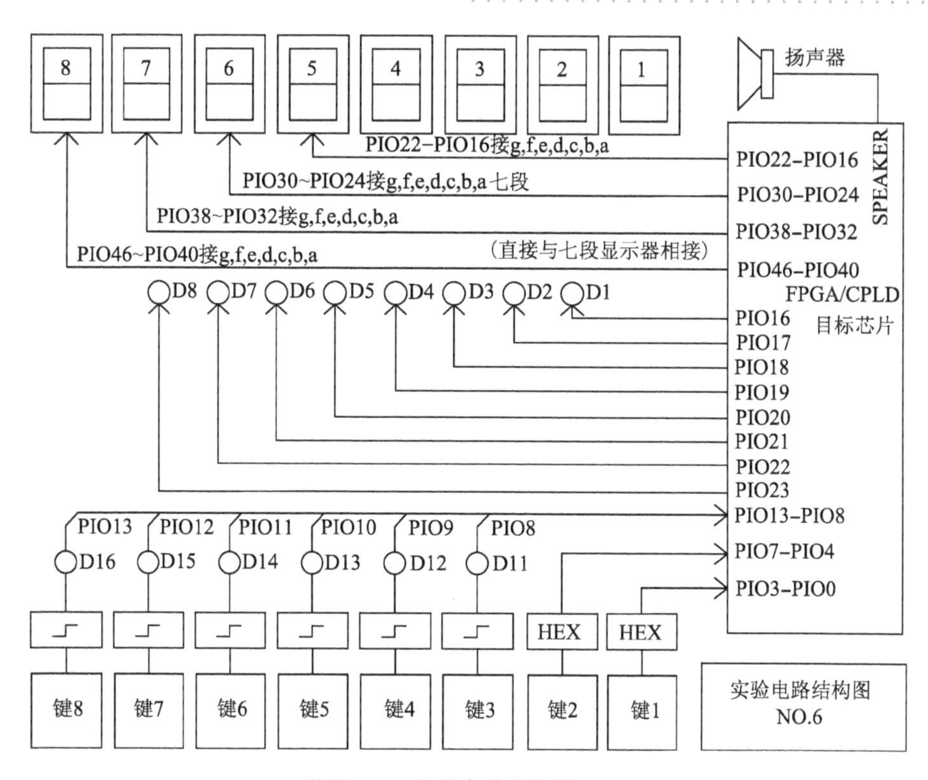


附图 1.9 实验电路结构图 NO.6

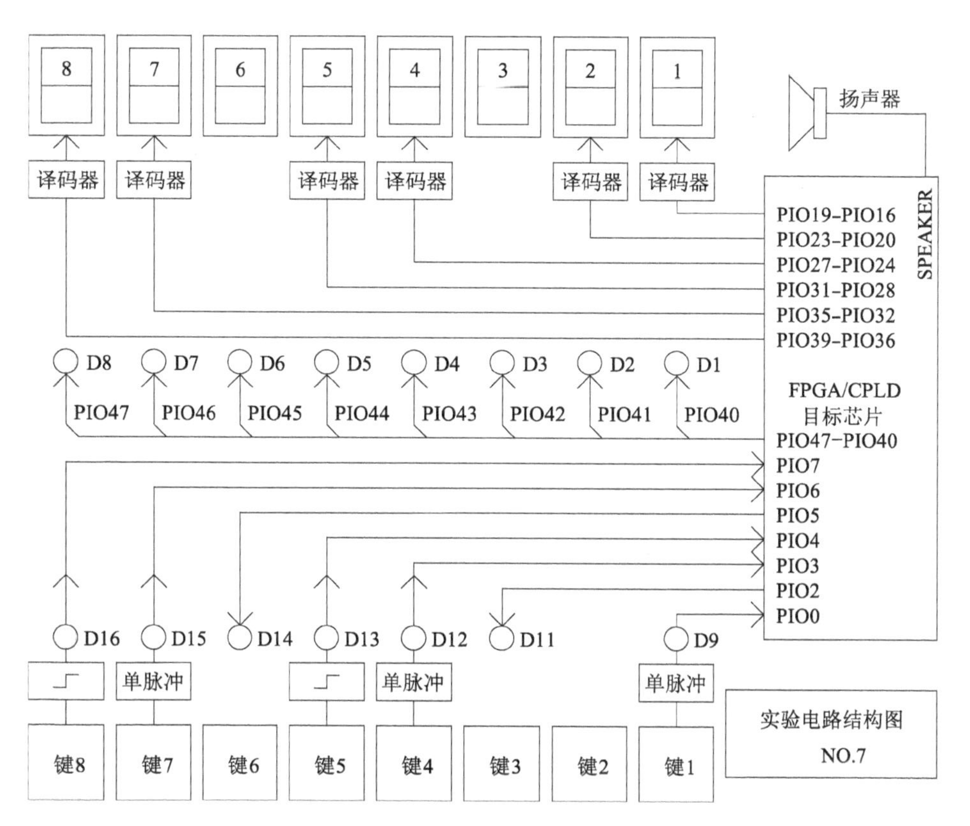


附图 1.10 实验电路结构图 NO.7

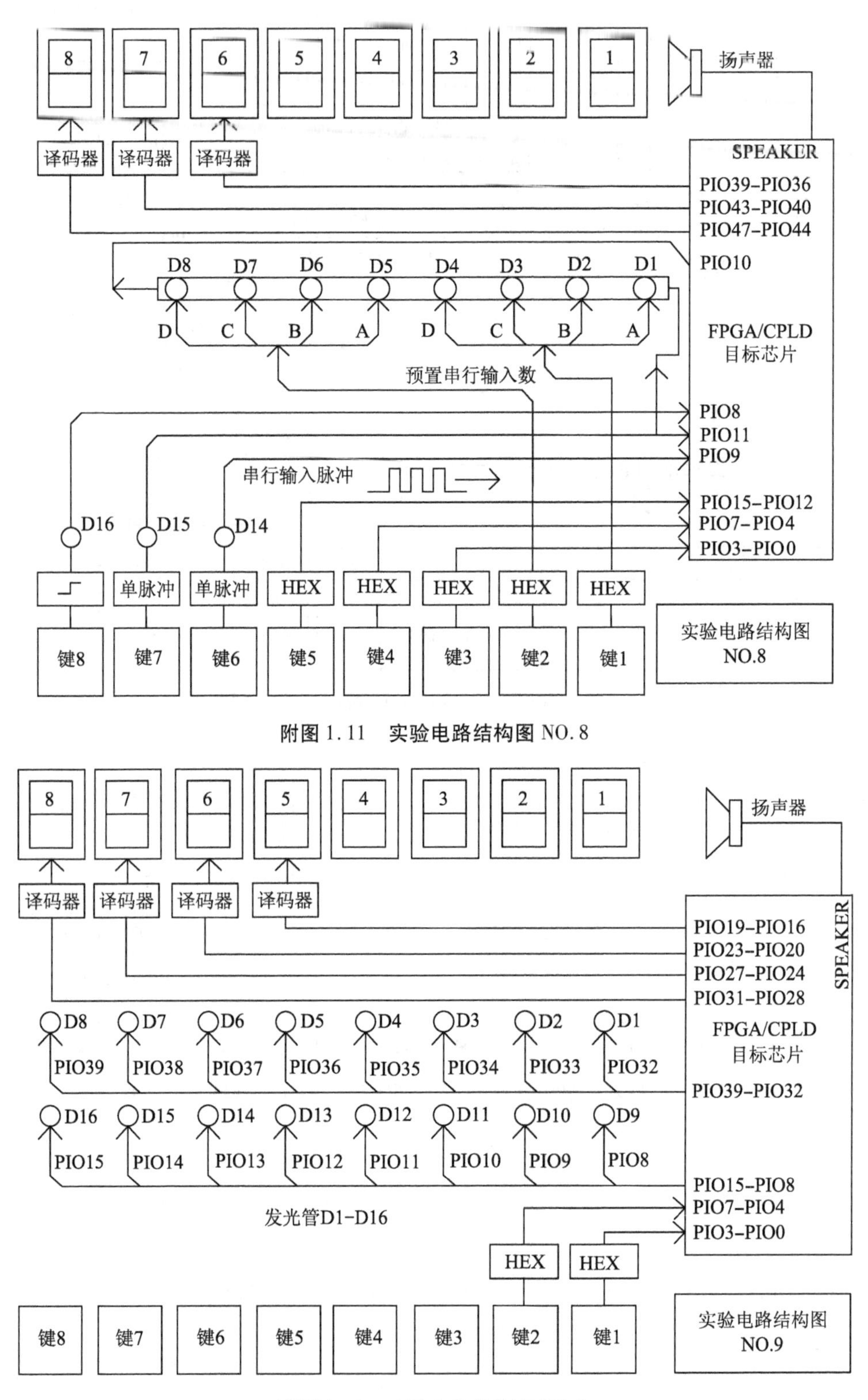


附图 1.11　实验电路结构图 NO.8



附图 1.12　实验电路结构图 NO.9

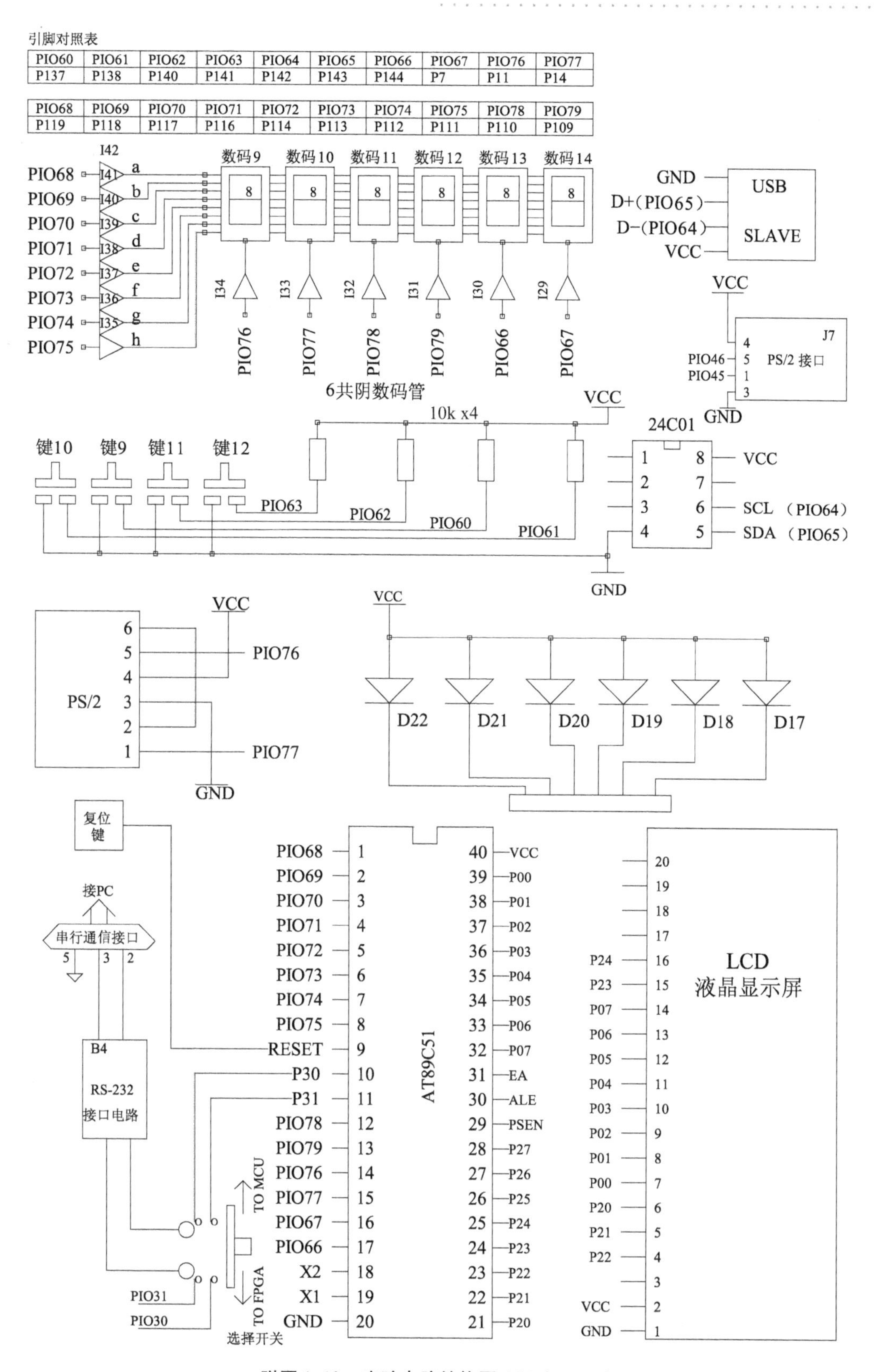

引脚对照表

| PIO60 | PIO61 | PIO62 | PIO63 | PIO64 | PIO65 | PIO66 | PIO67 | PIO76 | PIO77 |
|---|---|---|---|---|---|---|---|---|---|
| P137 | P138 | P140 | P141 | P142 | P143 | P144 | P7 | P11 | P14 |

| PIO68 | PIO69 | PIO70 | PIO71 | PIO72 | PIO73 | PIO74 | PIO75 | PIO78 | PIO79 |
|---|---|---|---|---|---|---|---|---|---|
| P119 | P118 | P117 | P116 | P114 | P113 | P112 | P111 | P110 | P109 |



附图1.13　实验电路结构图COM(NO.A)

附表 1.2　GW48CK/GK/EK/PK2 系统万能接插口与结构图信号、芯片引脚对照表

| 结构图上的信号名 | GW48-CCP, GWAK100A EP1K100QC208 | | GW48-SOC +/ GW48-DSP EP20K200/ 300EQC240 | | GWAK30/50 EP1K30/50TQC144 | | GWAC3 EP1C3TC144 | |
|---|---|---|---|---|---|---|---|---|
| | 引脚号 | 引脚名称 | 引脚号 | 引脚名称 | 引脚号 | 引脚名称 | 引脚号 | 引脚名称 |
| PIO0 | 7 | I/O | 224 | I/O0 | 8 | I/O0 | 1 | I/O0 |
| PIO1 | 8 | I/O | 225 | I/O1 | 9 | I/O1 | 2 | I/O1 |
| PIO2 | 9 | I/O | 226 | I/O2 | 10 | I/O2 | 3 | I/O2 |
| PIO3 | 11 | I/O | 231 | I/O3 | 12 | I/O3 | 4 | I/O3 |
| PIO4 | 12 | I/O | 230 | I/O4 | 13 | I/O4 | 5 | I/O4 |
| PIO5 | 13 | I/O | 232 | I/O5 | 17 | I/O5 | 6 | I/O5 |
| PIO6 | 14 | I/O | 233 | I/O6 | 18 | I/O6 | 7 | I/O6 |
| PIO7 | 15 | I/O | 234 | I/O7 | 19 | I/O7 | 10 | I/O7 |
| PIO8 | 17 | I/O | 235 | I/O8 | 20 | I/O8 | 11 | DPCLK1 |
| PIO9 | 18 | I/O | 236 | I/O9 | 21 | I/O9 | 32 | VREF2B1 |
| PIO10 | 24 | I/O | 237 | I/O10 | 22 | I/O10 | 33 | I/O10 |
| PIO11 | 25 | I/O | 238 | I/O11 | 23 | I/O11 | 34 | I/O11 |
| PIO12 | 26 | I/O | 239 | I/O12 | 26 | I/O12 | 35 | I/O12 |
| PIO13 | 27 | I/O | 2 | I/O13 | 27 | I/O13 | 36 | I/O13 |
| PIO14 | 28 | I/O | 3 | I/O14 | 28 | I/O14 | 37 | I/O14 |
| PIO15 | 29 | I/O | 4 | I/O15 | 29 | I/O15 | 38 | I/O15 |
| PIO16 | 30 | I/O | 7 | I/O16 | 30 | I/O16 | 39 | I/O16 |
| PIO17 | 31 | I/O | 8 | I/O17 | 31 | I/O17 | 40 | I/O17 |
| PIO18 | 36 | I/O | 9 | I/O18 | 32 | I/O18 | 41 | I/O18 |
| PIO19 | 37 | I/O | 10 | I/O19 | 33 | I/O19 | 42 | I/O19 |
| PIO20 | 38 | I/O | 11 | I/O20 | 36 | I/O20 | 47 | I/O20 |
| PIO21 | 39 | I/O | 13 | I/O21 | 37 | I/O21 | 48 | I/O21 |
| PIO22 | 40 | I/O | 16 | I/O22 | 38 | I/O22 | 49 | I/O22 |
| PIO23 | 41 | I/O | 17 | I/O23 | 39 | I/O23 | 50 | I/O23 |
| PIO24 | 44 | I/O | 18 | I/O24 | 41 | I/O24 | 51 | I/O24 |
| PIO25 | 45 | I/O | 20 | I/O25 | 42 | I/O25 | 52 | I/O25 |
| PIO26 | 113 | I/O | 131 | I/O26 | 65 | I/O26 | 67 | I/O26 |
| PIO27 | 114 | I/O | 133 | I/O27 | 67 | I/O27 | 68 | I/O27 |
| PIO28 | 115 | I/O | 134 | I/O28 | 68 | I/O28 | 69 | I/O28 |

续表

| 结构图上的信号名 | GW48-CCP，GWAK100A EP1K100QC208 | | GW48-SOC+/GW48-DSP EP20K200/300EQC240 | | GWAK30/50 EP1K30/50TQC144 | | GWAC3 EP1C3TC144 | |
|---|---|---|---|---|---|---|---|---|
| | 引脚号 | 引脚名称 | 引脚号 | 引脚名称 | 引脚号 | 引脚名称 | 引脚号 | 引脚名称 |
| PIO29 | 116 | I/O | 135 | I/O29 | 69 | I/O29 | 70 | I/O29 |
| PIO30 | 119 | I/O | 136 | I/O30 | 70 | I/O30 | 71 | I/O30 |
| PIO31 | 120 | I/O | 138 | I/O31 | 72 | I/O31 | 72 | I/O31 |
| PIO32 | 121 | I/O | 143 | I/O32 | 73 | I/O32 | 73 | I/O32 |
| PIO33 | 122 | I/O | 156 | I/O33 | 78 | I/O33 | 74 | I/O33 |
| PIO34 | 125 | I/O | 157 | I/O34 | 79 | I/O34 | 75 | I/O34 |
| PIO35 | 126 | I/O | 160 | I/O35 | 80 | I/O35 | 76 | I/O35 |
| PIO36 | 127 | I/O | 161 | I/O36 | 81 | I/O36 | 77 | I/O36 |
| PIO37 | 128 | I/O | 163 | I/O37 | 82 | I/O37 | 78 | I/O37 |
| PIO38 | 131 | I/O | 164 | I/O38 | 83 | I/O38 | 83 | I/O38 |
| PIO39 | 132 | I/O | 166 | I/O39 | 86 | I/O39 | 84 | I/O39 |
| PIO40 | 133 | I/O | 169 | I/O40 | 87 | I/O40 | 85 | I/O40 |
| PIO41 | 134 | I/O | 170 | I/O41 | 88 | I/O41 | 96 | I/O41 |
| PIO42 | 135 | I/O | 171 | I/O42 | 89 | I/O42 | 97 | I/O42 |
| PIO43 | 136 | I/O | 172 | I/O43 | 90 | I/O43 | 98 | I/O43 |
| PIO44 | 139 | I/O | 173 | I/O44 | 91 | I/O44 | 99 | I/O44 |
| PIO45 | 140 | I/O | 174 | I/O45 | 92 | I/O45 | 103 | I/O45 |
| PIO46 | 141 | I/O | 178 | I/O46 | 95 | I/O46 | 105 | I/O46 |
| PIO47 | 142 | I/O | 180 | I/O47 | 96 | I/O47 | 106 | I/O47 |
| PIO48 | 143 | I/O | 182 | I/O48 | 97 | I/O48 | 107 | I/O48 |
| PIO49 | 144 | I/O | 183 | I/O49 | 98 | I/O49 | 108 | I/O49 |
| PIO60 | 202 | PIO60 | 223 | PIO60 | 137 | PIO60 | 131 | PIO60 |
| PIO61 | 203 | PIO61 | 222 | PIO61 | 138 | PIO61 | 132 | PIO61 |
| PIO62 | 204 | PIO62 | 221 | PIO62 | 140 | PIO62 | 133 | PIO62 |
| PIO63 | 205 | PIO63 | 220 | PIO63 | 141 | PIO63 | 134 | PIO63 |
| PIO64 | 206 | PIO64 | 219 | PIO64 | 142 | PIO64 | 139 | PIO64 |
| PIO65 | 207 | PIO65 | 217 | PIO65 | 143 | PIO65 | 140 | PIO65 |
| PIO66 | 208 | PIO66 | 216 | PIO66 | 144 | PIO66 | 141 | PIO66 |
| PIO67 | 10 | PIO67 | 215 | PIO67 | 7 | PIO67 | 142 | PIO67 |

续表

| 结构图上的信号名 | GW48-CCP, GWAK100A EP1K100QC208 | | GW48-SOC+/ GW48-DSP EP20K200/300EQC240 | | GWAK30/50 EP1K30/50TQC144 | | GWAC3 EP1C3TC144 | |
|---|---|---|---|---|---|---|---|---|
| | 引脚号 | 引脚名称 | 引脚号 | 引脚名称 | 引脚号 | 引脚名称 | 引脚号 | 引脚名称 |
| PIO68 | 99 | PIO68 | 197 | PIO68 | 119 | PIO68 | 122 | PIO68 |
| PIO69 | 100 | PIO69 | 198 | PIO69 | 118 | PIO69 | 121 | PIO69 |
| PIO70 | 101 | PIO70 | 200 | PIO70 | 117 | PIO70 | 120 | PIO70 |
| PIO71 | 102 | PIO71 | 201 | PIO71 | 116 | PIO71 | 119 | PIO71 |
| PIO72 | 103 | PIO72 | 202 | PIO72 | 114 | PIO72 | 114 | PIO72 |
| PIO73 | 104 | PIO73 | 203 | PIO73 | 113 | PIO73 | 113 | PIO73 |
| PIO74 | 111 | PIO74 | 204 | PIO74 | 112 | PIO74 | 112 | PIO74 |
| PIO75 | 112 | PIO75 | 205 | PIO75 | 111 | PIO75 | 111 | PIO75 |
| PIO76 | 16 | PIO76 | 212 | PIO76 | 11 | PIO76 | 143 | PIO76 |
| PIO77 | 19 | PIO77 | 209 | PIO77 | 14 | PIO77 | 144 | PIO77 |
| PIO78 | 147 | PIO78 | 206 | PIO78 | 110 | PIO78 | 110 | PIO78 |
| PIO79 | 149 | PIO79 | 207 | PIO79 | 109 | PIO79 | 109 | PIO79 |
| SPEAKER | 148 | I/O | 184 | I/O | 99 | I/O50 | 129 | I/O |
| CLOCK0 | 182 | I/O | 185 | I/O | 126 | INPUT1 | 123 | I/O |
| CLOCK2 | 184 | I/O | 181 | I/O | 54 | INPUT3 | 124 | I/O |
| CLOCK5 | 78 | I/O | 151 | CLKIN | 56 | I/O53 | 125 | I/O |
| CLOCK9 | 80 | I/O | 154 | CLKIN | 124 | GCLOK2 | 128 | I/O |

# 附录2 NH-TIV 型 EDA 实验开发系统使用说明

## 一、NH-TIV系统使用注意事项

（1）闲置不用 NH-TIV EDA 系统时，关闭电源，拔下电源插头。

（2）换目标芯片时要特别注意，不能插反或插错，也不能带电插拔，确信正确后才能开电源。其他接插口都可带电插拔。

（3）在插电源插头和下载电缆时最好检查一下 NH-TIV EDA 系统的电源是否处于关闭状态。

（4）NH-TIV EDA 系统配有两块下载板，如果做一般的验证性实验，请下载到 NH10K10（采用 Altera Flex10K 系列 FPGA 芯片）下载板上，配套软件是 MAX + plus II；如果做设计性实验，断电后要保留，请下载到 Lattice CPLD NH1032E 下载板上，配套软件是 ispEXPERT。

## 二、概述

NH-TIV 型实验开发系统的 PLD 器件的 I/O 管脚与输入/输出器件采用固定连接。可以完成各种简单和复杂的数字电路设计实验。使实验从传统的硬件连接调试转变成为软件设计、仿真调试、编程下载的实验模式。与采用连线方式的实验模式相比，可以节省实验时间，提高实验效率，并能降低实验故障率。

NH-TIV 型 EDA 实验开发系统采用了“实验板 + 下载板”结构，可以完成各种数字可编程实验。同时，NH 系列下载板可以结合单片机使用，完成可编程逻辑器件和单片机的联合实验。可同时进行单片机的在线仿真和可编程逻辑器件的在线编程，以便掌握 CPLD/FPGA 和 MCU 相结合应用的有关知识。同时，可以对液晶显示器进行单独编程。

下载板是实验系统的核心，板上配有 CPLD/FPGA 芯片，实验中下载板插在系统实验板上，形成一个完整的实验系统。下载板上设有下载电路接口，使用通用通信电缆和计算机相连接。下载板设计中含有保护电路，提高系统安全性能。下载板配备有扩展接口，用户可以实现自由扩展。

## 三、系统主板结构

附图 2.1 为 NH-TIV 型 EDA 实验开发系统的主板结构图。

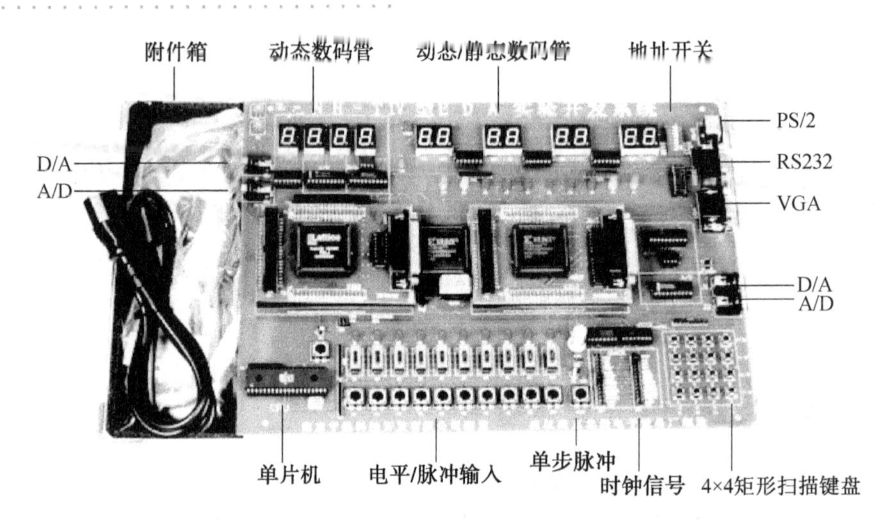


附图 2.1　NH-TIV 型 EDA 实验开发系统的主板结构图

## 四、下载板主要技术指标

下载板是实验系统的核心,可插在 NH-TIV 实验板上。下载板通过一根 25 芯并行电缆与计算机并行端口相连,由开发系统将设计文件下载、配置到下载板的 CPLD/FPGA 芯片之中。下面介绍 NH10K10 下载板和 NH1032E 下载板。

### 1. NH10K10 下载板

板上配有 Altera 公司的 FPGA 芯片:EPF10K10LC84。

EPF10K10LC84 资源:密度 10000 门;封装 PLCC84;频率高于 150MHz;I/O 口 55 个。EDA 开发软件:MAX + plus II。

### 2. NH1032E 下载板

板上配有 Lattice 公司 CPLD 芯 ispLSI1032E-70LJ84。

ispLSI1032 资源:密度 6000 门;封装 PLCC84;最高频率 90 MHz;I/O 口 60 个。EDA 开发软件:ispEXPERT。

### 3. 下载板的结构及其使用方法

(1) 下载板中央设计有可插拔的 PLCC84 封装的 CPLD/FPGA 芯片。

(2) 下载板右侧有一个 DB25 封装的插座(编程通信接口),通过一根 25 芯下载电缆将该插座与计算机并口接口相连,使用 PLD 厂商的开发软件完成下载、配置操作。

(3) 下载板上下两侧分别有双排焊点(正面)、双排插针(反面)和两个单独插针(定位用)。焊点旁边的数字即为与 CPLD/FPGA 芯片相连管脚号,管脚号边的符号名为实验板上主要信号名。

(4) 上下两排焊点的左上角和右下角焊点分别为 VCC 和 GND,分别与 CPLD/FPGA 芯片的 $V_{CC}$ 和 GND 相连,插在实验板上可从实验板获得 +5 V 电源。

(5) 下载板与实验板配合使用时,可形成一个完整的实验系统。

(6) 下载板也可以作为一个独立的开发工具进行使用。左边的 40 芯插座为用户扩展接口。

## 五、实验板主要技术指标

### (一) 主要技术指标

(1) 实验板可以和多种下载板相适配。

(2) 8 个七段共阴极数码管,可以通过地址开关实现静态显示和动态扫描显示。

(3) 3 种颜色共 10 个发光二极管(LED),可以实现脉冲和电平显示。

(4) 10 个按键/电平拨动开关,在使用同一个 I/O 端口的情况下,可以同时产生逻辑电平"1"和"0",以及上升沿和下降沿。并且,每一个开关有相对应的 LED 显示输入的情况。

(5) 4×4 矩阵扫描键盘,可以完成键盘扫描功能。

(6) 2 通道时钟信号输出,可以产生 14 种频率的时钟信号和手动单步脉冲。

(7) 2 套独立的 A/D、D/A 转换系统,可以实现模拟信号和数字信号的转换。

(8) PS/2 接口、RS232 接口和 VGA 接口,可以实现实验开发系统、计算机及工业标准外设的通信。

(9) 完整的单片机最小系统(含存储器),可以实现单片机和可编程逻辑器件协同工作。同时,单片机系统当中包含有独立的 A/D、D/A 转换系统,构成了独立的数据采集系统。

(10) 128×64 图形显示液晶,可以实现汉字和图形的显示。

### (二) 实验板部件功能介绍

#### 1. 高低电平开关 K1~K10、脉冲按键 S1~S10 及指示灯

实验板有 10 个高低电平开关 K1~K10 和 10 个脉冲按键 S1~S10,每一组电平拨动开关和脉冲按键使用同一个 I/O 口。拨动开关上方配有 10 个发光二极管 D1~D10,这些发光管既可以作为电平按键输入指示,也可作为脉冲按键输入指示。

#### 2. 发光二极管 L1~L10

在实验板的上方有 10 个发光二极管 L1~L10,它们分别与下载板上的 I/O 口相连。红、黄、绿灯可以用于做交通灯等实验。这些发光二极管设计有保护电路,当相应的 I/O 管脚输出逻辑高电平"1"时,发光二极管点亮,当管脚输出为逻辑低电平"0"时,发光二极管熄灭。

#### 3. 动、静态显示数码管 M1~M8

实验板上配备的 8 个数码管,可以工作于动态扫描和静态显示两种方式。动态扫描方式下,可以控制 8 个数码管,静态显示方式下,可以控制 4 个数码管。在动态扫描方式下,a、b、c、d、e、f、g、dp 为数码管的 8 段驱动,M1、M2、M3、M4、M5、M6、M7、M8 为 8 个数码管的位驱动,动态显示为 8 位。静态显示方式下,4 个数码管可以单独控制。

**注意** ① 在静态显示方式下,系统实验板配有 4~7 段译码器,用户无须另行设计译码电路和扫描电路。

② 在动态扫描方式下,当段驱动输入逻辑电平"1",位驱动输入逻辑电平"1"时,数码管点亮。

#### 4. 时钟信号 CP1、CP2

在实验板的右下侧共有二通道独立的"时钟信号"。

CP1、CP2 两组信号源共有从低频到高频的 28 个时钟信号分别与下载板的 CP1、CP2 相连通,并有"STEP" 单步信号输入按键。

单步信号按键:"单步"信号键位于实验板的右下侧,每按一次,将产生一个与按下时间

等脉宽的单步脉冲。单步按键上方的指示灯指示按键情况。CP1 和 CP2 中的"STEP"均与该"单步"信号相连接。

CP1、CP2 两通道信号源中的任何一个通道插座中只能选择一种信号频率,操作中只能分别插入一个跳线帽。

5. 蜂鸣器

主板配有蜂鸣器电路:蜂鸣器位于主板左侧(两个下载板中间),下载板中的 SP 信号端与蜂鸣器电路输入端相连,向蜂鸣器输出一个可调频率的方波,蜂鸣器根据不同频率发出不同音响,蜂鸣器额定输出功率为 50 mW。

6. ADC0804 的特点和应用

(1) ADC0804 的特点:

① 8 位分辨率 A/D 转换器;

② 容易与所有的单片机进行接口;

③ 差分模拟电压输入;

④ 逻辑输入和输出为 TTL 电平;

⑤ 转换时间:103 ~ 114 ms;

⑥ 最大非线性误差: ±1LSB Max;

⑦ 片上带有时钟发生器;

⑧ 单电源 5 V 供电:模拟电压输入范围 0 ~ 5 V;

⑨ 不需要零位调整。

(2) ADC0804 的应用。

实验板配有并行模数转换器 ADC0804,可完成数据采集,数字电压表等实验课题。A/D 转换器的模拟电压输入有两种方式,方式一是采用系统电源的 +5 V 电源。操作方法如下:跳线帽插上 CZ5(单步时钟按键上面)插座,运行 A/D 控制程序,调节电位器(位于 CZ5 上方),数码管显示相应的数据;方式二是采用外部输入的模拟电压。拔掉跳线帽,用户可以使用实验板右侧中部的 A/D 信号输入插座(J2),调节电位器可以改变模拟输入信号的大小。

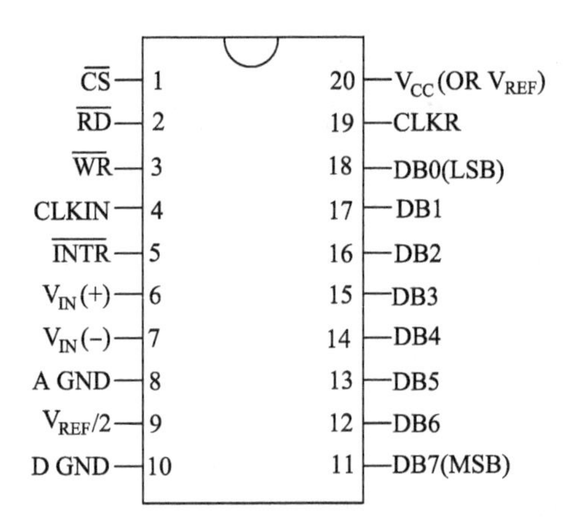


附图 2.2 ADC0804 管脚图

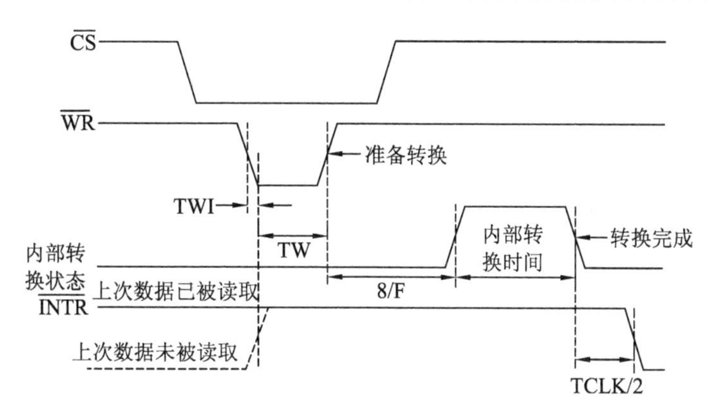


附图 2.3　ADC0804 转换时序图

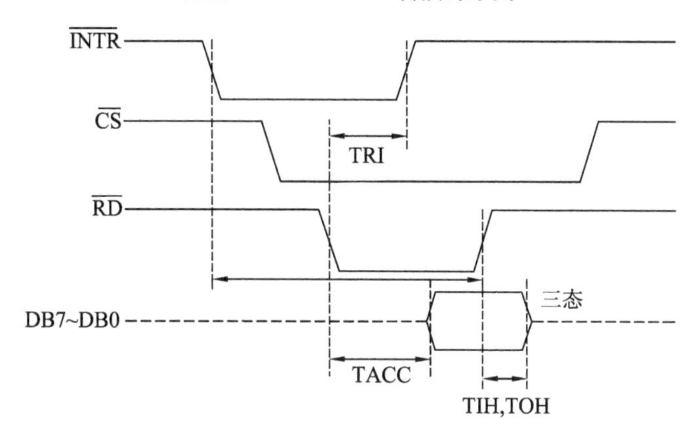


附图 2.4　ADC0804 输出时序图

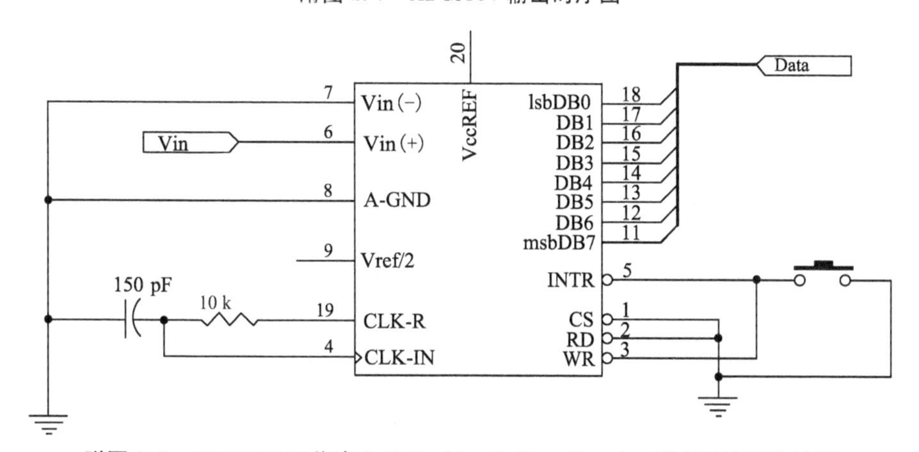


附图 2.5　ADC0804 工作在 Self-Clocking in Free-Running 模式时管脚连接图

**注意**　在上电的瞬间,需要给 WR 一个低电平,让系统工作。

### 7. D/A 变换器的特点和应用

(1) DAC0832 的特点。

① 分辨率为 8 位;

② 提供标准的处理器接口;

③ 电流稳定时间为 1 ms;

④ 可单缓冲输入、双缓冲输入或直接数字输入;

⑤ 只需在满量程下调整其线性度;

⑥ 单电源 +5 V 供电。

(2) DAC0832 的应用。

实验板上配有数模转换器 DAC0832,可完成 FSK、DDS、波形产生器等实验课题。DAC0832 为学习并行 D/A 数模转换器提供了良好的实践环境。DAC0832 有一路 D/A 转换器,通过运放 OP07 进行电流-电压转换,模拟信号从 J1 输出(输出为负电压)。DAC0832 电路连接如附图 2.6 所示。

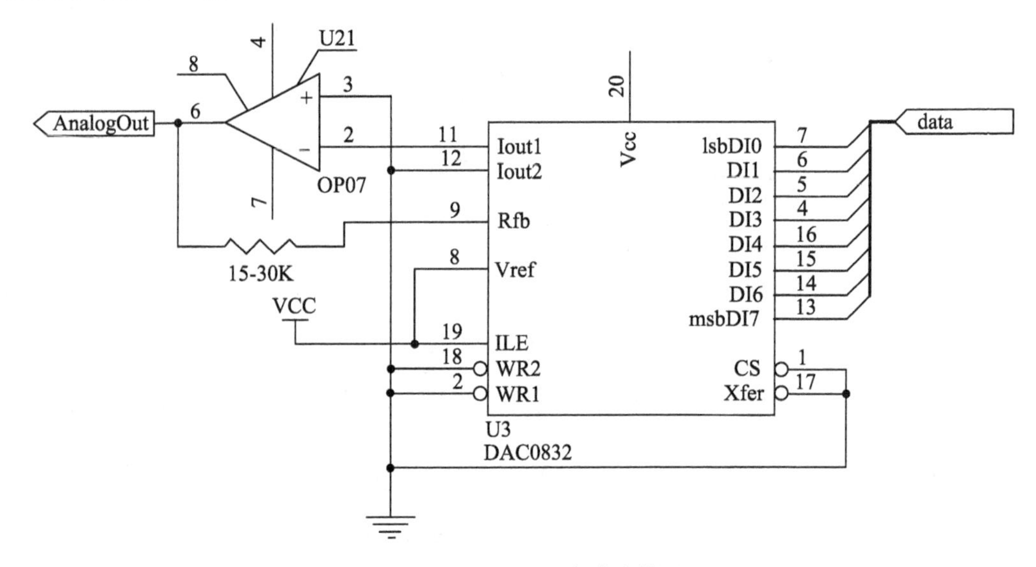


附图 2.6 DAC0832 电路连接图

### 7. VGA 接口

实验板上配有 15 针的 VGA 接口,和计算机相连可完成彩条信号发生器、方格信号发生器及图像显示等实验,电路连接如附图 2.7 所示。

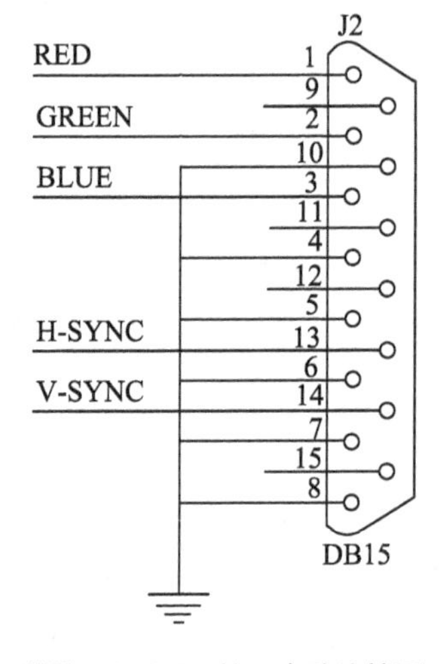


附图 2.7 VGA 接口电路连接图

### 8. RS232 串行接口

实验板上配有 9 针 RS232 串行接口电路(含有 MAX232 电平转换电路),该电路将下载板上的 CPLD/FPGA 的 CMOS/TTL 电平转换成 RS232 电平,并且通过实验板上 RS232 插座与计算机及其他设备的 RS232 通信接口相连,电路连接如附图 2.8 所示。

### 9. PS/2 接口

实验板上配有 6 针 PS/2 接口,这是一种新型串行接口,可与计算机的鼠标、键盘等外设相连接,完成 PS/2 协议的处理和通信,电路连接如附图 2.9 所示。

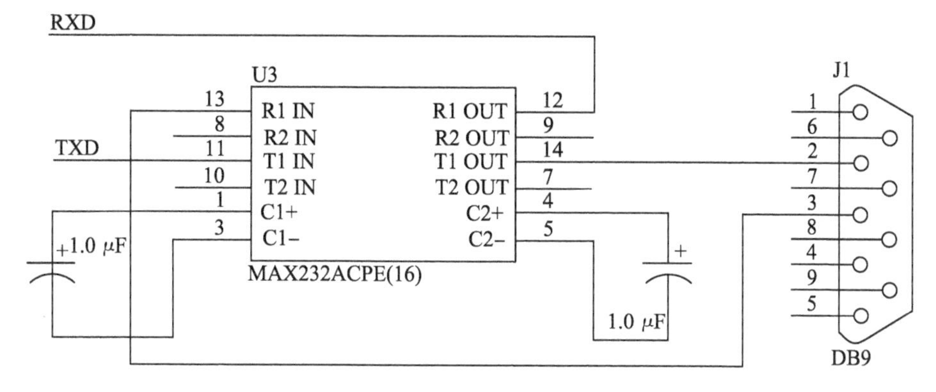


附图 2.8　串行接口电路连接图

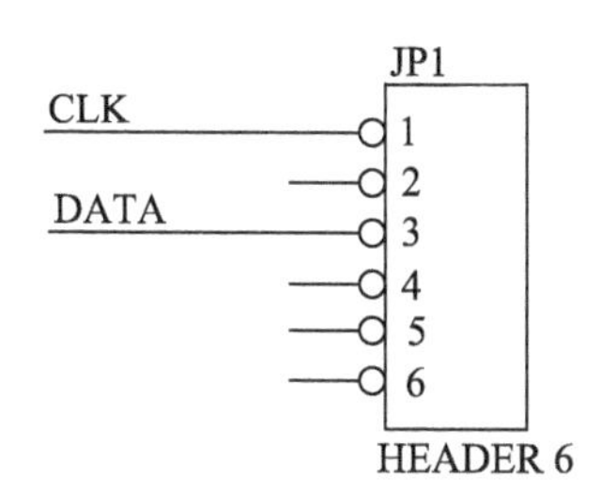


附图 2.9　PS/2 接口电路连接图

10. 4×4 矩阵扫描键盘

实验板右下角有一个 4×4 矩阵扫描键盘,它的水平和垂直方向各可以输入/输出 4 位信号,共可以产生 16 种组合信号,电路连接如附图 2.10 所示。

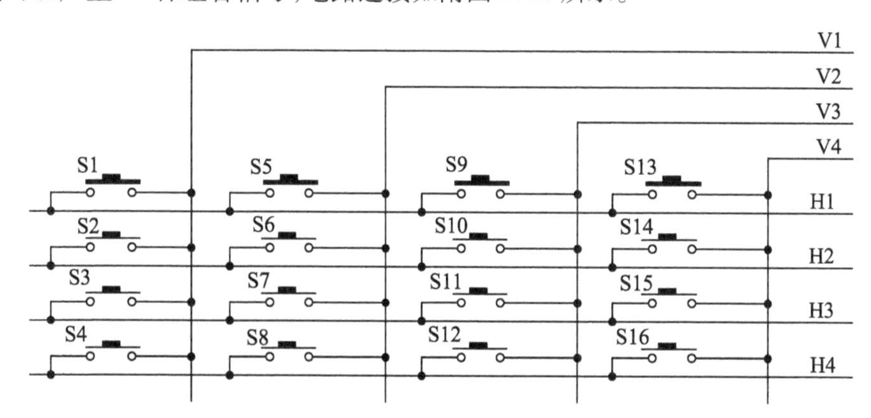


附图 2.10　4×4 矩阵扫描键盘连接图

11. 单步脉冲按键 STEP

主板设有两路单步脉冲按键“STEP”(按下一次“STEP”按键,指示灯亮,表明输出一个单步脉冲)。时钟信号 CP1、CP2,通过短接插座上的跳线帽与 CPLD/FPGA 的时钟输入端相连,使下载板上的 CPLD/FPGA 获得相应的时钟信号。

## 六、单片机部分

单片机部分的单片微处理器为 ATMEL 公司的 FLASH 芯片 89C51/89C52;单片机外围

配备了HY6264(8 kbit×8)随机存储器(SRAM),可以和ADC0804和DAC0832完成数模转换/模数转换等实验。实验板还有液晶显示接口,连接通用液晶显示模块TM12864,用MCS 51汇编语言或FlankliC51语言可编程产生字符、图像和汉字。

### 1. 使用方法和注意事项

主板设有两路单步脉冲按键“STEP”(按下一次“STEP”按键,指示灯亮,表明输出一个单步脉冲)。时钟信号CP1、CP2,通过短接插座上的跳线帽与CPLD/FPGA的时钟输入端相连,使下载板上的CPLD/FPGA获得相应的时钟信号。

### 2. CZ2(左上角)为模数转换器切换插座

做模数转换实验需要和NH系列下载板结合起来使用。当CZ2跳线帽插上时,运行相应的A/D控制程序,调节W2(左上角)数码管显示发生相应的变化;当跳线帽不插时,用户可使用模拟信号的输入接口(J4),调节W2可改变模拟输入信号的大小。

### 3. CZ4(左面下载板上方)为液晶显示接口插座

此处可插上TM12864通用液晶显示模块。CZ4插座下的字符除GND、$V_{CC}$、$V_{EE}$、$V_0$外其余的均为89C51的端口,用户如果自己做实验可以使用这些端口,这些端口均没有和下载板相连,是独立的,但是必须将液晶显示模块拔下。W1用于调节液晶显示模块的对比度,调到适当位置使得液晶屏显示清晰即可。CZ3为液晶显示模块背景光电源接口插座。

**注意** 液晶显示模块插入CZ4插座时必须一一对应以免损坏液晶显示模块。

附注:89C51的P1口、读信号线端口RD、写信号线端口WR、定时器端口T0和T1,外部中断信号端口INT0和INT1都和液晶显示器相联,相联的插座为CZ4。当液晶显示器不用而拔下时,用户可以使用这些端口,具体端口名电路板上已经标出。

### 4. 数码管显示电路

数码管显示电路为动态扫描方式,编写程序时需要注意。

### 5. 数/模转换实验

MCU扩展部分作数/模转换实验,需要和NH系列下载板结合起来使用。

### 6. RS232接口、CZ6的作用

RS232串行通信接口,可用于本实验板和计算机之间的串行通信。

CZ6的作用:右边两个跳线帽插上时,RS232的串行通信信号对主板右侧起作用,即可以和CPLD/FPGA进行通信。左边两个跳线帽插上时,RS232的串行通信信号对主板左侧起作用,即可以和MCU进行通信。

### 7. 复位按键

RESET为复位按键(位于单片机上方),用于89C51的复位,当MCU系统需要复位时可按此按键。

### 8. NH-TIV型MCU部分引脚对应表

(1) P3(左边下载板上面插槽)插槽引脚对应表(附表2.1):第二、第四两行为NH系列下载板引脚号,第一、五两行为MCU扩展部分对应引脚号,其中A、B、C、D、E、F、G、DP为4个数码管的段驱动(并联),M1、M2、M3、M4为4个数码管的位驱动引脚;CS1为RAM6264的片选信号引脚,RD1、WE1分别为RAM6264的读允许信号引脚和写允许信号引脚,A0~A12为RAM6264的地址线。

附表 2.1　P3 插槽引脚对应表

| G | E | C | A | M4 | M2 | CS2 | RD2 | WR2 | CS3 | WR3 | A12 | A10 | A8 | A6 | A4 | A2 | A0 |  | GND |
|---|---|---|---|---|---|---|---|---|---|---|---|---|---|---|---|---|---|---|---|
| L10 | L8 | L6 | M7 | M5 | M3 | M1 | G | E | C | A | L4 | L2 | H1 | H3 | V1 | V3 |  |  | GND |
|  |  |  |  |  |  |  |  |  |  |  |  |  |  |  |  |  |  |  |  |
| $V_{CC}$ | L9 | L7 | M8 | M6 | M4 | M2 | DP | F | D | B | L5 | L3 | L1 | H2 | H4 | V2 | V4 |  | GND |
| $V_{CC}$ | F | D | B | DP | M3 | M1 | WR | RD | RD1 | CS1 | WE1 | A11 | A9 | A7 | A5 | A3 | A1 |  | GND |

(2) P4(左边下载板下面插槽)插座引脚对应表(附表 2.2):第二、第四两行为 NH 系列下载板引脚号,第一、第五两行为 MCU 扩展部分对应引脚号:P00 ~ P07 为 89C51 的 P0 口,ALE/POROG 为 89C51 的允许地址锁存和编程电压引脚(复用),P20 ~ P24 为 89C51 的 P2 口;D0 ~ D7 为 RAM6264、ADC0804、DAC0832 共用的 8 位数据线。

附表 2.2　P4(左边下载板下面插槽)插座引脚对应表

| $V_{CC}$ |  |  |  |  |  |  |  |  |  |  |  |  |  |  | D3 | D2 | D1 | D0 | GND |
|---|---|---|---|---|---|---|---|---|---|---|---|---|---|---|---|---|---|---|---|
| $V_{CC}$ |  |  |  |  |  |  |  |  |  |  |  |  |  |  | D3 | D2 | D1 | D0 | GND |
|  |  |  |  |  |  |  |  |  |  |  |  |  |  |  |  |  |  |  |  |
| SP | K1 | K2 | K3 | K4 | K5 | K6 | K7 | K8 | K9 | K10 | P01 | P00 | D7 | D6 | D5 | D4 | CP1 | CP2 | GND |
| P00 | P01 | P02 | P03 | P04 | P05 | P06 | P07 | ALE | P24 | P23 | P22 | P21 | P20 | D7 | D6 | D5 | D4 | CLK | GND |

## 七、管脚锁定

### 1. NH10K10 下载板

附表 2.3　NH10K10 管脚锁定表

| 主要器件名称 | 信号名 | 兼容器件名称 | 信号名 | NH10K10 |
|---|---|---|---|---|
| 发光二极管 | L10 | DAC0832 | $D_{17}$ | 25 |
|  | L9 |  | $D_{16}$ | 24 |
|  | L8 |  | $D_{15}$ | 23 |
|  | L7 |  | $D_{14}$ | 22 |
|  | L6 |  | $D_{13}$ | 21 |
|  | L5 |  | $D_{12}$ | 78 |
|  | L4 |  | $D_{11}$ | 73 |
|  | L3 |  | $D_{10}$ | 72 |
|  | L2 | PS2 | CLK | 71 |
|  | L1 |  | DATA | 70 |
| 拨动开关 | K1 |  |  | 28 |
|  | K2 |  |  | 29 |

续表

| 主要器件名称 | 信号名 | 兼容器件名称 | 信号名 | NH10K10 |
|---|---|---|---|---|
| 拨动开关 | K3 | | | 30 |
| | K4 | | | 35 |
| | K5 | | | 36 |
| | K6 | | | 37 |
| | K7 | | | 38 |
| | K8 | | | 39 |
| | K9 | | | 47 |
| | K10 | | | 48 |
| MAX232A | | RS232 | RXD | 49 |
| | | | TXD | 50 |
| A/D 转换器 | DB7 | ADC0804 | | 51 |
| | DB6 | | | 52 |
| | DB5 | | | 53 |
| | DB4 | | | 54 |
| | DB3 | | | 58 |
| | DB2 | | | 59 |
| | DB1 | | | 60 |
| | DB0 | | | 61 |
| 扬声器 | SP | | | 27 |
| 矩阵键盘 | H1 | VGA | R | 69 |
| | H2 | | G | 67 |
| | H3 | | B | 66 |
| | H4 | | H-SYNC | 65 |
| 矩阵键盘 | V1 | | V-SYNC | 64 |
| | V2 | | | 62 |
| | V3 | | | 84(Ⅰ) |
| | V4 | | | 2(Ⅰ) |
| 时钟信号 | CP1 | | | 1 |

附表 2.4　数码管动态扫描管脚锁定表

| 七段码 | a | b | c | d | e | F | g | dot |
|---|---|---|---|---|---|---|---|---|
| | 11 | 10 | 9 | 19 | 18 | 17 | 16 | 8 |
| 选择端 | sel8 | sel7 | sel6 | sel5 | sel4 | sel3 | sel2 | sel1 |
| | 3 | 5 | 6 | 7 | 79 | 80 | 81 | 83 |

附表 2.5　数码管静态显示管脚锁定表

| M1D | M1C | M1B | M1A | M2D | M2C | M2B | M2A |
|---|---|---|---|---|---|---|---|
| 3 | 5 | 6 | 7 | 79 | 80 | 81 | 83 |
| M3D | M3C | M3B | M3A | M4D | M4C | M4B | M4A |
| 11 | 10 | 9 | 19 | 18 | 17 | 16 | 8 |

## 2. NH1032 下载板

附表 2.6　NH1032 管脚锁定表

| 主要器件名称 | 信号名 | 兼容器件名称 | 信号名 | NH1032 |
|---|---|---|---|---|
| 发光二极管 | L10 | DAC0832 | DI7 | 18 |
| | L9 | | DI6 | 17 |
| | L8 | | DI5 | 16 |
| | L7 | | DI4 | 15 |
| | L6 | | DI3 | 14 |
| | L5 | | DI2 | 78 |
| | L4 | | DI1 | 77 |
| | L3 | | DI0 | 76 |
| | L2 | PS2 | CLK | 75 |
| | L1 | | DATA | 74 |
| 拨动开关 | K1 | | | 30 |
| 拨动开关 | K1 | | | 30 |
| | K2 | | | 32 |
| | K3 | | | 34 |
| | K4 | | | 36 |
| | K5 | | | 37 |
| | K6 | | | 38 |
| | K7 | | | 39 |
| | K8 | | | 41 |
| | K9 | | | 45 |
| | K10 | | | 47 |

续表

| 主要器件名称 | 信号名 | 兼容器件名称 | 信号名 | NH1032 |
|---|---|---|---|---|
| MAX232A | | RS232 | RXD | 48 |
| | | | TXD | 49 |
| A/D 转换器 | DB7 | ADC0804 | | 50 |
| | DB6 | | | 51 |
| | DB5 | | | 52 |
| | DB4 | | | 53 |
| | DB3 | | | 54 |
| | DB2 | | | 55 |
| | DB1 | | | 56 |
| | DB0 | | | 57 |
| 扬声器 | SP | | | 28 |
| 矩阵键盘 | H1 | VGA | R | 73 |
| | H2 | | G | 72 |
| | H3 | | B | 71 |
| | H4 | | H-SYNC | 70 |
| | V1 | | V-SYNC | 69 |
| | V2 | | | 68 |
| | V3 | | | 62 |
| | V4 | | | 60 |
| 时钟信号 | CP1 | | | 20 |
| | CP2 | | | 66 |

**附表 2.7　数码管动态扫描管脚锁定表**

| 七段码 | a | b | c | d | e | f | g | dot |
|---|---|---|---|---|---|---|---|---|
| | 9 | 8 | 7 | 13 | 12 | 11 | 10 | 6 |
| 选择端 | sel8 | sel7 | sel6 | sel5 | sel4 | sel3 | sel2 | sel1 |
| | 83 | 3 | 4 | 5 | 79 | 80 | 81 | 82 |

**附表 2.8　数码管静态显示管脚锁定表**

| M1D | M1C | M1B | M1A | M2D | M2C | M2B | M2A |
|---|---|---|---|---|---|---|---|
| 83 | 3 | 4 | 5 | 79 | 80 | 81 | 82 |
| M3D | M3C | M3B | M3A | M4D | M4C | M4B | M4A |
| 9 | 8 | 7 | 13 | 12 | 11 | 10 | 6 |

## 八、跳线、地址开关使用说明

### 1. 12 MHz 晶振跳线

通常情况下,将12 MHz 晶振的跳线帽插到左边。当一些高频实验需要使用12 MHz 晶振的时候,将晶振的跳线帽插到右边。

### 2. 地址开关

(1) 动态和静态显示切换。

将地址开关的1号(最上面)拨动开关拨到左边为数码管的动态扫描显示,拨到右边为数码管的静态显示。

(2) 发光二极管控制开关。

将地址开关的5号和6号拨动开关(自上向下第五和第六个)拨到左边发光二极管停止工作,拨到右边发光二极管可以正常显示。

(3) PS/2 控制开关。

将地址开关的7号和8号(最下面)拨动开关拨动到右边 PS/2 接口可以正常工作,拨动到左边,PS/2 接口停止工作。

**注意** 当 PS/2 正常工作的时候,建议将发光二极管停止工作。

# 附录3　MAX + plus II 使用指导

## 一、MAX + plus II概述

Altera 公司的 MAX + plus II 软件是易学、易用的可编程逻辑器件开发软件。其界面友好,集成化程度高。本书以其学生版 10.0 Baseline 为例讲解该软件的使用。

Altera 公司为支持教育,专门为大学提供了学生版软件,其在功能上与商业版类似,仅在可使用的芯片上受到限制。以下为 10.0 Baseline 所具有的功能:

### 1. 支持的器件

EPF10K10、EPF10K10A、EPF10K20、EPF10K30A、MAX 7000 系列(含 MAX7000A、MAX7000AE、MAX7000E、MAX7000S)、EPM9320、EPM9320A、EPF8452A、EPF8282A、FLEX6000/A 系列、MAX 5000 系列、ClassicTM 系列。

### 2. 设计输入

(1) 图形输入(gdf 文件)。

(2) AHDL(the Altera Hardware Description Language)语言。

(3) VHDL。

(4) Verilog HDL。

(5) 其他常用的 EDA 工具产生的输入文件,如 EDIF 文件。

(6) Floorplan 编辑器(低层编辑程序),可方便进行管脚锁定、逻辑单元分配。

(7) 层次化设计管理。

(8) LPM(可调参数模块)。

### 3. 设计编译

(1) 逻辑综合及自动适配。

(2) 错误自动定位。

### 4. 设计验证

(1) 时序分析、功能仿真、时序仿真。

(2) 波形分析/模拟器。

(3) 生成一些标准文件为其他 EDA 工具使用。

### 5. 器件编程(Programming)和配置(Configuration)

### 6. 在线帮助

## 二、MAX + plus II的设计过程

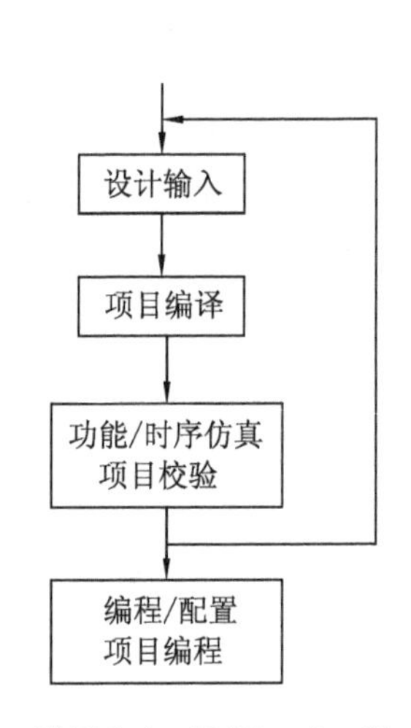


附图 3.1　MAX + plus II 设计流程图

MAX + plus II 的设计过程可用附图 3.1 所示的流程图表示,其中:

1. 设计输入

用户可使用 MAX + plus II 10.0 提供的图形编辑器和文本编辑器实现图形、HDL 的输入，也可输入网表文件。

2. 项目编译

为了完成对设计的处理，MAX + plus II 10.0 提供了一个完全集成的编译器(Compiler)。它可直接完成从网表提取到最后编程文件的生成。在编译过程中其生成一系列标准文件可进行时序模拟、适配等。若在编译的某个环节出错，编译器会停止编译，并告诉错误的原因及位置。附图 3.2 即为 MAX + plus II 10.0 编译器的编译过程。

此编译过程的各个环节的含义将在下面的操作中讲述。

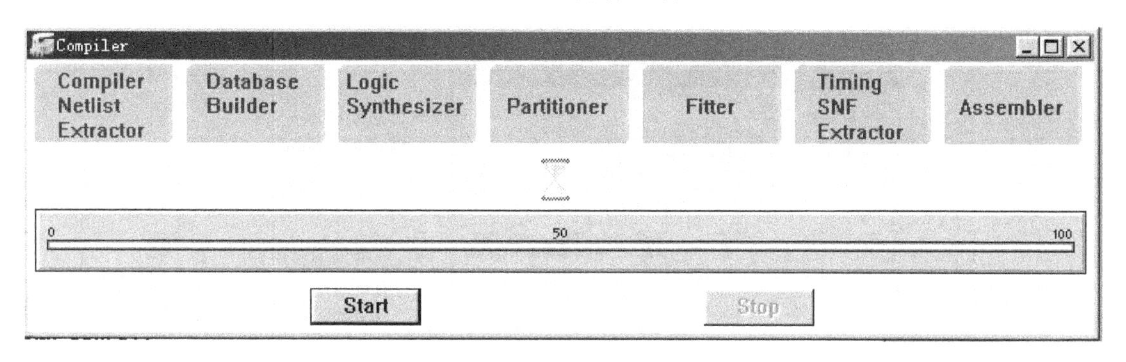


附图 3.2　MAX + plus II 10.0 编译器的编译过程

3. 项目校验

完成对设计功能的时序仿真；进行时序分析，判断输入与输出间的延迟。

4. 项目编程

将你的设计下载/配置到你所选择的器件中去。

## 三、图形输入的设计过程

在 MAX + plus II 10 中，用户的每个独立设计都对应一个项目，每个项目可包含一个或多个设计文件，其中有一个是顶层文件，顶层文件的名字必须与项目名相同。编译器是对项目中的顶层文件进行编译的。项目还管理所有中间文件，所有项目的中间文件的文件名相同，仅后缀名(扩展名)不同。对于每个新的项目最好建立一个单独的子目录。

下面以利用元件 74161 设计一个模为 12 的计数器为例，介绍图形输入的设计过程。设计放在目录"d:\mydesign\graph"下。该设计项目仅含一个设计文件。

1. 项目建立与图形输入

(1) 项目建立。

① 启动 MAX + plus II 10.0：执行"开始"菜单"程序"中的"MAX + plus II 10.0 Baseline"→"MAX + plus II 10.0 Baseline"→"MAX + plus II 10.0"命令。

② 在"File"菜单中选择"Project"的"Name"项，如附图 3.3 所示，则出现如附图 3.4 所示的对话框。

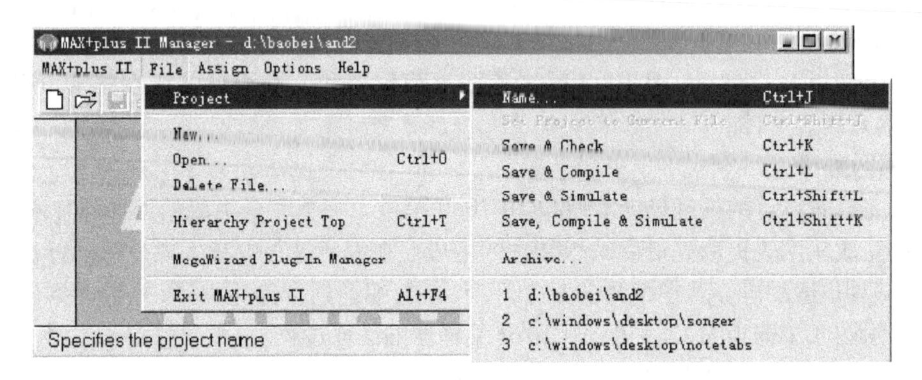


附图 3.3 项目建立

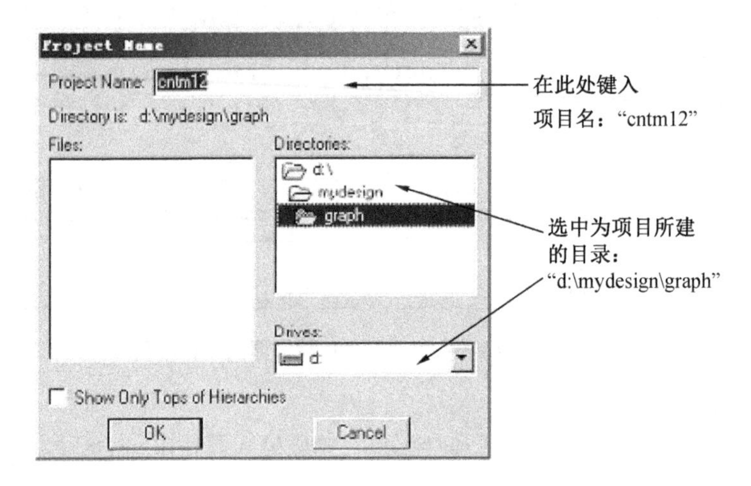


附图 3.4 输入指定项目名对话框

③ 在附图 3.4 的"Directories"区选中刚才为项目所建的目录,在"Project Name"区键入项目名,此处为"cntm12"。

④ 单击"OK"按钮确定。

(2) 图形输入。

① 建立图形输入文件。

在"File"菜单下选择"New",出现如附图 3.5 所示的对话框。在附图 3.5 中选中"Graphic Editor file"单选按钮后,单击"OK"按钮,打开附图 3.6 所示的窗口,即可开始建立图形输入文件。

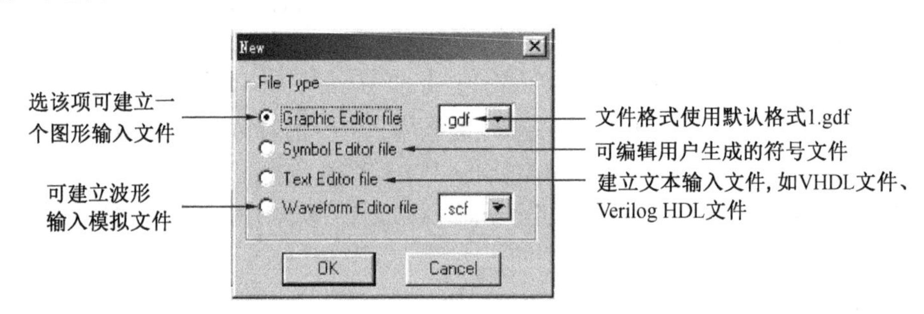


附图 3.5 新建文件类型对话框

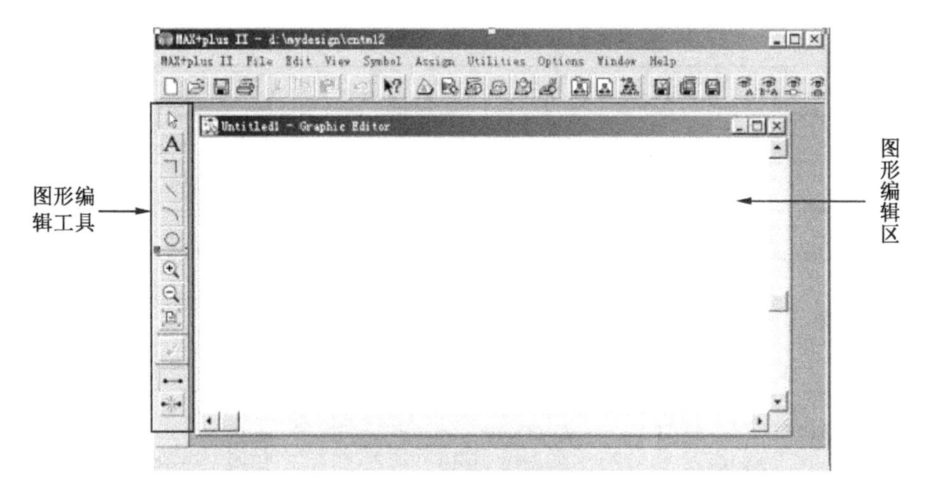


附图 3.6　图形编辑器窗口

② 调入一个元件:调入元件 74161。

在附图 3.6 图形编辑区双击鼠标左键可打开“Enter Symbol”对话框,如附图 3.7 所示。在该对话框中可选择需要输入的元件/逻辑符号,如可选择一个计数器、一个与门等。

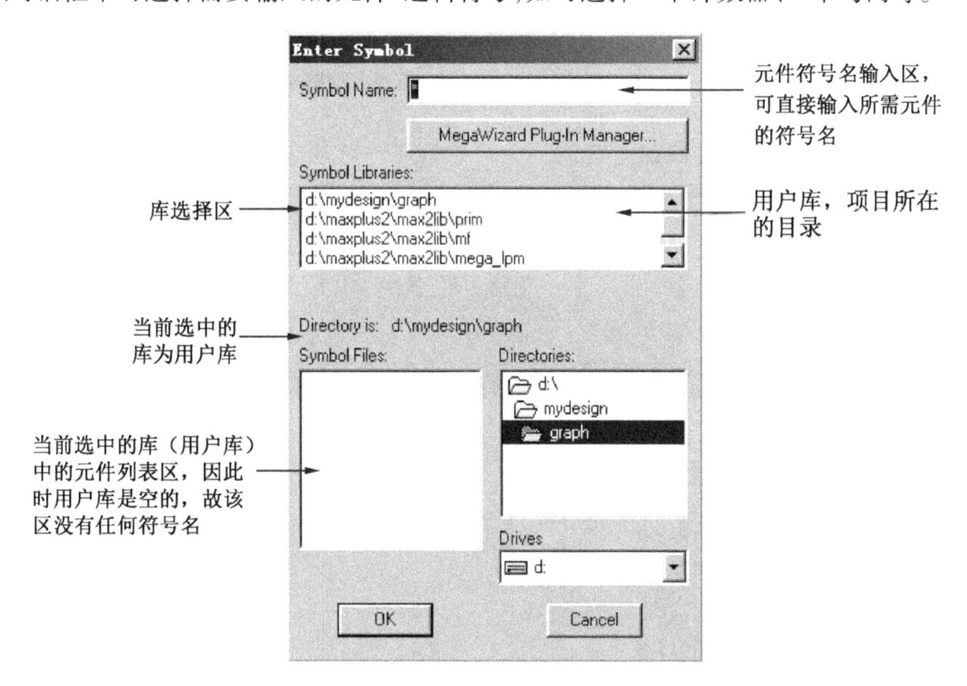


附图 3.7　元件输入对话框

MAX + plus II 为实现不同的逻辑功能提供了大量的库文件,每个库对应一个目录。这些库的库名和对应内容见附表 3.1。

附表 3.1 MAX + plus II 提供的库文件

| 库名 | 内容 |
| --- | --- |
| 用户库 | 放有用户自建的元器件,即一些底层设计 |
| prim(基本库) | 基本的逻辑块器件,如各种门、触发器等 |
| mf(宏功能库) | 包括所有 74 系列逻辑元件,如 74161 等 |
| mega_lpm(可调参数库) | 包括参数化模块,功能复杂的高级功能模块,如可调模值的计数器、FIFO、RAM 等 |
| edif | 和 mf 库类似 |

因为此处所需元件 74161 位于宏功能库,所以在附图 3.7 中的库选择区双击目录“d:\maxplus2\max2lib\mf”,此时在元件列表区列出了该库中所有器件,找到 74161 并单击,此时 74161 出现在元件符号名输入区,如附图 3.8 所示。

单击“OK”按钮关闭此对话框,此时可发现在图形编辑器窗口出现了 74161,如附图 3.9 所示。

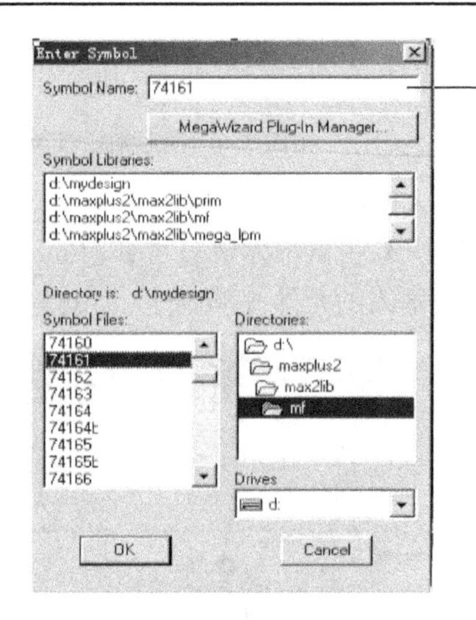


附图 3.8 选中 74161

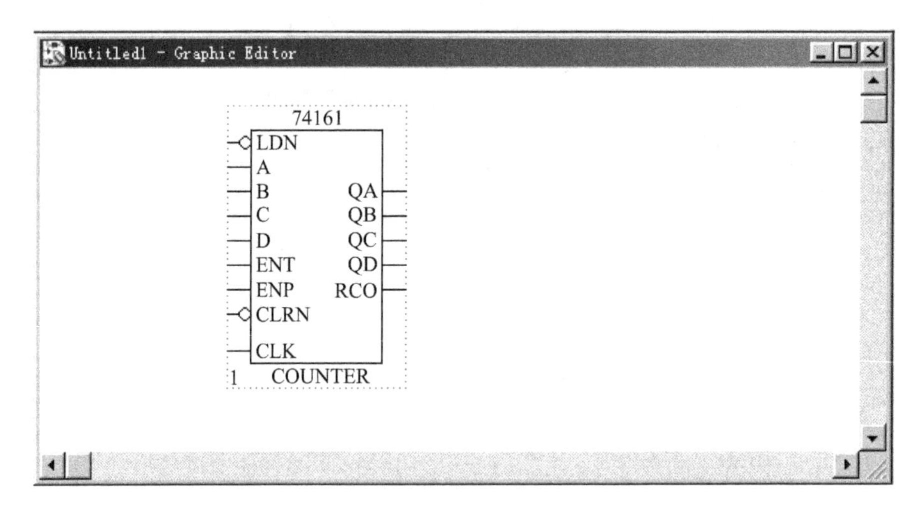


附图 3.9 调入 74161

(3) 保存文件。

从“File”菜单下选择“Save”,出现文件保存对话框,单击“OK”按钮,使用默认的文件名存

盘。此处默认的文件名为“cntm12. gdf”，即项目名“cntm12”加上图形文件的扩展名“. gdf”。

（4）调入一个三输入与非门。

采用同步置零法，使 74161 在“1011”处置零来实现模为 12 的计数器。故需要调用一个三输入与非门，三输入与非门位于库“prim”中，名称为“nand3”（n 代表输出反向，and 代表与门，3 代表输入端的个数，所以“nand3”为一个三输入与非门；同样“or6”代表一个 6 输入或门；xor 代表异或门）。

调入“nand3”和代表低电平的“and”（位于库 prim 中），也可在图形编辑区双击鼠标左键后，在符号输入对话框中直接输入“gnd”，单击“OK”按钮。若已知道符号名，可采用这种方法直接调用该符号代表的元件。

在输入“74161”“nand3”“gnd”三个符号后，可得附图 3.10。

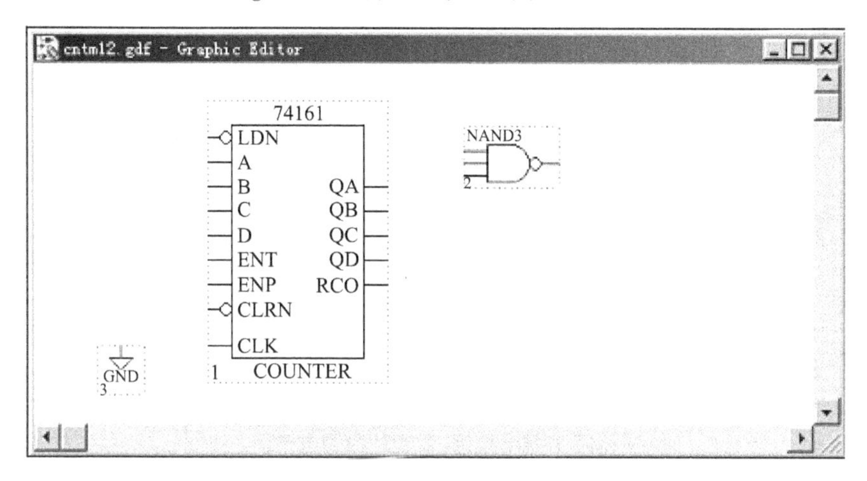


附图 3.10 调入其他元件

（5）连线。

如果需要连接元件的两个端口，则将鼠标移到其中的一个端口上，这时鼠标指示符会自动变为“ + ”形，然后：

① 按住鼠标左键并拖动鼠标至第二个端口（或其他地方）。

② 松开鼠标左键后，则可画好一条连线。

③ 若想删除一条连线，只需用鼠标左键单击该线，被单击的线会变为高亮线（为红色），此时按“Delete”键即可将其删除。按附图 3.11 连好线，并存盘。

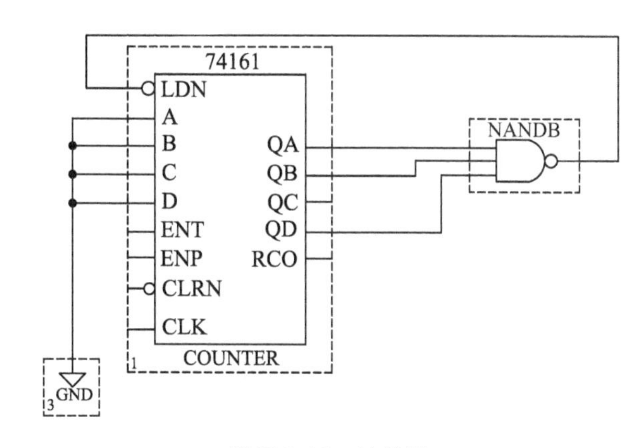


附图 3.11 连线图

（6）添加输入输出引脚。

输入引脚的符号为“INPUT”，输出引脚的符号名为“OUTPUT”，仿照前面添加 74161 的方法加入三个输入引脚和五个输出引脚。“INPUT”和“OUTPUT”皆位于库“PRIM”下。它们外形如附图 3.12 所示：

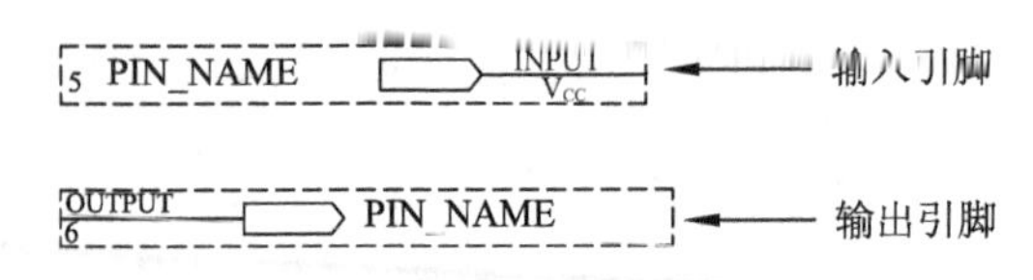


附图 3.12　多形图

在本例中,三个输入引脚将分别被命名为 en、clear、clk,分别作为计数使能、清零、时钟输入。五个输出引脚分别被命名为 q0、q1、q2、q3、cout,分别作为计数器计数输出、进位输出。

双击其中一个输入引脚的“PIN_NAME”,输入“en”,就命名了输入引脚“en”。按同样方法命名其他输入/输出引脚。

命名完后将这些引脚同对应好的元件端口连接好,可得附图 3.13。

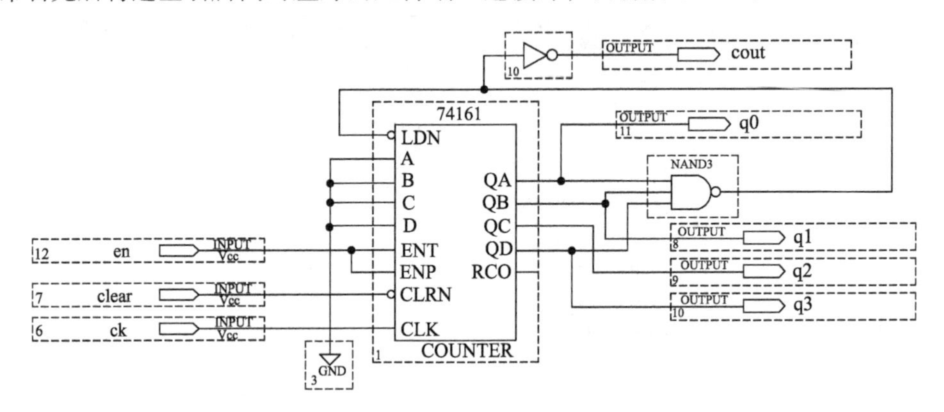


附图 3.13　模为 12 的计数器电路图

在绘图过程中,可利用绘图工具条实现元件拖动、交叉线接断功能等。绘图工具条说明如附图 3.14 所示。

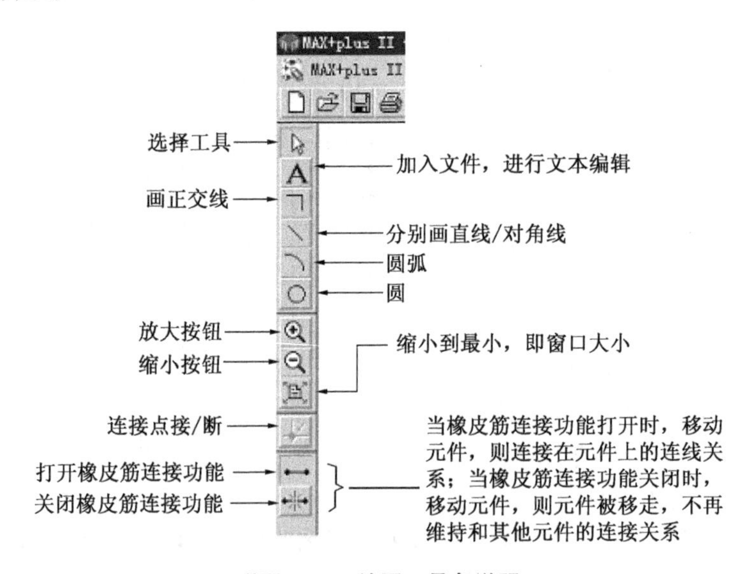


附图 3.14　绘图工具条说明

在完成附图 3.13 后,即可开始下面的步骤:项目编译。

## 2. 项目编译

完成设计文件输入后,可开始对其进行编译。在“MAX + plus II”菜单中选择“Compiler”,即可打开编译器,如附图3.15所示。单击“Start”按钮就可开始编译。编译成功后可生成时序模拟文件及器件编程文件。若有错误,编译器将停止编译,并在下面的信息框中给出错误信息,双击错误信息条,一般可给出错误之处。

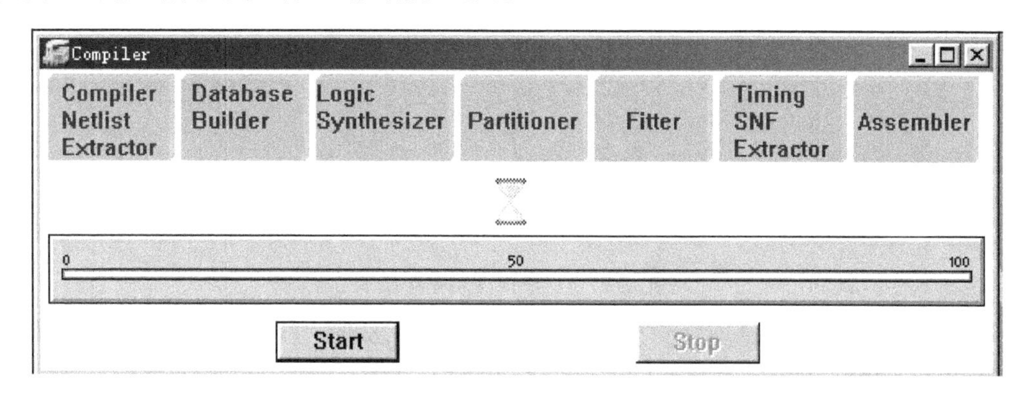


附图3.15 编译器

编译器由多个部分组成,各部分的名称与功能如下:

(1) Compiler Netlist Extractor。

编译器网表提取器,该过程完成后生成设计的网表文件,若图形连接中有错误(如两个输出直接短接),该过程将指出此类错误。

(2) Database Builder。

数据库建库器。

(3) Logic Synthesizer。

逻辑综合器,对设计进行逻辑综合,即选择合适的逻辑化简算法,去除冗余逻辑,确保对某种特定的器件结构尽可能有效地使用器件的逻辑资源,还可去除设计中无用的逻辑。用户可通过修改逻辑综合的一些选项,来指导逻辑综合。

(4) Fitter。

适配器,它通过一定的算法(或试探法)进行布局,将通过逻辑综合的设计最恰当地用一个或多个器件来实现(注:若直接分配在多个器件中实现,需 Partitioner,学生版不支持此功能)。

(5) Timing SNF Extractor。

时序模拟的模拟器网表文件生成器,它可生成用于时序模拟(项目校验)的标准时延文件。若想进行功能模拟,可从菜单“Processing”中选择“Functional SNF Extractor”项,此时编译器仅由三项构成:Compiler Netlist Extractor; Database Builder; Functional SNF Extractor。

(6) Assembler。

适配器,生成用于器件下载/配置的文件。

## 3. 项目校验

编译器通过“Timing SNF Extractor”后就可进行时序模拟了。其步骤如下:

(1) 建立波形输入文件(也称模拟器通道文件 SCF)。

① 从菜单“File”中选择“New”，打开新建文件类型对话框，如附图 3.5 所示。选择“Waveform Editor File(.scf)”项后单击“OK”按钮，则出现如附图 3.16 的窗口。

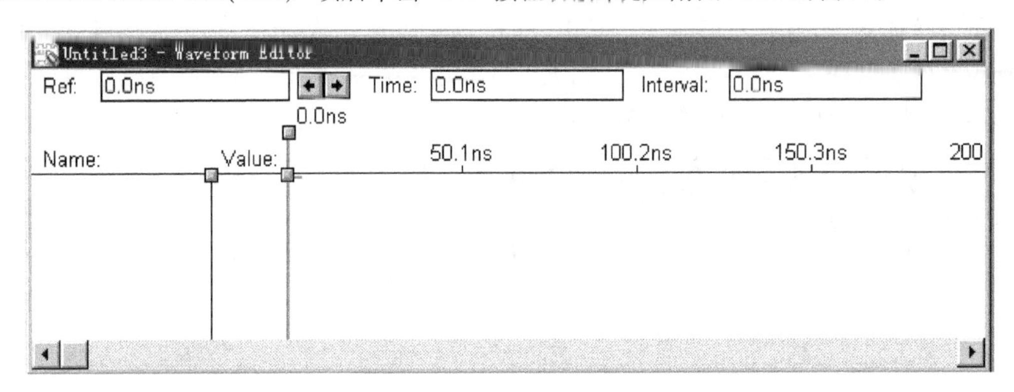


附图 3.16　波形编辑器窗口

② 在附图 3.16 波形编辑器窗口的 Name 下单击鼠标右键，弹出如附图 3.17 所示的快捷菜单。

③ 在附图 3.17 中选择“Enter Nodes from SNF”，可打开如附图 3.18 所示的对话框。

④ 在附图 3.18 中的“Type”区选择“Inputs”和“Outputs”，默认情况下已选中。单击“List”按钮，可在“Available Nodes&Groups”区看到输入/输出信号，如附图 3.18 所示，这些信号为蓝色高亮，表示被选中。

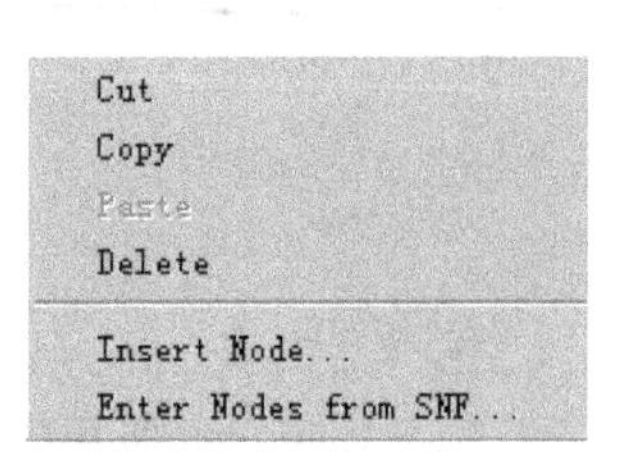


附图 3.17　快捷菜单

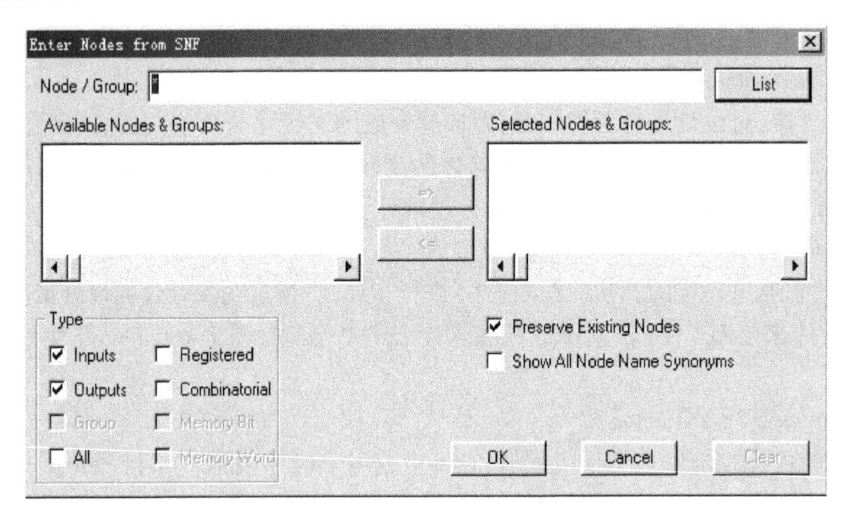


附图 3.18　从 SNF 文件输入观测节点

单击按钮 => ，可将这些信号选择到“Selected Nodes&Groups”区，表示可对这些信号进行观测。

⑤ 单击“OK”按钮关闭附图 3.19 所示的对话框，可见到附图 3.16 波形编辑器窗口变为附图 3.19。

⑥ 从菜单“File”中选择“Save”，将此波形文件保存为默认名“cntm12. scf”，扩展名“. scf”表示模拟通道文件。

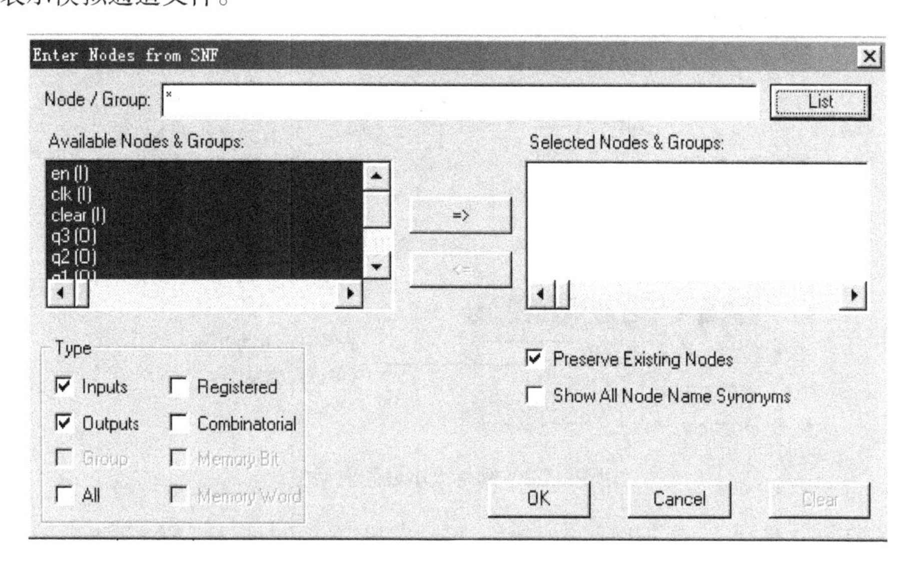


附图 3.19　选择输入/输出信号

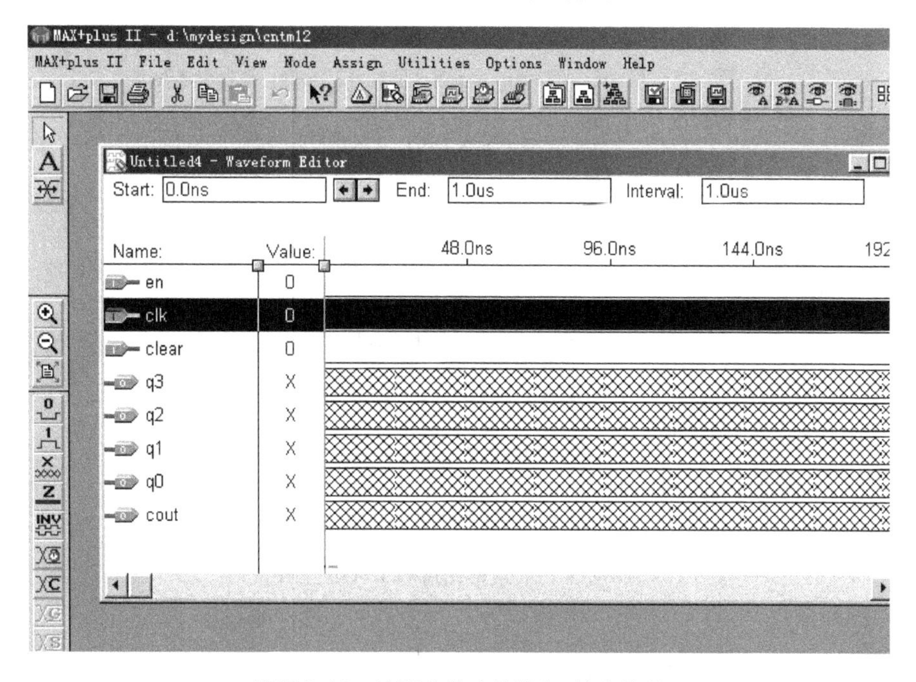


附图 3.20　波形文件中的输入/输出信号

（2）编辑输入节点波形（输入信号建立输入波形）。

在波形文件中添加好输入/输出信号后，就可开始为输入信号建立输入波形。在建立输入波形之前，先浏览一下与此操作相关的菜单选项（附图 3.21）、网络大小设置对话框（附图 3.22）及工具条（附图 3.23）。

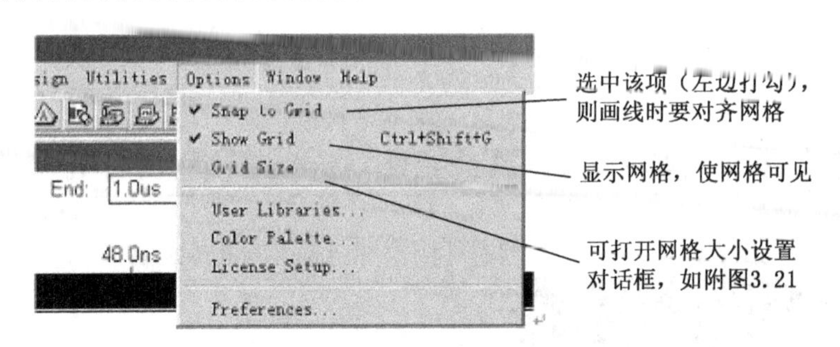


附图 3.21　绘图网格设置菜单

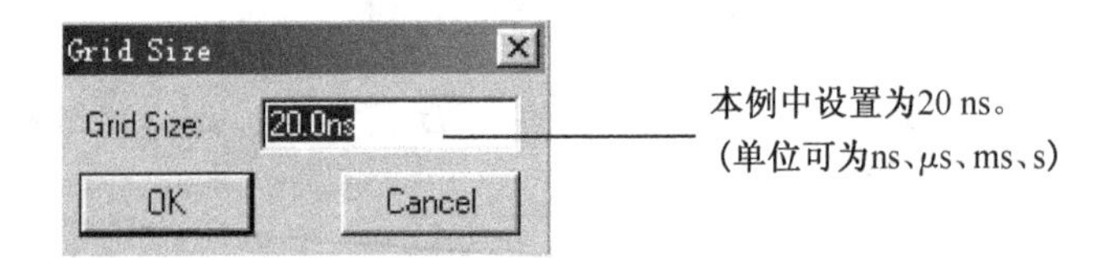


附图 3.22　网格大小设置对话框

此外,在默认情况下,模拟时间为 1 μs。可从菜单“File”下选择“End Time”来设置模拟时间的长短。

附图 3.23 为绘制波形图用的工具条。

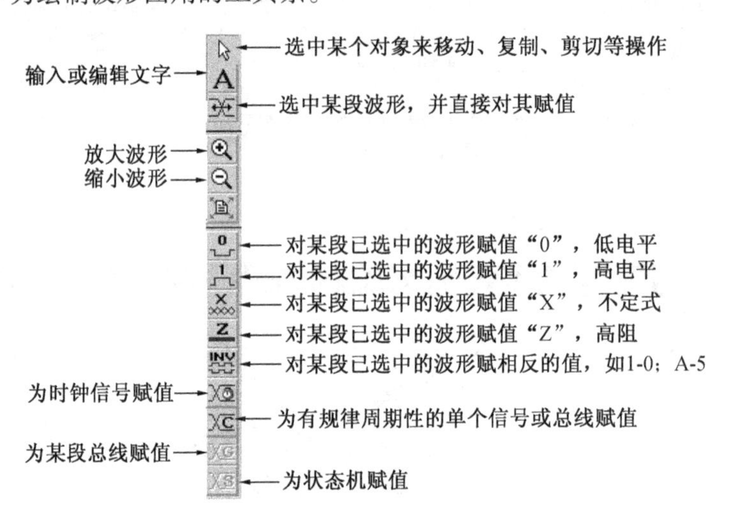


附图 3.23　波形图绘制工具条说明

例如:

① 使信号“en”从头至尾,即从 0 ~ 1 000 ns 赋值“1”。

a. 选中信号“en”,即用鼠标左键单击“Name”区的“en”,可看到“en”信号全部变为黑色,表示被选中。

b. 用鼠标左键单击[1],即可将“en”赋“1”。

② 采用同样方法可将信号“clear”从 0 ~ 1 000 ns 赋值“1”,为观察其清零的作用,我们在 240 ~ 300 ns 将其赋值“0”(因为该信号低电平有效)。

a. 将鼠标移到“clear”信号的 240 ns 处按下鼠标左键并向右拖动鼠标至 300 ns 处,松开

鼠标左键,可看到这段区域呈黑色,被选中。

b. 用鼠标左键单击工具条中 即可。

③ 为时钟信号“clk”赋周期为40ns的时钟信号。

a. 选中信号“clk”。

b. 设置信号周期。鼠标左键单击工具条中 可打开如附图3.24所示的对话框。

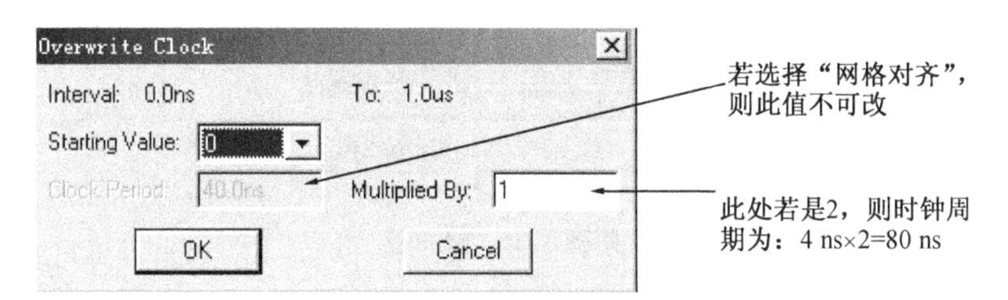


附图3.24 时钟周期设置对话框

c. 单击“OK”按钮,关闭此对话框,即可生成所需时钟。

选择“File”中“Save”存盘,到此完成波形输入,可得附图3.25。

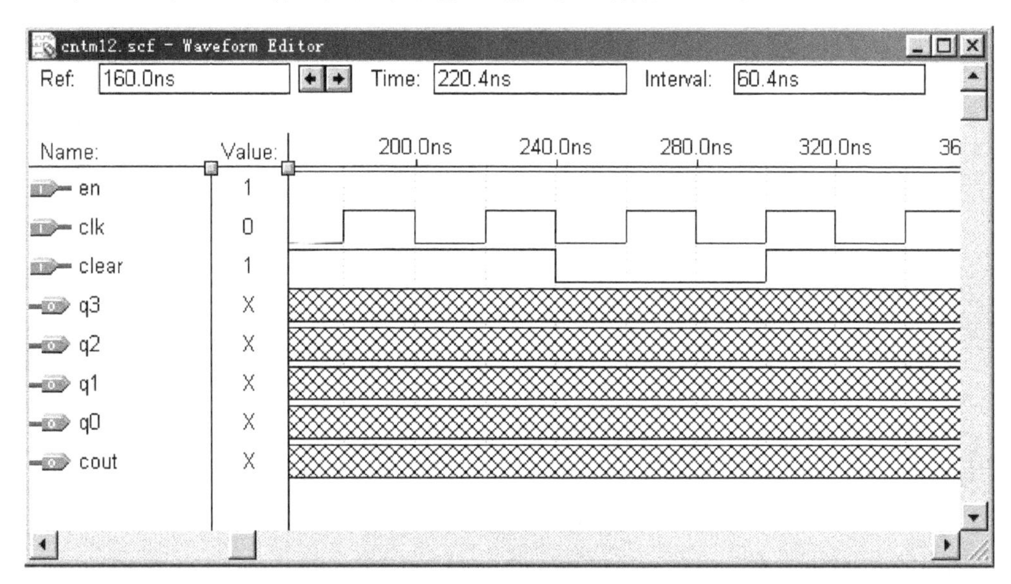


附图3.25 建好的输入波形图

(3) 运行模拟器,进行时序模拟。

① 从菜单“MAX + plus II”中选择“Simulator”,即可打开模拟器,如附图3.26所示。

② 模拟完毕后,单击按钮“Open SCF”,可打开刚才编辑的波形文件,就可开始对模拟结果进行检查。

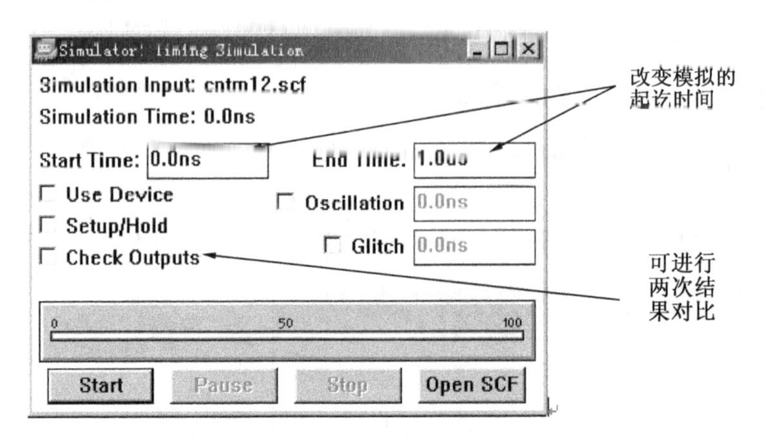


附图 3.26 模拟器

模拟完成后波形模拟结果如附图 3.27 所示。

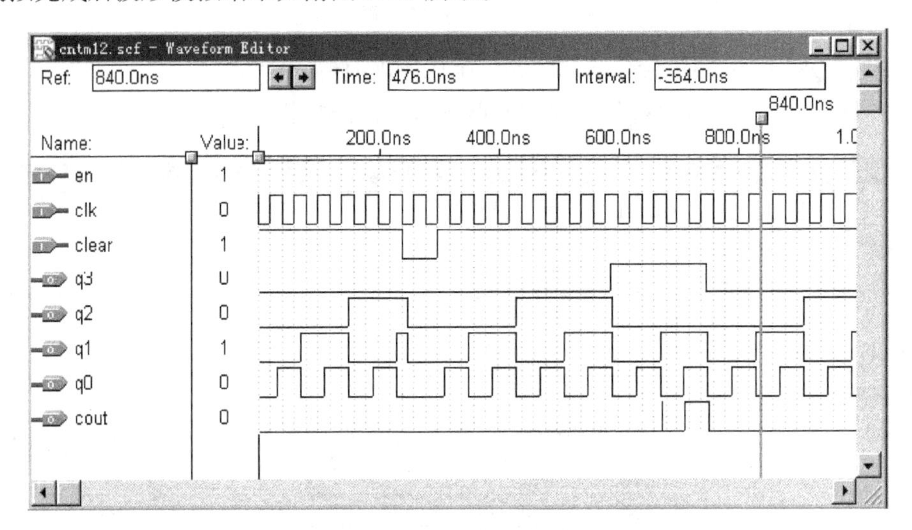


附图 3.27 模拟结果

为观测方便,可将计数输出 q3、q2、q1、q0 作为一个组来观测。步骤如下:

① 将鼠标移到"Name"区的 q3 上,按下鼠标左键并往下拖动鼠标至 q0 处,松开鼠标左键,可选中信号 q3、q2、q0。

② 在选中区(黑色)上单击鼠标右键,打开一个浮动菜单,选择"Enter Group"项,出现附图 3.28 所示的对话框。

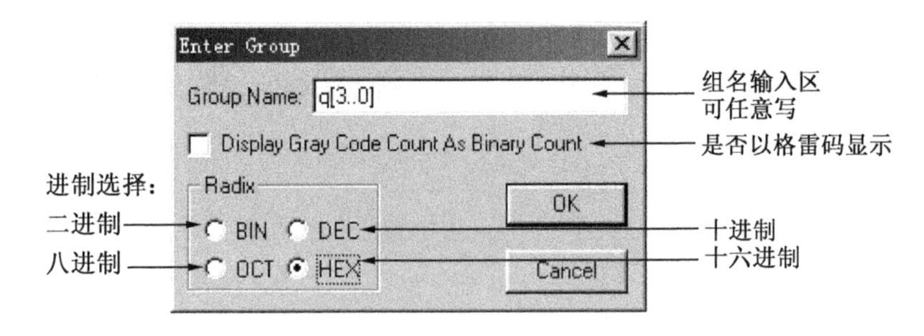


附图 3.28 设置组的对话框

③ 单击“OK”按钮关闭此对话框，可得波形图文件，如附图 3.29 所示。

在模拟通过后就可进行编辑/下载到目标器件中。但因为刚才在编译时，是由编译器自动为设计选择目标器件并进行管脚锁定；为使设计符合用户要求，我们将先说明如何由用户进行目标器件选择和管脚锁定。

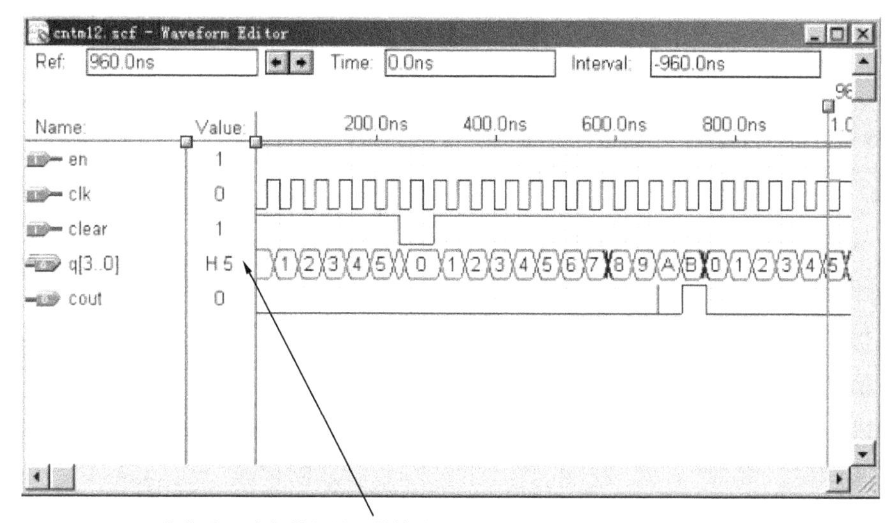


附图 3.29　模拟结果（以组方式显示）

## 四、目标器件选择与管脚锁定

### 1. 选择器件

本例中使用的目标器件为 FLEX10KA 系列中的 EPF10K30AQC240-3，器件选择方法如下：

（1）从菜单“Assign”下选择“Device”项，可打开如附图 3.30 所示的器件选择对话框。

（2）单击“Device Family”区的下拉按钮，可进行器件系列选择，此处选择“FLEX10KA”。

（3）在具体器件型号列表区双击“EPF10K30AQC240-3”，可看到如附图 3.31 所示对话框。

（4）单击“OK”按钮，关闭对话框即完成器件选择，下面可开始管脚锁定。

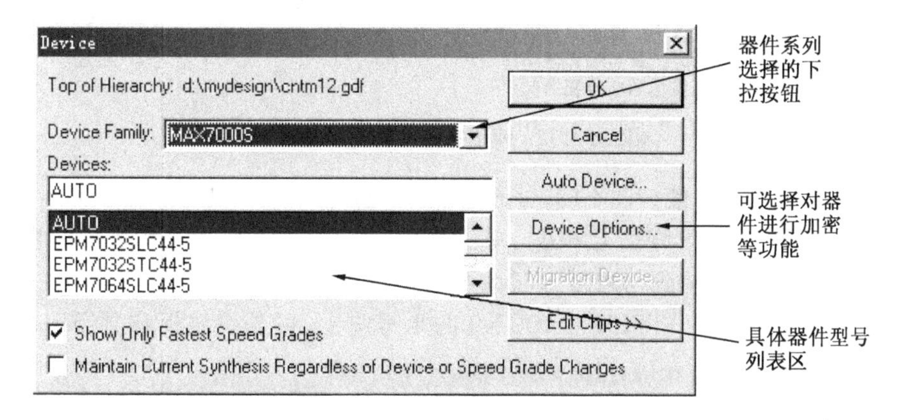


附图 3.30　器件选择对话框

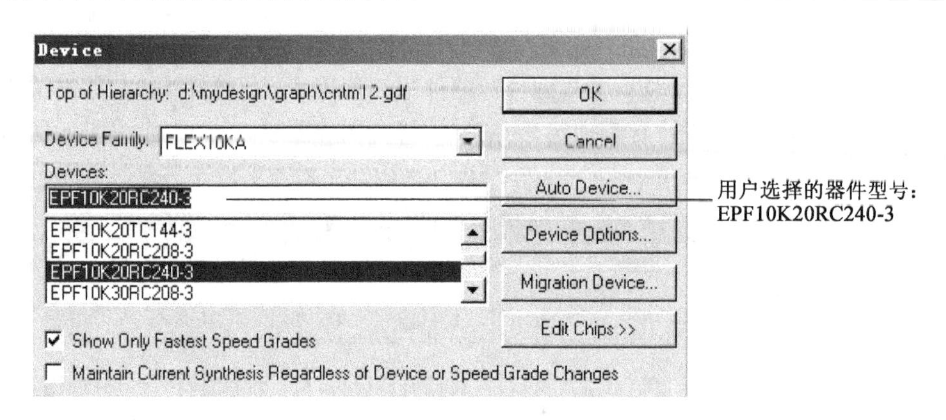


附图 3.31　器件选择对话框(选择 EPF10K20RC240-3)

## 2. 管脚锁定

管脚锁定可采用以下两种方法：

(1) 第一种方法。

从“MAX + plus II”菜单下选择“Floorplan Editor”。平面布置图编辑器窗口将被打开，如附图 3.32 所示。

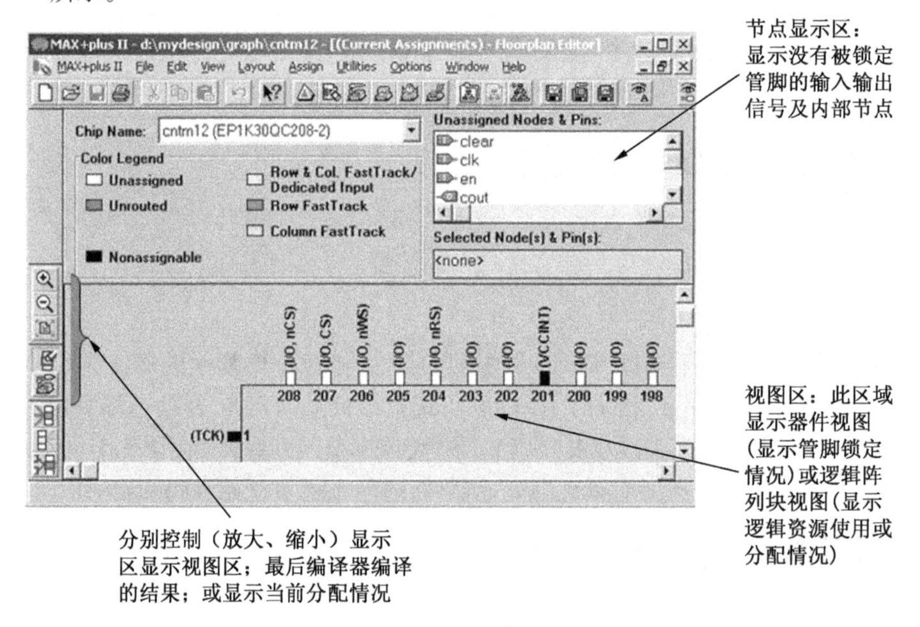


附图 3.32　平面布置图编辑器窗口

**注意**　打开的窗口可能与此不同，可通过在菜单“Layout”中选中“Device View”，可使视图区显示器件视图(显示管脚锁定情况)；单击工具条中的空白处，可显示当前的管脚分配/逻辑分配情况。这样，可得到与附图 3.32 一样的窗口。

为将 clk 信号锁定在 EPF10K30AQC240 的 1 号脚上，可先将鼠标移到节点显示区的“clk”左边上，按下鼠标左键，可看到鼠标显示符下有一个灰色的矩形框。此时，继续按住鼠标左键不放，拖动鼠标至视图区中 211 中管脚的空白矩形处，如附图 3.33(a)所示，松开左键，即可完成信号 clk 的人工管脚锁定，如附图 3.33(b)所示。

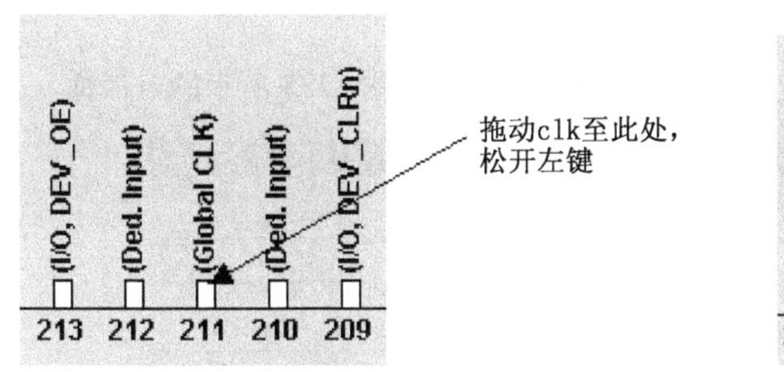


(a) 未锁定前

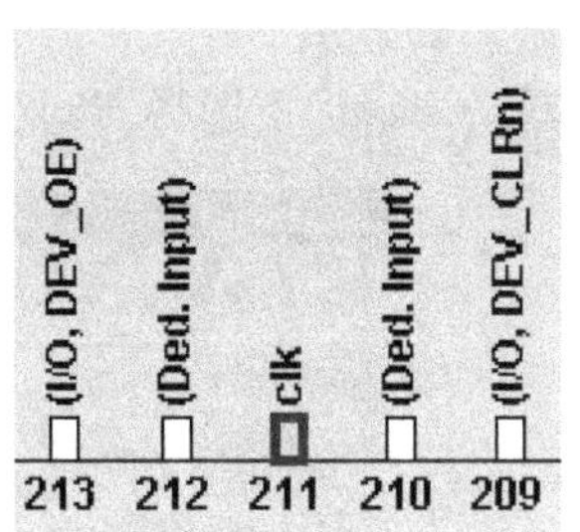


(b) 锁定好信号 clk 后的视图区

附图 3.33　管脚锁定

按上述方法分别将其他信号按附表 3.1 所示锁定管脚：

附表 3.1　其他信号锁定管脚

| 信号名 | 管脚号 | 对应器件名称(DXT-C 型实验平台) |
| --- | --- | --- |
| clk | 211 | 时钟信号 |
| clear | 64 | 数据开关 K1 |
| en | 65 | 数据开关 K2 |
| q0 | 203 | 输出发光二极管 L1 |
| q1 | 204 | 输出发光二极管 L2 |
| q2 | 206 | 输出发光二极管 L3 |
| q3 | 207 | 输出发光二极管 L4 |
| cout | 208 | 输出发光二极管 L |

完成上述管脚锁定后，重新编译使之生效，此时回到原来的设计文件“cntm12. gdf”上，输入/输出信号旁都标有其对应的管脚号，如附图 3.34 所示。

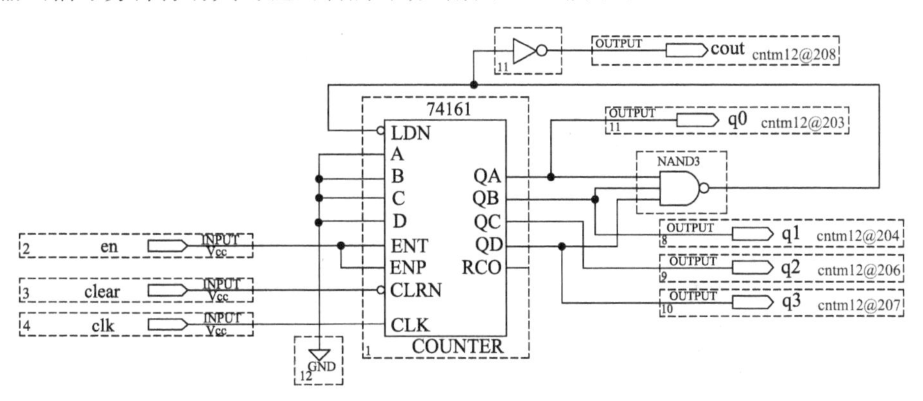


附图 3.34　锁定管脚编译后的设计文件

重新编译好后，再重新进行项目校验(时序仿真)，若正确，可进行下一步：器件编程/配置。

(2) 第二种方法。

从菜单“Assign”下选择“Pin/Location/Chip”,打开如附图 3.35 所示的对话框。

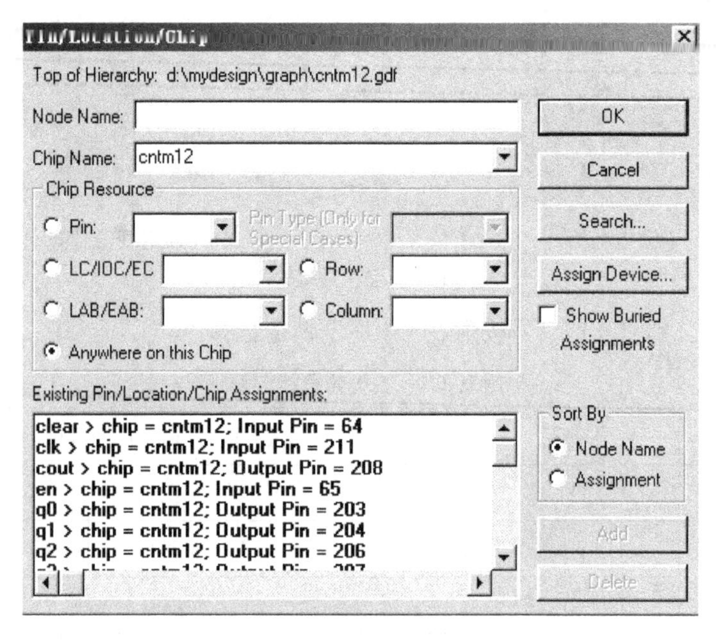


附图 3.35 管脚锁定对话框

① 在“Node Name”区填上信号名,如“clk”;

② 在“Pin”区填上管脚号,如“211”;

③ 在“Pin Type”区选择信号输入/输出类型,对于信号“clk”选择“input”类型;

④ 此时,按钮“Add”变亮,单击之,可将信号“clk”锁定在 211 号管脚上。

⑤ 重复上述步骤,可将所有信号锁定好。

如果想删除或改变一个锁定,可在“Existing Pin/Location/Chip Assignments”区选中需要删除或改变锁定的信号,利用“Delete”和“Change”按钮可对该信号的锁定进行删除或更改。

## 五、器件编程/配置

在通过项目编译后可生成文件“*.sof”,用于下载。在 Altera 器件中,一类为 MAX 系列,另一类为 FLEX 系列。其中 MAX 系列为 CPLD 结构,编程信息以 EEPROM 方式保存,故对这类器件的下载称为编程;FLEX 系列有些类似于 FPGA,其逻辑块 LE 及内部互连信息都是通过芯片内部的存储器单元阵列完成的,这些存储器单元阵列可由配置程序装入,存储器单元阵列采用 SRAM 方式,对这类器件的下载称为配置。因为 MAX 系列编程信息以 EEPROM 方式保存,FLEX 系列的配置信息采用 SRAM 方式保存,所以系统掉电后,MAX 系列编程信息不丢失,而 FLEX 系列的配置信息会丢失,需每次系统上电后重新配置。

在例子中我们使用的是 EPF10K30AQC240,为 FLEX 系列。下面我们对其进行配置:

(1) 将下载电缆一端插入 LPT1(并行口,打印机口),另一端插入系统板,打开系统板电源。

(2) 从“MAX + plus II”菜单下选择“Programmer”,可打开如附图 3.36 所示的窗口。

附图 3.36 “Programmer”窗口

(3) 单击按钮“Configure”即可完成配置。

若第一次运行,则附图 3.36 窗口中的所有按钮皆为灰色,可从“Options”菜单下选择“Hardware Setup”对话框,如附图 3.37 所示。

在“Hardware Type”下拉列表框中选择“ByteBlaster[MV]”,在“Parallel Port”下拉列表框中选择“LPT1”,单击“OK”按钮即可。

在 Windows 2000 的环境下,如果不能下载,还要安装 ByteBlaster[MV]的下载电缆驱动程序。

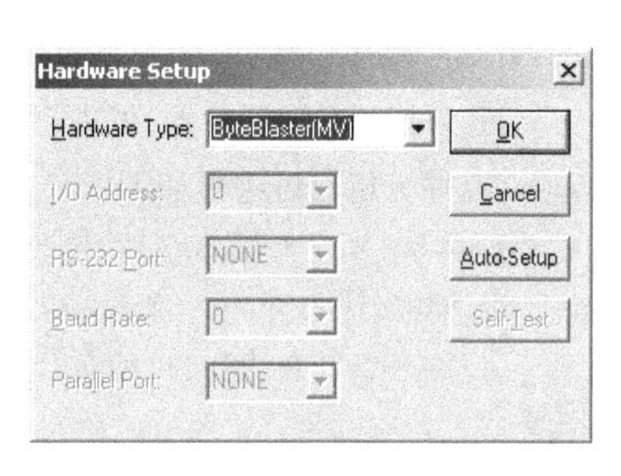


附图 3.37 下载时硬件设置对话框

到目前为止,我们已完成一个完整设计。作为练习,可使用 74160 或 74161 设计一个模为 9 的计数器,锁定管脚到数码管 M1 上显示。然后,用两片 74160 设计一个模为 60 的 8421BCD 码计数器。

## 六、工具条和常用菜单选项说明

MAX + plus II 软件为不同的操作阶段提供了不同的工具条,它指明用户当前可以完成的操作,这方便了软件的使用。MAX + plus II 的工具条中关于文件操作、编辑等的工具条与 Windows 下的标准一样,并且当你把鼠标移动到工具条某一项上时,在窗口下面可看到该工具按钮的功能提示。下面简单介绍这些工具条的功能,其中大部分工具条的功能我们已经从菜单角度提到过。如附图 3.38 所示为常用工具条:

附图 3.38 常用工具条

等同于菜单 File\New(菜单“File”下的“New”项),可打开新建设计输入文件类型对话框。

为打开一个文件。

为存盘。

为打印。

为剪切。

为复制。

为粘贴。

为取消上次操作。

为帮助选择功能。鼠标单击后,会变为此形状,处于帮助选择状态。此时,用鼠标左键单击某一对象,可获得此对象的帮助主题。例如,单击 74161 的符号,可获得关于 74161 的帮助:74161 的功能表。

分别为打开编译器和模拟器,同菜单命令“MAX + plus Ⅱ”→“Compiler”→“MAX + plus Ⅱ”→“Simulator”。

为打开时序分析器,可进行时序分析,同菜单命令“MAX + plus Ⅱ”→“Timing Analyzer”。时序分析器可进行如下三个方面的分析。

① Delay Matrix:输入/输出间的延迟;

② Setup/Hold Matrix:触发器的建立/保持时间;

③ Registered performance:寄存器的性能分析,可获得最坏的信号路径、系统工作频率等信息。

在单击后,可打开如附图 3.39 所示的时序分析器。此时,可在菜单 Analysis 下切换

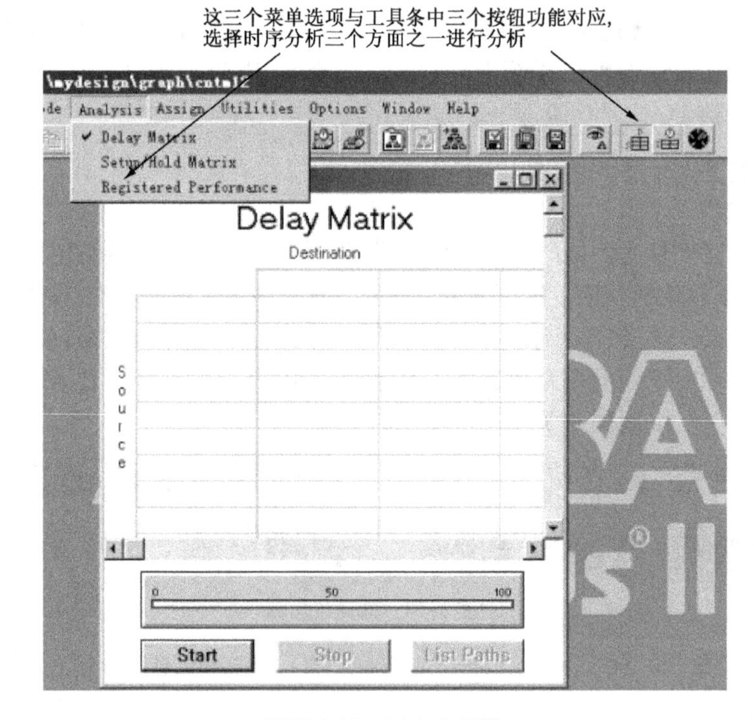


附图 3.39　时序分析器

上述三个方面的分析,也可通过工具条切换,此时,在时序分析器上单击“Start”按钮即可进行 Delay Matrix 分析。对于我们的设计(选用器件 EPF10K30AQC240-3),从 clk 上升沿到 q0 的延时为 12.6 ns(若选用器件 EPF10K30AQC240-1,则该值为 8.0 ns)。

若在附图 3.39 中菜单“Analysis”下选择“Registered performance”,或单击工具条最右边按钮,可进行寄存器的性能分析。单击“Start”按钮开始分析,可得附图 3.40。

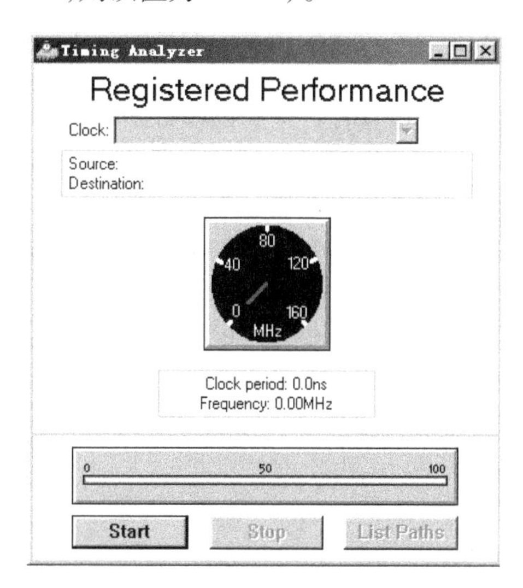


附图 3.40　寄存器的性能分析

为打开平面布置图编辑器窗口,同菜单命令“MAX + plus II”→“Floorplan Editor”。

为打开编程/下载窗口,同“MAX + plus II”菜单下“Programmer”。

分别为:

- 指定项目名,即打开一个项目,同命令“File”→“Project”→“Name”;
- 将当前文件指定为项目,同命令“File”→“Project”→“Set project to Current File”;
- 打开项目的顶层文件,同命令“File”→“Hierarchy Project Top”。

前面提到过,编译器是对项目进行编译,因此,若先建设计文件,必须将此文件指定为项目,才能对其进行编译。因为需要项目进行设计层次、编译信息等的管理。

分别为:

- 保存所有打开的文件,并对当前项目进行语法检查,同命令“File”→“Project”→“Save & check”;
- 保存所有打开的文件,并对当前项目进行编译,同命令“File”→“Project”→“Save & compile”;
- 保存打开的模拟器输入文件,并对当前项目进行模拟,同命令“File”→“Project”→“Save & simulate”。

为打开层次管理窗口,可看到当前项目的层次关系,如附图 3.41 所示。

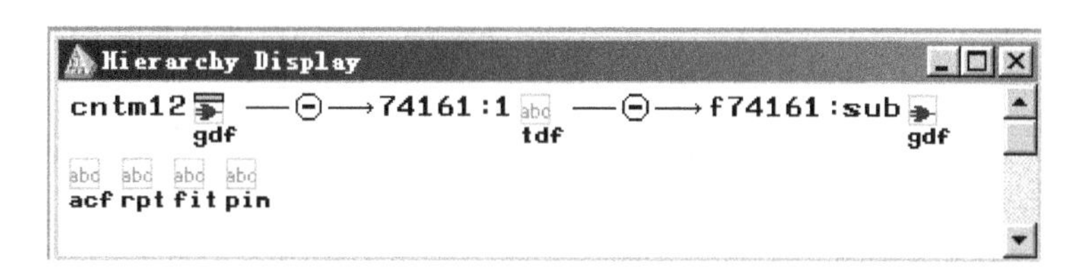


附图 3.41　项目的层次显示窗口

分别对应菜单“Utilities”下的子菜单项,可进行字符搜索、替换、当前文件/当前项目中搜索节点(Node)、符号(Symbol)等。

用于改变字体及其字号。

## 七、图形的层次化设计及BUS使用

### 1. 层次化设计

数字系统设计的一般方法是采用自顶向下的层次化设计。在 MAX + plus II 中,可利用层次化设计方法来实现自顶向下的设计。一般在电路的具体实现时先组建低层设计,然后进行顶层设计。下面以图形输入为例,看一下层次设计的过程。

题目:以前面设计的模为 60、12 的计数器建立一个时、分、秒的时钟(小时项不是 BCD 码)。

(1) 先完成模为 12 计数器的设计,如附图 3.13 所示。

(2) 执行命令“File”→“Create Default Symbol”,可生成符号“cntm12”,即将设计的模为 12 的计数器编译成库中的一个元件。

(3) 建立另一个图形设计文件“cntm60. gdf”,实现模为 60 的计数器,如附图 3.42 所示。可先将此文件设为项目,对其进行编译、仿真,从而确保设计正确。

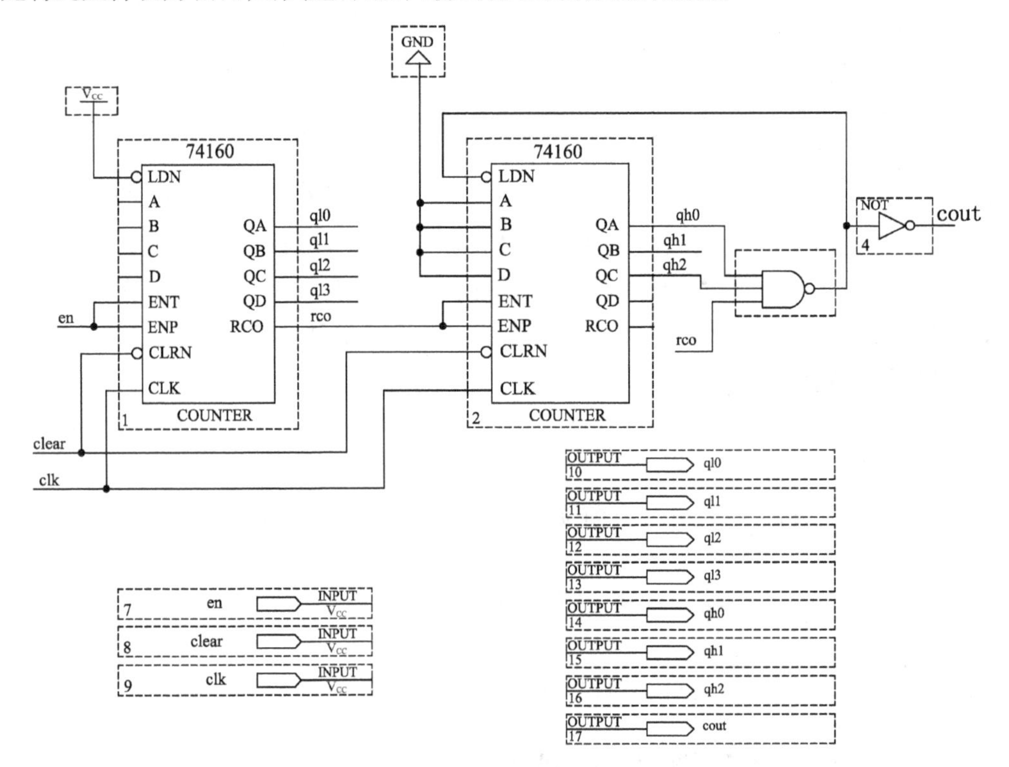


**附图 3.42 模为 60 的计数器的图形设计文件**

附图 3.42 中已为连线命名,相同名字的导线代表它们在电气上是相连的,如“rco”。为了给导线命名,可先用鼠标左键单击要命名的连线,连线会变为红色,并有闪烁的黑点,此时键入文字,即可为连线命名。

(4) 完成模为 60 的计数器设计后,采用步骤(2)生成符号“cntm60”。

(5) 建立顶层设计文件“clock. gdf”:

① 建立一个新的图形文件,保存为“clock. gdf”。

② 将其指定为项目文件(菜单“File”下“Project/Set project to Current File”项)。

③ 在“clock. gdf”的空白处(图形编辑区)双击鼠标左键,可打开“Enter symbol”对话框,

在其中可选择需要输入的元件，在元件列表区可看到我们刚才生成的两个元件“cntm12”和“cntm60”，如附图 3.43 所示。

④ 调入 cntm12 一次，调入 cntm60 两次，经适当连接构成顶层设计文件，如附图 3.43 所示。在附图 3.43 中，双击元件 cntm60，可打开低层设计文件“cntm60. gdf”，如附图 3.44 所示。

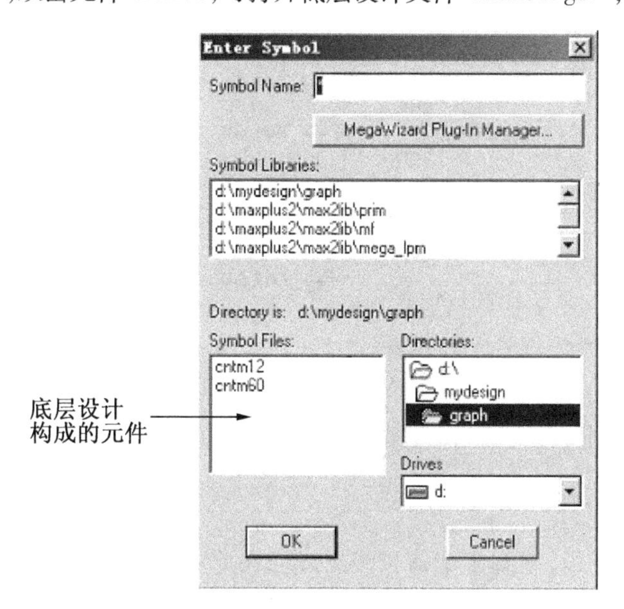


附图 3.43　输入元件对话框

(6) 对顶层设计文件“cntm60. gdf”构成的项目“clock”进行编译、仿真，最后配置完成此设计。

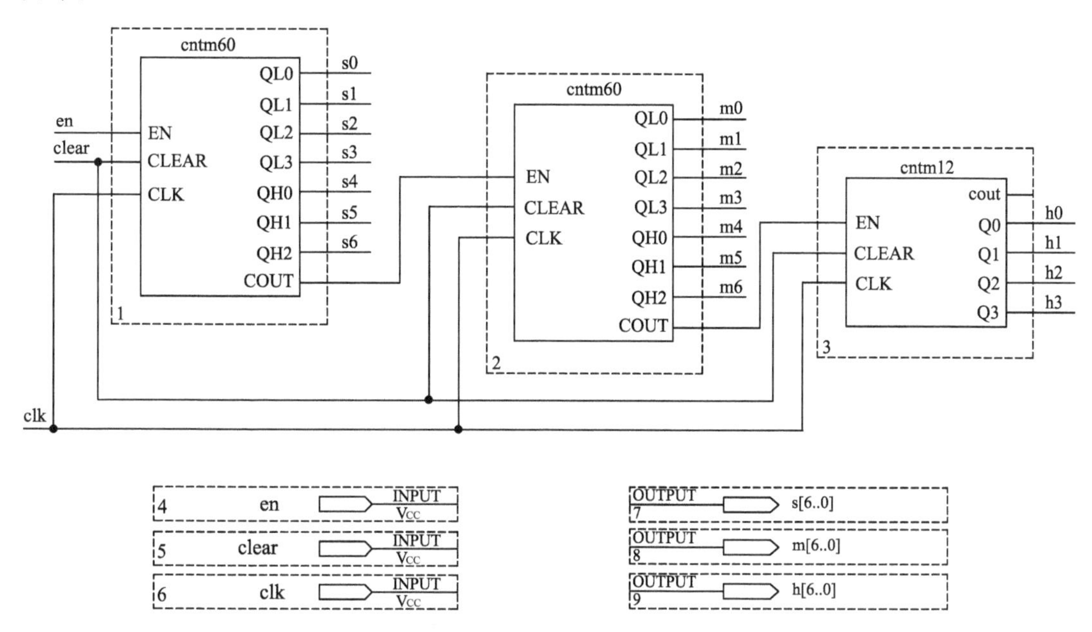


附图 3.44　clock. gdf 文件

现在，我们完成了整个设计，此时，可通过工具条中 或菜单“MAX + plus II”下“Hierarchy Display"打开如附图 3.45 所示的窗口,看到最顶层"clock. gdf"调用了一个 cntm12 和两个 cntm60,而 cntm12 和 cntm60 又各自调用了一个 74161、两个 74160。在附图 3.45 中,双击任何一个小图标,可打开相应文件。其中"rpt"文件即"clock. rpt"文件,从此文件可获得关于设计的管脚的锁定信息、逻辑单元内连情况、资源消耗及设计方程等其他信息。

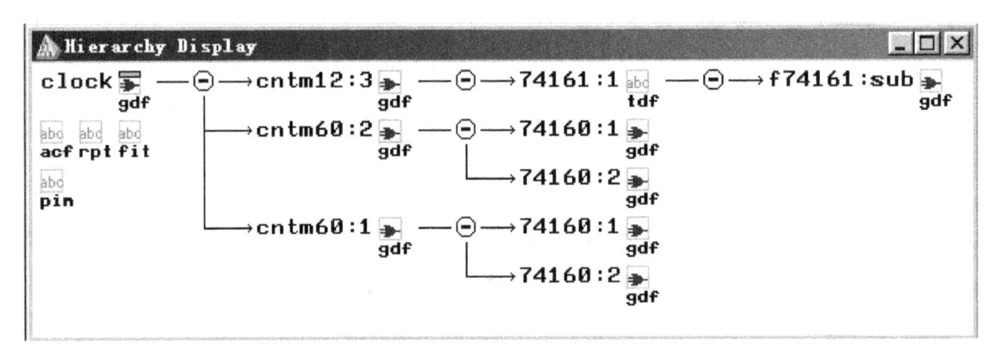


附图 3.45 项目 clock 的层次结构

在附图 3.44 中,分、秒的输出信号共有 14 个,为方便,此处使用了"BUS",如用 s[6..0]代替 7 个输出。

2. BUS 使用

此处 BUS 是个泛指,它有多个信号线组成。在此主要说明采用 BUS 可使设计清楚易读,并且可减轻设计中重复连线的负担,此外,利用 BUS 可方便地在波形窗口中观测仿真结果。

现在回到低层文件"cntm60. gdf",将输出符号换,如附图 3.46 所示。

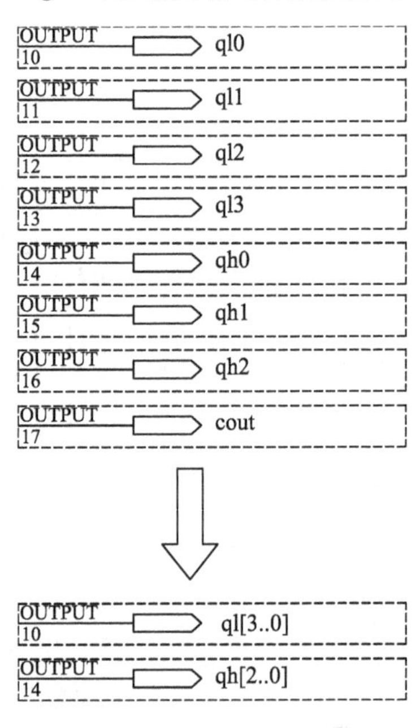


附图 3.46 将输出符号进行替换

重新将"cntm60"生成符号,替换掉原来的符号。回到顶层设计文件"clock. gdf"中,执行菜单命令:"Symbol"→"Update Symbol",出现如附图 3.47 所示的对话框。

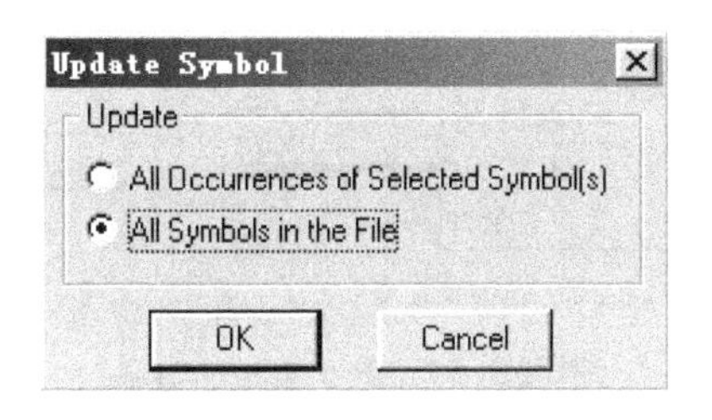


附图 3.47 更新符号对话框

选择第二项,更新所有符号。"clock.gdf"文件如附图 3.48 所示。整理连线并重命名,得附图 3.49。

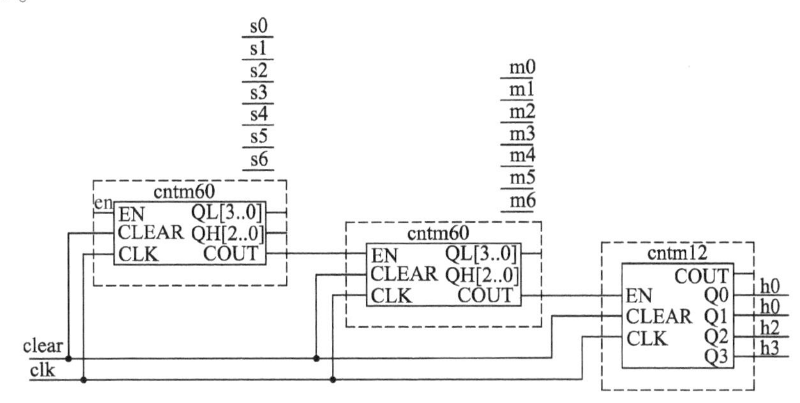


附图 3.48 更新后的 clock.gdf 电路图

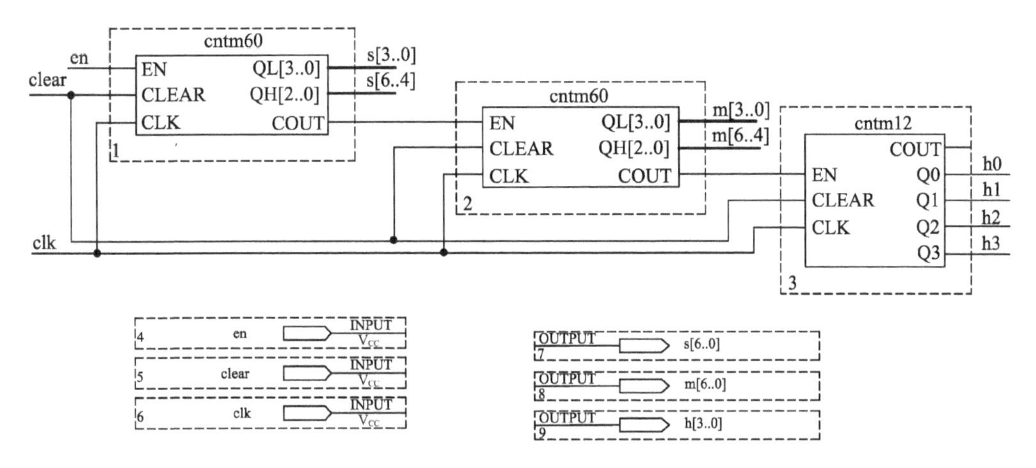


附图 3.49 最后的 clock.gdf 电路图

附图 3.49 所示粗线即为 BUS,名称为 s[3..0],代表由 s3,s2,s1,s0 共四根线组成。画 BUS,一种方法是从含有 BUS 的器件直接引出;另一种方法是在单线上单击鼠标右键,在 Line Style 中选择粗线,即可生成 BUS,然后可用鼠标左键单击此线,此时线变为红色,输入文字即可为此 BUS 命名。

命名时,可以直接使用 BUS 中任一个信号,也可使用多个单信号名的组合,如附图 3.49 所示。

如附图 3.50 所示,aa 对应 qh 中最高位;bb 对应中间一位;bf 对应最低位。

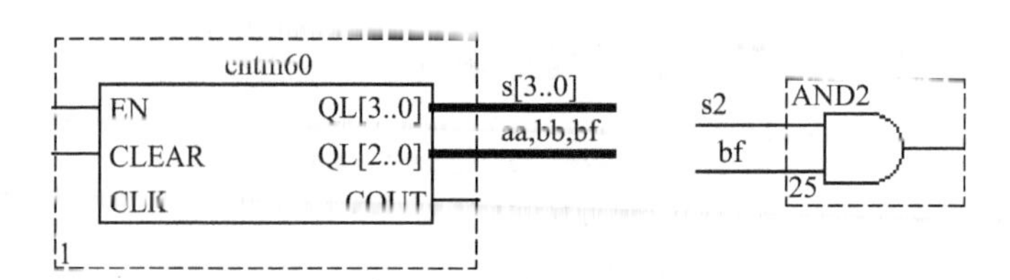


附图 3.50　BUS 信号的命名

## 八、语言描述输入法

采用 HDL 设计,可提高开发速度,使设计易读。MAX + plus II 支持 AHDL(the Altera Hardware Description Language)语言、VHDL、Verilog HDL 等语言输入。其设计过程与图形方法基本相同,不同之处仅是在开始时是建立文本文件,而不是图形文件。

例如:使用 VHDL 设计模为 60 的 8421BCD 计数器,步骤如下:

(1) 在“File”菜单下选择“New”,出现附图 3.5 所示的对话框后,选择“Text Editor file”。

(2) 输入如下文本:

```
--A asynchronous reset;enable up;8421BCD counter
--module =60;
library ieee;
use ieee. std_logic_1164. all;
use ieee. std_logic_unsigned. all;
ENTITY cntm60v IS
     PORT
     (      en:IN std_logic;
            clear:IN std_logic;
            clk:IN std_logic;
            cout:out std_logic;
            qh:buffer std_logic_vector(3 downto 0);
            ql:buffer std_logic_vector(3 downto 0)
     );
END cntm60v;

ARCHITECTURE behave OF cntm60v IS
BEGIN
  Cout <= '1' when (qh ="0101" and ql ="1001" and en ='1')else '0';
     PROCESS (clk,clear)
          BEGIN
               IF(clear ='0') THEN
                    qh <="0000";
                    ql <="0000";
                  ELSIF(clk'EVENT AND clk ='1') THEN
```

```
                if(en ='1') then
                    if(ql =9)   then
                        ql <="0000";
                        if(qh =5) then
                            qh <="0000";
                        else
                            qh <= qh +1;
                        end if;
                    else
                        ql <= qh +1;
                    end if;
                end if; —end if(en)
            END IF; --end if clear
    END PROCESS;
END behave;
```

(3) 将以上程序保存为"cntm60v. vhd"。注意保存时选择文件后缀为". vhd",且文件名必须与实体名相同。

(4) 将此文件设为当前项目(File/Project/Set Project to Curreent File),其他过程如编译、仿真、管脚锁定和下载等与前面所述的图形输入过程一样。

(5) 对于 Verilog HDL,过程同 VHDL,仅在存盘时其后缀名为". v"。

## 九、混合设计输入

由 HDL 设计的电路也可生成一个元件,然后在图形中调用,即可实现混合设计。如将刚才顶层设计文件"clock. gdf"中由图形实现的 cntm60 元件符号换为由 VHDL 实现的 cntm60v 元件符号,即完成 VHDL 与图形的混合设计。这时顶层文件如附图 3.51 所示。

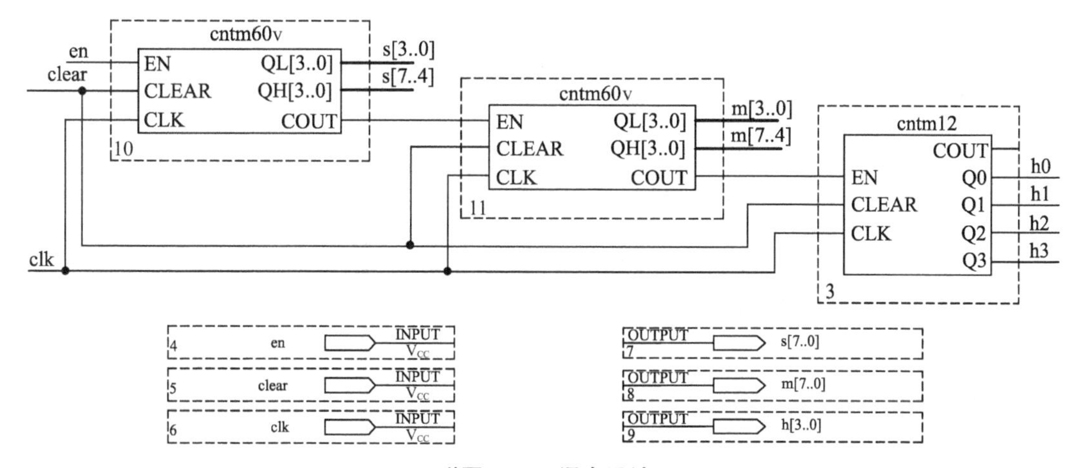


附图 3.51　混合设计

此时,通过工具条中或菜单“MAX + plus II”下的“Hierarchy Display”窗口,可看到此时的层次结构中有两个 VHDL 构成的低层,整个层次结构复杂多了。

## 十、LPM的使用及FLEX10K中RAM的使用

### 1. LPM(可调参数元件)的使

MAX + plus II 中为增加元件库的灵活性,为一些常用功能模块提供了参数化元件,这些元件的规模及具体功能可由用户直接指定,如同可编程元件。这类元件的使用同其他元件类似,仅要求用户按自己需要设置一些具体参数。

此处以使用可调参数元件 lpm_counter 直接构成一个模为 12、具有异步清零和计数使能功能的计数器为例讲述参数化元件的使用。

(1) 调入参数化元件 lpm_counter。

建立一个图形输入文件“cntm12l. gdf”,在图形编辑器中,双击空白处,打开元件输入对话框,如附图 3. 52 所示,在可变参数库“mega_lpm”中选择符号“lpm_counter”,可调参数元件“lpm_counter”是一个二进制计数器,可以实现加、减或加/减计数,可以选择同步或异步清零/置数功能。我们用它实现模为 12、具有异步清零、计数使能功能的计数器。

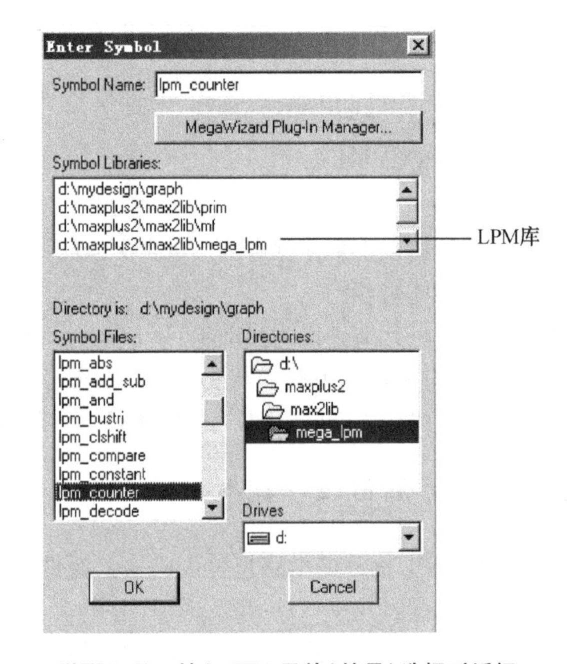

附图 3.52 输入 LPM 元件(符号)选择对话框

(2) 按需要设置“lpm_counter”的具体参数。

在附图 3.52 中单击按钮“OK”后,出现附图 3.53 所示的对话框用于具体参数设置,在这里,我们仅需要计数器具有异步清零、计数使能功能,因此在“Ports”区,选择使用“aclr、cnt_en、clock、q[LPM_WIDTH - 1..0]”,其他信号选择不用,即“Unused”。为实现这一步,只要在“Ports”区的“Name”下点中某信号,然后在“Port Status”区选择“Used”或“Unused”即可。

在“Parameters”区的“Name”下面选中一具体参数,如“LPM_MODULUS”,其代表计数器的模值,这时“LPM_MODULUS”会出现在“Parameters Name”旁的编辑行中,然后在“Parameters Value”旁的编辑区添上“12”,单击按钮“Change”即可完成此参数设置。按同样步骤,将“LPM_WIDTH”设为 4,代表 4 位计数器。

**注意** 单击“Help on LPM_COUNTER”按钮可获得所有关于 LPM_COUNTER 的信息,如每个参数含义、取值等。

设置好后单击“OK”按钮确定,这时在图形编辑区出现刚才所定制的计数器符号,如附图 3.54 所示。

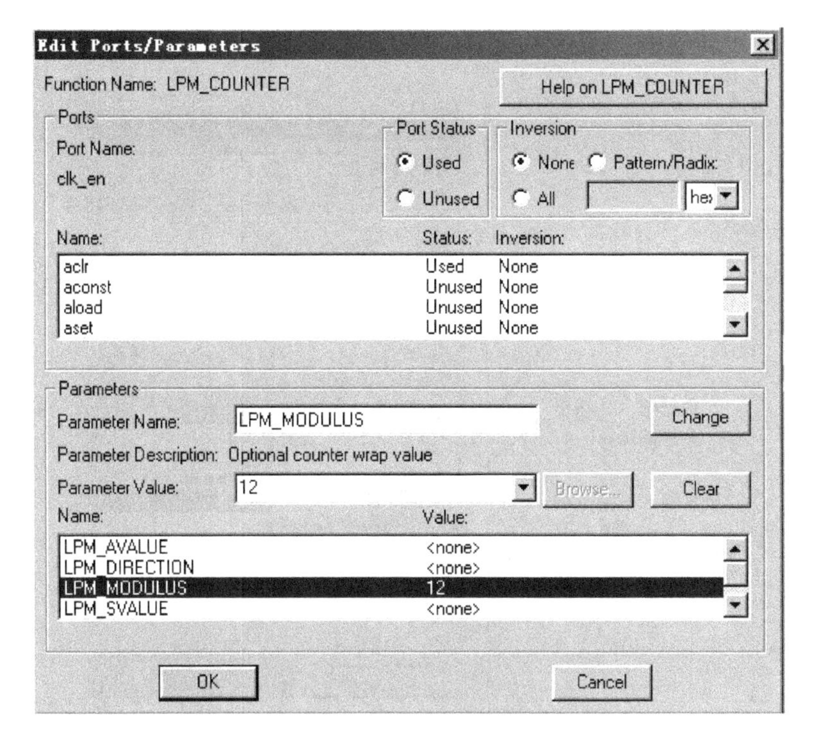


附图 3.53　输入 LPM 元件(符号)具体参数对话框

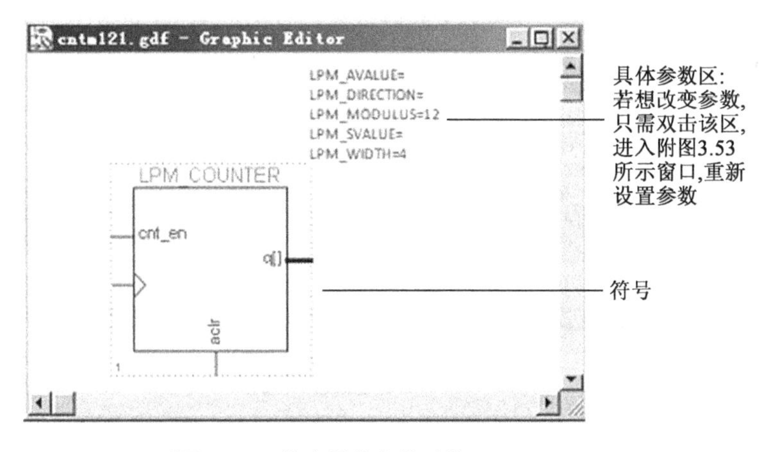


附图 3.54　指定具体参数后的 LMP_COUNTER

(3) 加上具体输入/输出管脚、器件选择、管脚锁定、仿真、配置,最后完成该设计。

**注意**　图中“q[ ]”的宽度为 4,因此输出信号宽度也要为 4,如 qcnt[3..0]、qout[3..0]等。

2. Flex10k 中 RAM 的使用

在 Altera 的 Flex10k 系列器件中,含有内部 RAM。在 Flex10k 中共有三块 RAM,每块大小为 2 kbit 位,可构成 2 048 × 1、1 024 × 2、512 × 4、256 × 8 四种类型 RAM/ROM 中的任意一种。

此处演示一下其内部 RAM 的使用。我们使用 LPM_ROM 元件,利用内部一块 RAM 构成一个 $2^8 \times 8$ 的一个 ROM,用于存放九九乘法表,利用查表方法完成 1 位 BCD 码乘法器功能。具体操作步骤如下:

(1) 在图形编辑器中,双击空白处,在可变参数库 mega_lpm 中选择符号 lpm_rom,如附图 3.55 所示。

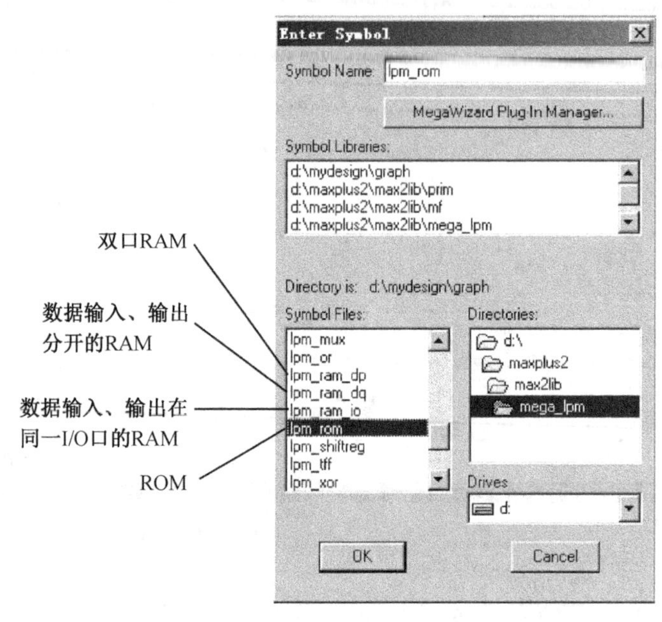


附图 3.55 输入 LMP 元件(符号)选择对话框

(2) 单击“OK”按钮确定后,出现用于具体参数设置的对话框,如附图 3.56 所示。

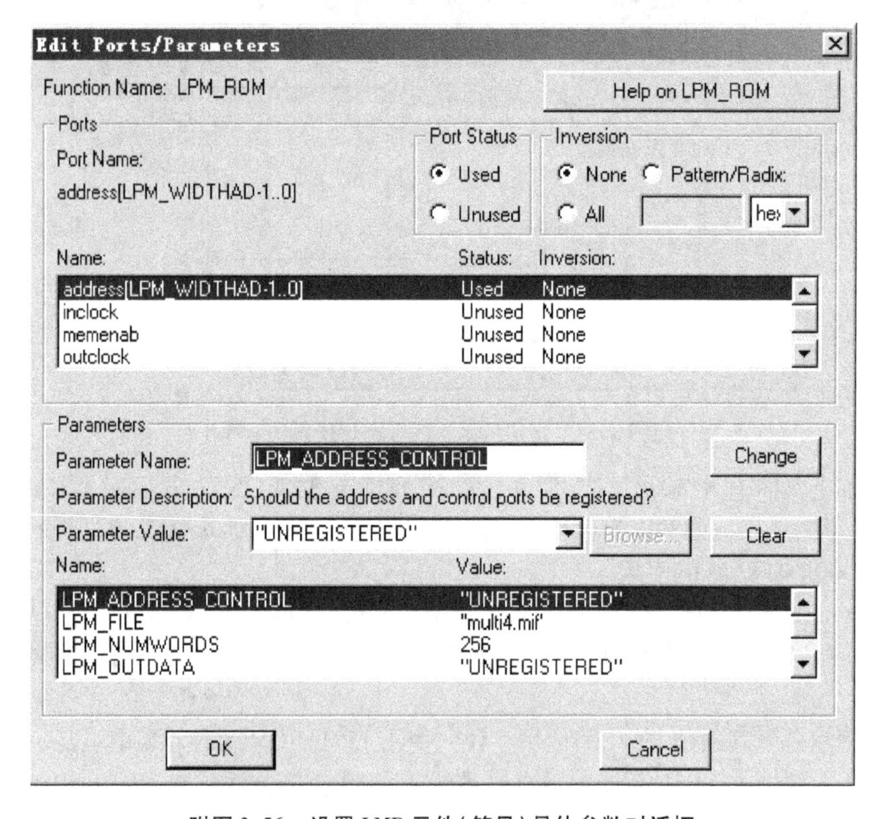


附图 3.56 设置 LMP 元件(符号)具体参数对话框

具体设置如下：

Used：address[LPM_WIDTHAD - 1..0]；q[LPM_WIDTH - 1..0]

Unused：其他

参数值：

LPM_ADDRESS_CONTROL "UNREGISTERED"

LPM_FILE "MULTI4. MIF"

LPM_NUMWORDS 256 --存储单元数

LPM_WIDTH 8 --数据线宽度

LPM_WIDTHAD 8 --地址线宽度

其中"LPM_FILE"的值"MULTI4. MIF"是一个文件，它保存了九九乘法表。用于初始化ROM，此处采用 mif 格式，输入此数据文件名 LPM_FILE ="MULTI4. MIF"，注意不要漏掉双引号。

（3）完成设置后，单击"OK"按钮，加上输入/输出引脚，如附图 3.57 所示，即可编译、仿真等。

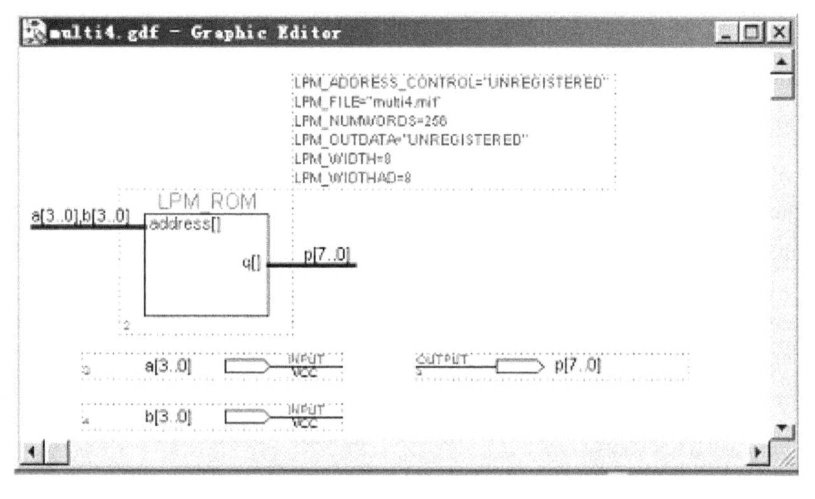


附图 3.57 "multi4. gdf-Graphic Editor"窗口

以下为 multi4. mif 文件

--multi4. mif 文件

| | |
|---|---|
| MAX + plus II | --generated Memory Initialization File |
| WIDTH = 8； | 宽度，即数据线为 8 位 |
| DEPTH = 256； | 深度，即有 256 个存储单元，也即 8 根地址线 |
| ADDRESS_RADIX = HEX； | 以 16 地制显示 |
| DATA_RADIX = HEX； | |
| CONTENT BEGIN | |
| 0：00； | --代表 0 × 0 = 0 |
| 1：00； | --代表 0 × 1 = 0 |
| 2：00； | --代表 0 × 2 = 0 |

```
        3:00;                    --代表 0×3=0
        ……                       (省略)
        20:00;                   --代表 2×0=0
        21:02;                   --代表 2×1=2
        22:04;                   --代表 2×2=4
        23:06;                   --代表 2×3=6
        24:08;
        25:10;
        26:12;
        ……
        94:36;
        95:45;
        96:54;
        97:63;
        98:72;                   --代表 9×8=72
        99:81;
        ……
        ff:00;                   --对于 BCD 码:A、B、C、D、E、F 都是无关项
END;
```

Multi4.mif 文件可用文本编辑器建立,也可在初始化菜单中建立。在对 Multi4 进行编译后,打开 Simulator 窗口,选择“Initialize”→“Initial Memory”命令,出现如附图 3.58 所示的对话框。

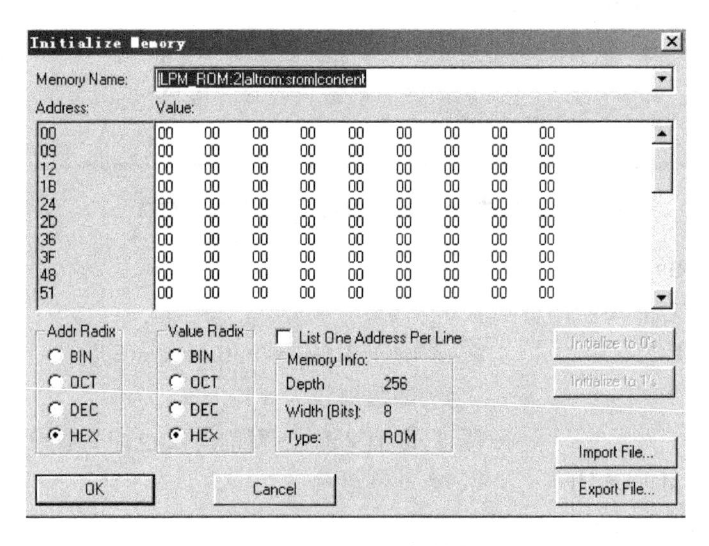


附图 3.58 ROM 初始化

在“Value”区输入对应存储单元的值,即可模拟。为以后使用此值方便,可选用“Export File”将其保存为“Multi4.mif”,建立起初始化文件“Multi4.mif”。

## 十一、常见错误及处理方法

对于编译遇到的大多数错误，MAX + plus II 在给出错误提示时还可以将错误定位。下面以常见但不易定位或排除的错误为例，讲述如何定位及排除错误。

（1）回到原来"clock. gdf"文件，将 cntm60 的 COUT 与 cntm12 的 h0 连接在一起，如附图 3.59 所示。

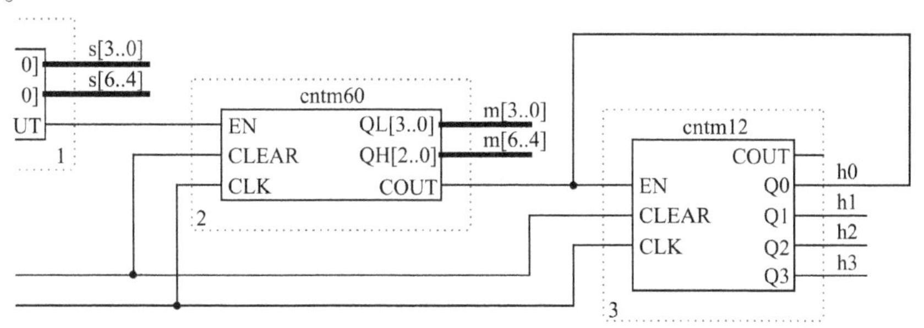


附图 3.59　输出短接后的 clock. gdf

（2）将其编译，发现如附图 3.60 所示的两条错误信息。

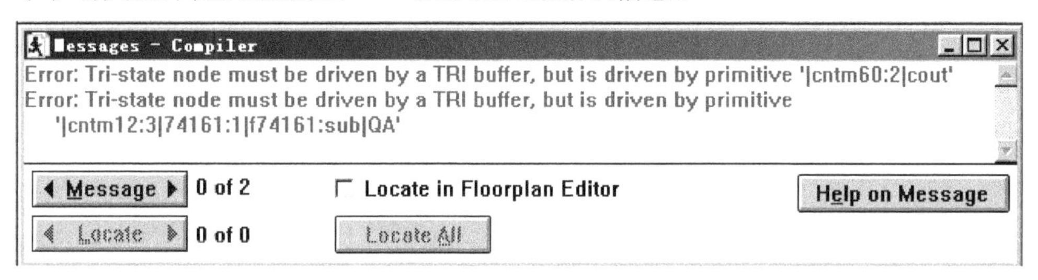


附图 3.60　错误信息提示

（3）错误信息显示三态驱动有误，但设计中并没有用到三态门。实际上，这是错误定位不明确，但考虑到三态门也许是和输出接在一起的，此错误信息还是恰当的。为找出错误之处，双击第一条错误信息，如附图 3.61 所示。

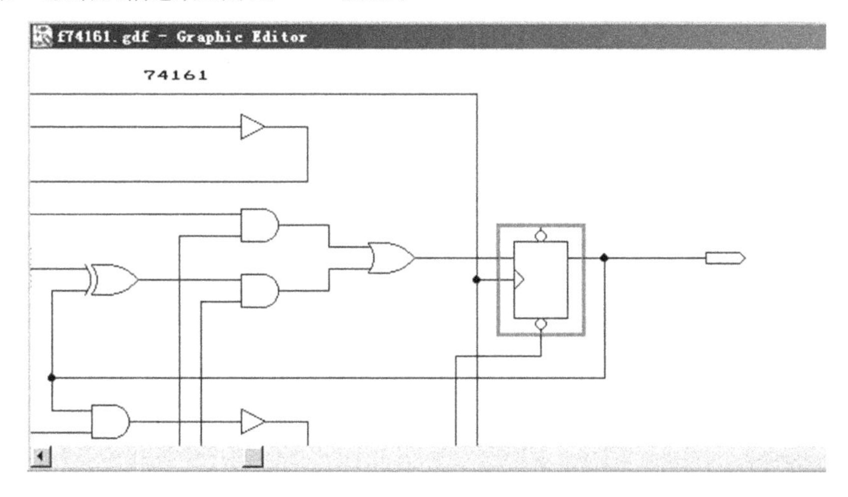


附图 3.61　错误定位在 f74161. gdf 的一个触发器上

(4) 由附图 3.61 可知,错误定位在 f74161. gdf 的一个触发器上,好像与设计无关。使用菜单“File”下“Hierarchy”的“UP”回到“f74161. gdf”上一层“74161. tdf”;继续使用“File”下“Hierarchy”的“UP”回到“74161. tdf”上一层“cntm12. gdf”;在回到“cntm12. gdf”的上一层,可发现错误被定位在符号“cntm12”上,此时应能找出错误。

在实际定位错误时,菜单“File”下“Hierarchy”的“UP”/“DOWN”操作是很有用的。

# 附录 4 ispEXPERT System 3.0 使用指导

## 一、Lattice ispEXPERT VHDL概述

Lattice 公司推出的 ispEXPERT System 是 ispEXPERT 的主要集成环境。在 ispEXPERT System 中可以进行 VHDL、Verilog 及 ABEL 语言的设计输入、综合、适配、仿真和系统下载。ispEXPERT是目前流行的 EDA 软件中最容易掌握的设计工具之一，它界面友好，操作方便，功能强大，并与第三方 EDA 软件兼容良好。

软件主要特征如下：

（1）输入方式。

① 原理图输入；

② ABEL-VHDL 输入；

③ VHDL 输入；

④ Verilog-VHDL 输入。

（2）逻辑模拟。

① 功能模拟；

② 时序模拟；

③ 静态时序分析。

（3）编译器。

结构综合、映射、自动布局和布线。

（4）支持的器件。

① 含有宏库，有 500 个宏单元可供调用；

② 支持所有 isp 器件。

（5）下载软件。

isp 菊花链下载软件。

## 二、原理图输入

**（一）启动 ispLEVER**

执行“Start”→“Programs”→“Lattice Semiconductor”→“ispLEVER”命令。

**（二）创建一个新的设计项目**

（1）选择菜单“File”。

（2）选择“New Project”。

（3）键入项目名“f:\example\demo.syn”。

（4）若用 VHDL 语言，则将“Project type”设置为“Schematic/VHDL”，如附图 4.1 所示。

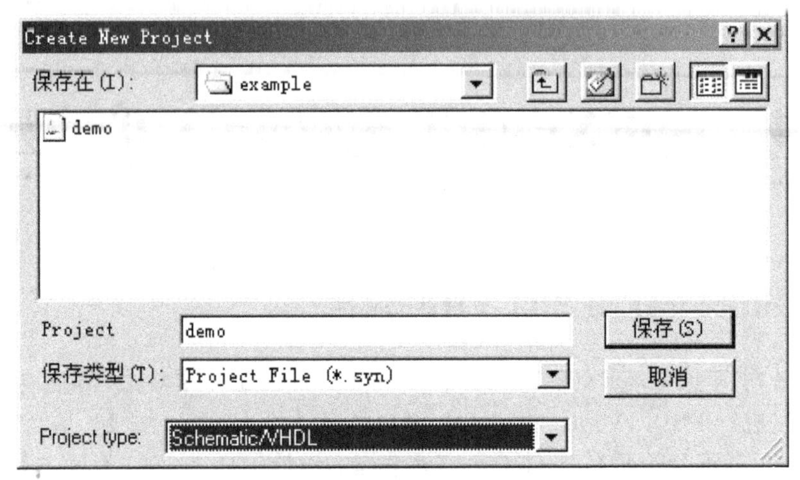


附图 4.1　项目的新建与保存

(5) 看到默认的项目名 Untitled 和器件型号 ispLSI5256VE－165LF256,如附图 4.2 所示。

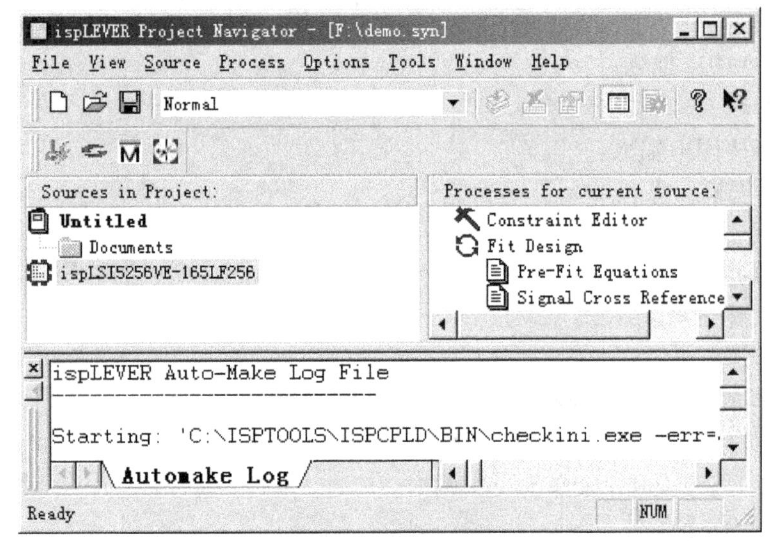


附图 4.2　项目操作界面

**(三) 项目命名**

(1) 双击“Untitled”。

(2) 在“Title”文本框中输入“demo Project”,并单击“OK”按钮。

**(四) 选择器件**

(1) 双击“ispLSI5256VE－165LF256”,打开“Device Selector”对话框,如附图 4.3 所示。

(2) 在“Family”目录中选择“ispLSI 1K Device”项。

(3) 按动“Device”目录中滚动条,找到器件系列“ispLSI1032E”。

(4) 再在“Part”中找到“ispLSI1032E－70LJ84”器件(这里仅以此为例)。

(5) 单击“OK”按钮选定这个器件。

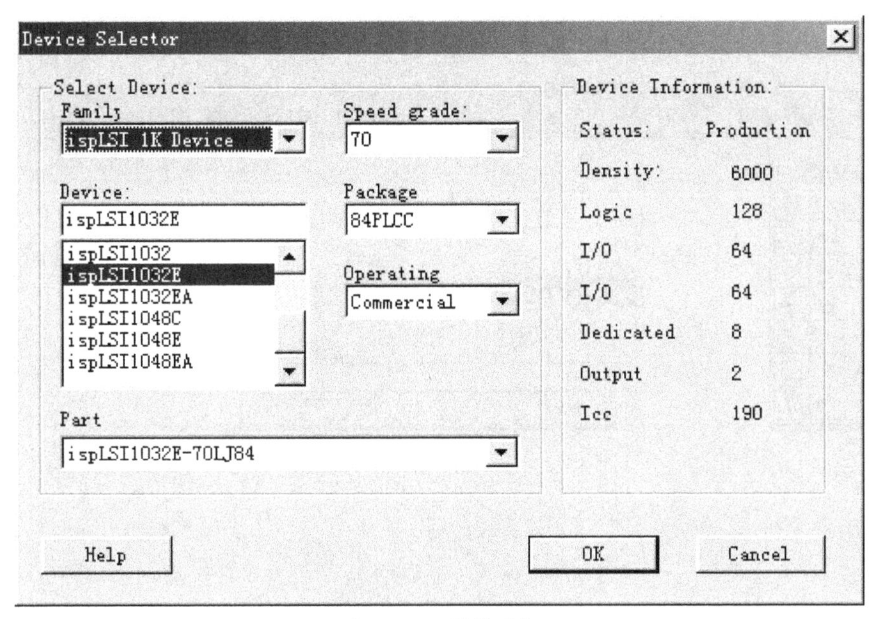


附图 4.3　器件选择

**注意**　由于 ispLSI1032E－70LJ84 芯片现在已经不再生产，在完成以上过程后，会出现三个窗口，分别选择“否”“是”“否”就可以了。

**（五）在设计中增加源文件**

一个设计项目由一个或多个源文件组成。这些源文件可以是原理图文件（＊.sch）、ABEL HDL 文件（＊.abl）、VHDL 设计文件（＊.vhd）、Verilog HDL 设计文件（＊.v）、测试向量文件（＊.abv）或者是文字文件（＊.doc、＊.wri、＊.txt）。通过以下操作步骤可在设计项目中添加一张空白的原理图纸。

（1）在菜单上选择“Source”项。

（2）选择“New”打开如附图 4.4 所示对话框。

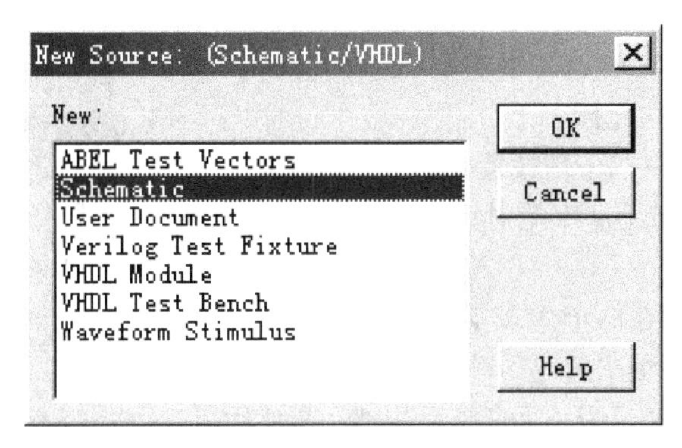


附图 4.4　增加源文件

（3）在对话框中选择“Schematic”（原理图），并单击“OK”按钮。

（4）选择路径“f:\example”并输入文件名“demo”，如附图 4.5 所示。

（5）确认后，单击“OK”按钮。

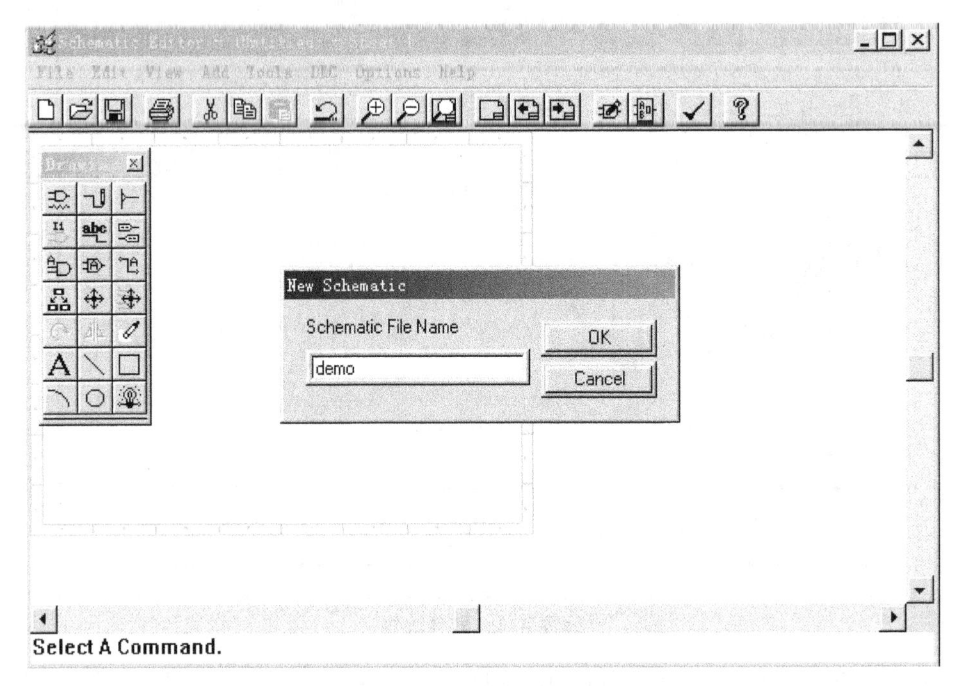


附图 4.5　新建原理图文件

**(六) 原理图输入**

进入原理图编辑器,通过下面的步骤,可在原理图中画上几个元件符号,并用引线将它们相互连接起来。

(1) 在菜单栏中选择“Add”,然后选择“Symbol”,弹出如附图 4.6 所示的对话框。

(2) 选择 gates. lib 库,然后选择 G_2AND 元件符号。

(3) 将鼠标移回到原理图纸上,注意此刻 AND 门粘连在光标上,并随之移动。

(4) 单击鼠标左键,将符号放置在合适的位置。单击右键,将去掉光标上的元件。

(5) 在第一个 AND 门下面放置另一个 AND 门。

(6) 将鼠标移回到元件库的对话框,并选择 G_2OR 元件。

(7) 将 OR 门放置在两个 AND 门的右边。

(8) 选择“Add”菜单中的“Wire”项。

(9) 单击上面一个 AND 门的输出引脚,并开始画引线。

(10) 随后每次单击鼠标,便可弯折引线,双击便终止连线。

(11) 将引线连到 OR 门的一个输入脚。

(12) 重复上述步骤,连接下面一个 AND 门。

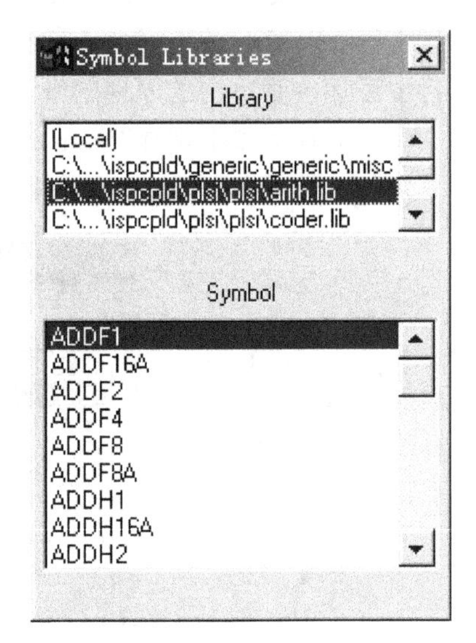


附图 4.6　元件选择

（13）添加更多的元件符号和连线。

采用上述步骤，从 regs. lib 库中选一个 G_D 寄存器，并从 iopads. lib 库中选择 G_OUTPUT 符号。将它们互相连接，实现如附图 4.7 所示的原理图。

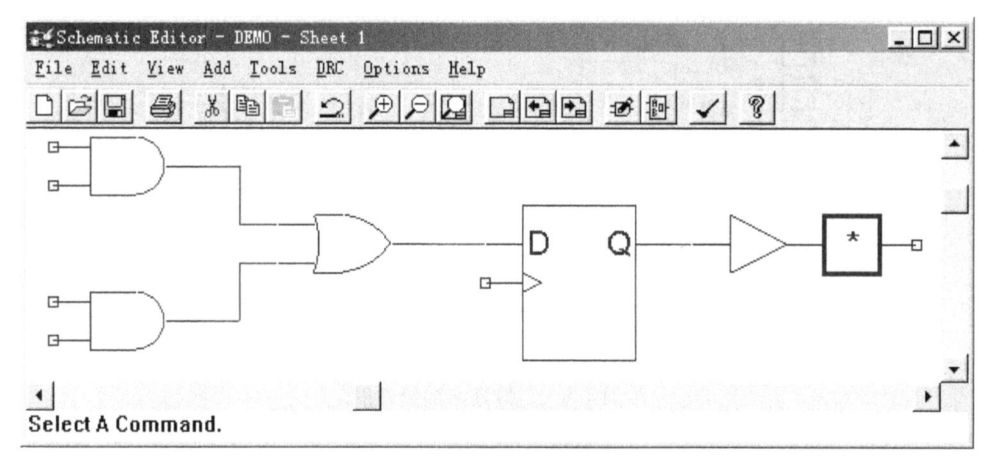


附图 4.7　部分原理图

**（七）完成设计**

以下通过为连线命名和标注 I/O Marker 来完成原理图。

当要为连线加信号名称时，可以使用 Synario 的特点同时完成两件事——添加连线和连线的信号名称。这是一个很有用的特点，可以节省设计时间。I/O Markers 是特殊的元件符号，它指明了进入或离开这张原理图的信号名称。注意连线不能被悬空(dangling)，它们必须连接到 I/O Marker 或逻辑符号上。这些标记采用与之相连的连线的名字，与 I/O Pad 符号不同，将在下面定义属性(Add Attributes)的步骤中详细解释。

（1）为了完成这个设计，选择“Add”菜单中的“Net Name”项。

（2）屏幕底下的状态栏提示输入连线名，输入名字并按“Enter”键，连线名会粘在鼠标的光标上。

（3）将上面的与门输入端，并在引线的末端连接端(输入脚左端的红色方块)，按鼠标左键，并向左边拖动鼠标。这可以在放置连线名称的同时，画出一根输入连线。

（4）输入信号名称，现在应该是加注到引线的末端。

（5）重复这一步骤，直至加上全部的输入信号名和连线，以及输出信号名和连线。

（6）现在在 Add 菜单的 I/O Marker 项将会出现一个对话框，选择“Input”，将鼠标的光标移至输入连线的末端(位于连线和连线名之间)，并单击鼠标左键。这时会出现一个输入 I/O Marker 标记，里面是连线名。

（7）将鼠标移至下一个输入。重复上述步骤，直至所有的输入都有 I/O Marker。

（8）在对话框中选择 Output，然后单击输出连线端，加上一个输出 I/O Marker。

（9）至此原理图就基本完成，如附图 4.8 所示。

（10）从菜单条上选择“File”，并选择“Save”保存原理图。

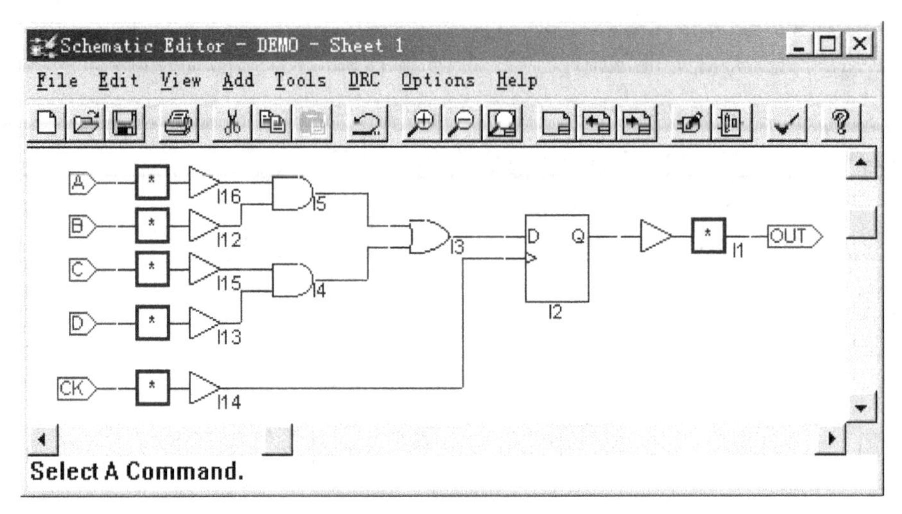


附图 4.8　完成连线的原理图

**(八) 定义 pLSI/ispLSI 器件的属性(Attributes)**

用户可以为任何一个元件符号或连线定义属性。在这个例子中,可以为输出端口符号添加引脚锁定 LOCK 的属性,如附图 4.9 所示。请注意,在 ispEXPERT 中,引脚的属性实际上是加到 I/O Pad 符号上,而不是加到 I/O Marker 上。同时也请注意,只有当需要为一个引脚增加属性时,才需要 I/O Pad 符号;否则,只需要一个 I/O Marker。

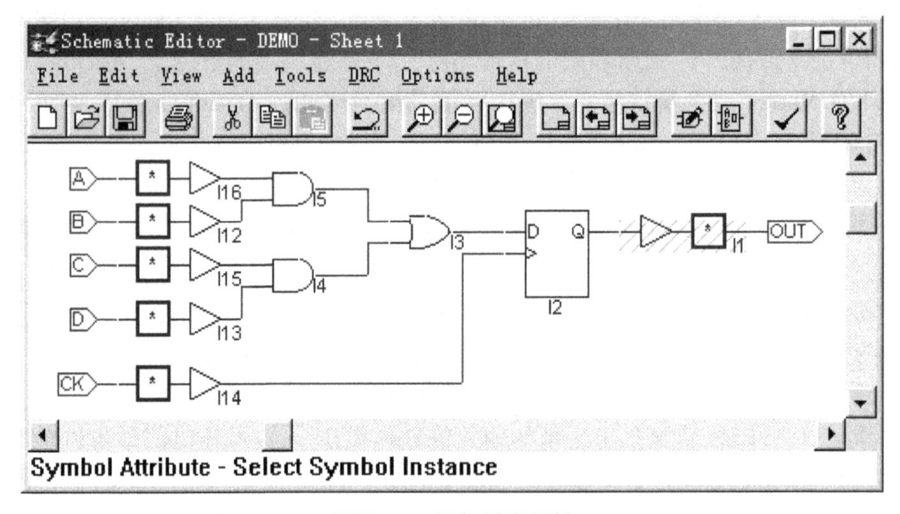


附图 4.9　添加引脚属性

(1) 在菜单条上执行“Edit”→“Attribute”→“Symbol Attribute”命令,这时会出现一个“Symbol Attribute Editor”对话框,如附图 4.10 所示。

(2) 单击需要定义属性的输出 I/O Pad。

(3) 对话框里会出现一系列可供选择的属性。

① 选择“PinNumber”属性,并且把文本框中的“ * ”替换成“4”;

② 关闭对话框。

**注意**　此时数字“4”出现在 I/O Pad 符号内。

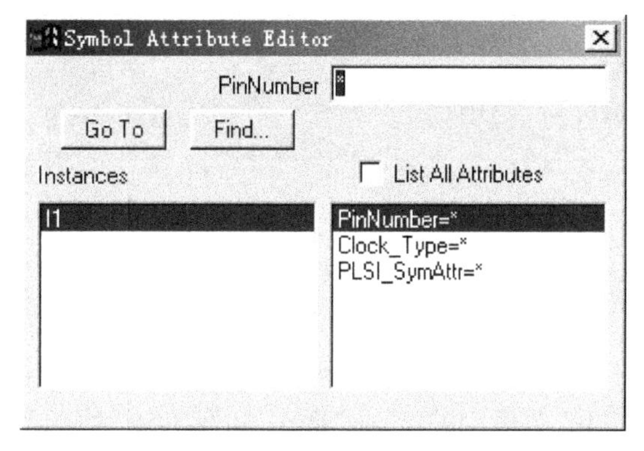


附图 4.10　属性设定

设计完成的最终原理图如附图 4.11 所示。

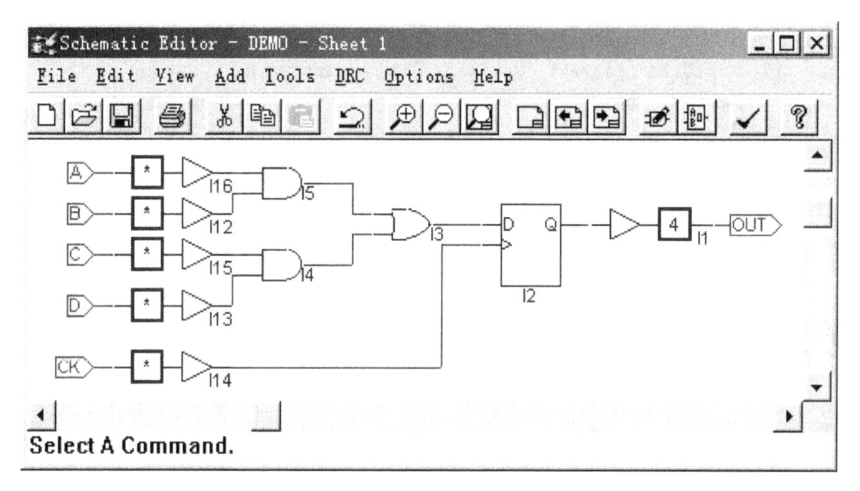


附图 4.11　最终原理图

**（九）保存已完成的设计**

（1）在菜单中选择"File"，并选"Save"命令。

（2）再次选"File"，并选"Exit"命令。

## 三、设计的编译与仿真

**（一）建立仿真测试向量（Simulation Test Vectors）**

（1）已选择 ispLSI1032E－70LJ84 器件的情况下，选择"Source"菜单中的"New"命令。

（2）在弹出的对话框中，选择"ABEL Test Vector"，并单击"OK"按钮。

（3）输入文件名"demo. abv"作为测试向量文件名。

（4）单击"OK"按钮。

（5）文本编辑器弹出后，输入下列测试向量文本：

```
module demo;
c,x = .c. ,.x. ;
CK,A,B,C,D,OUT
```

```
PIN;
TEST_VECTORS
([CK,A,B,C,D]->[OUT])
[c,0,0,0,0 ]->[x];
[c,0,0,1,0 ]->[x];
[c,1,1,0,0 ]->[x];
[c,0,1,0,1 ]->[x];
END
```

(6) 完成后,选择“File”菜单中的“Save”命令,以保存测试向量文件。

(7) 再次选择“File”,并选“Exit”命令。此时项目管理器(Project Navigator)应如附图4.12所示。

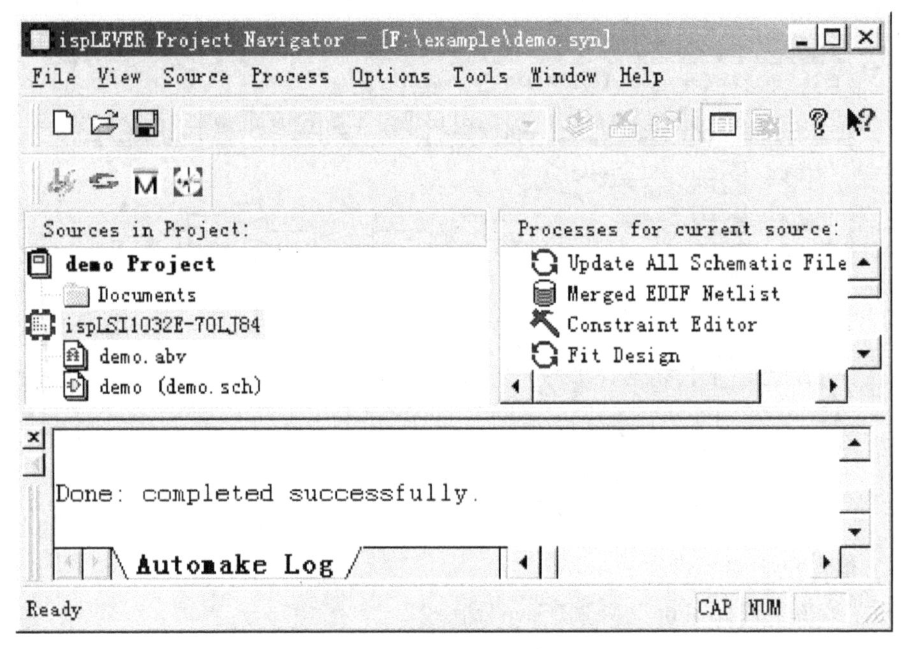


附图4.12 添加向量仿真测试文件

## (二) 编译原理图与测试向量

现已为设计项目建立起所需的源文件,下一步是执行每一个源文件所对应的处理过程。选择不同的源文件,可以从项目管理器窗口中观察到该文件所对应的可执行过程。在这一步,应分别编译原理图和测试向量。

(1) 在项目管理器左边的项目源文件(Sources in Project)清单中选择原理图“demo.sch”。

(2) 双击原理图编译处理过程,这时会出现如附图4.13所示的现象。

(3) 编译通过后,右边“Processes for current source”框中,所有内容前会出现一个绿色的查对记号,表明编译已成功。编译结果将以逻辑方程的形式表现出来。如果出现红叉的话说明有错,双击Automake Log栏中红色项就会看到文件的出错行,修改文件后再编译。

(4) 从源文件清单中选择测试向量源文件“demo.abv”。

(5) 双击测试向量编译(Compile Test Vector)处理过程,这时会出现如附图4.14所示

现象。

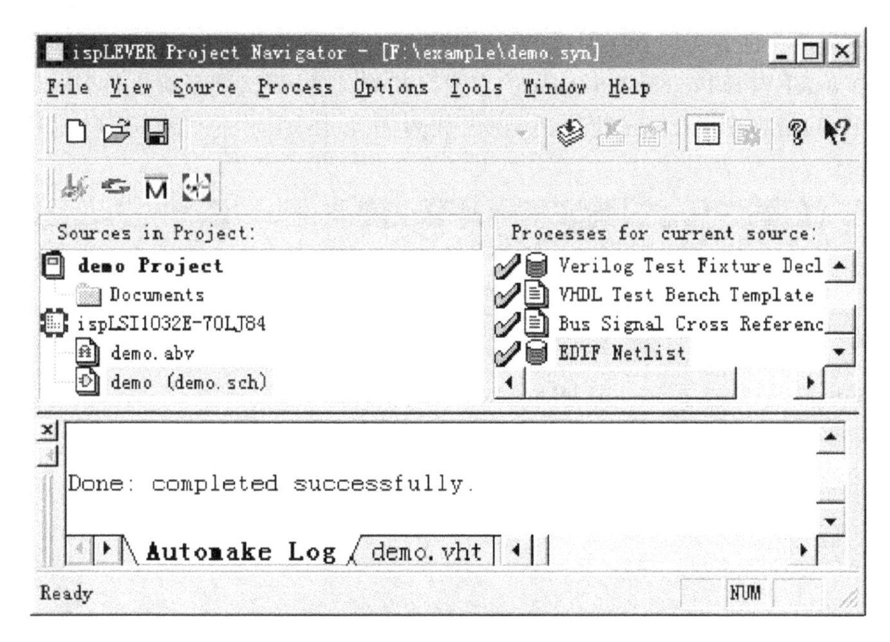


附图 4.13　编译原理图

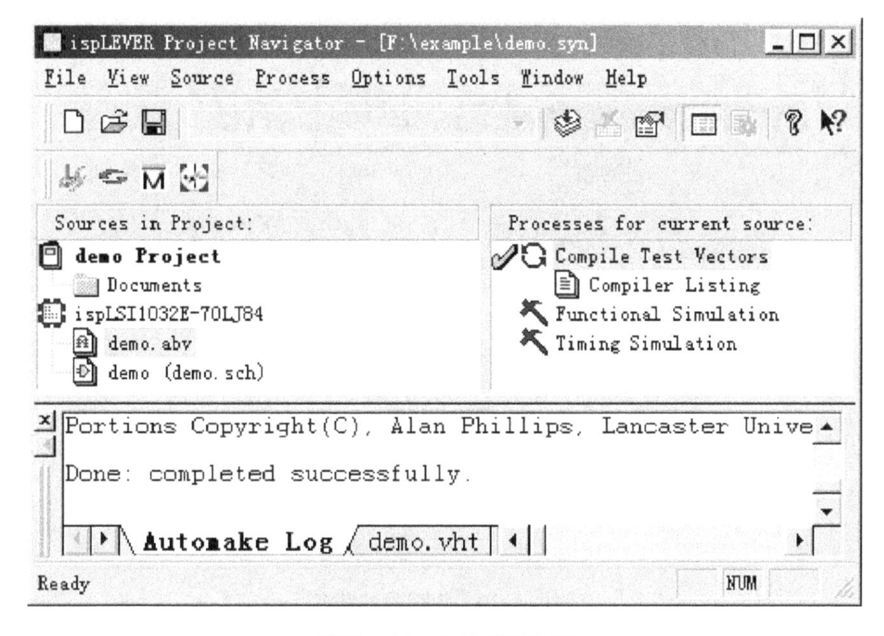


附图 4.14　向量编译处理

**（三）设计的仿真**

ispEXPERT 开发系统较先前的 ISP Synario 开发系统而言，在仿真功能上有了极大的改进，它不但可以进行时序仿真（Timing Simulation），在仿真过程中，ispEXPERT 开发系统还提供了单步运行、断点设置及跟踪调试等新的功能。

**1. 功能仿真**

仿真可采用两种方法：一种是利用测试向量源文件的方法，另一种是采用波形编辑器进行波形的编辑。

测试向量源文件的方法如下:

(1) 在 ispLEVER Project Navigator 的主窗口左侧,选择测试向量源文件“demo. abv”,双击右侧的 Functional Simulation 功能条,弹出如附图 4. 15 所示的仿真控制窗口“Simulator Control Panel”。

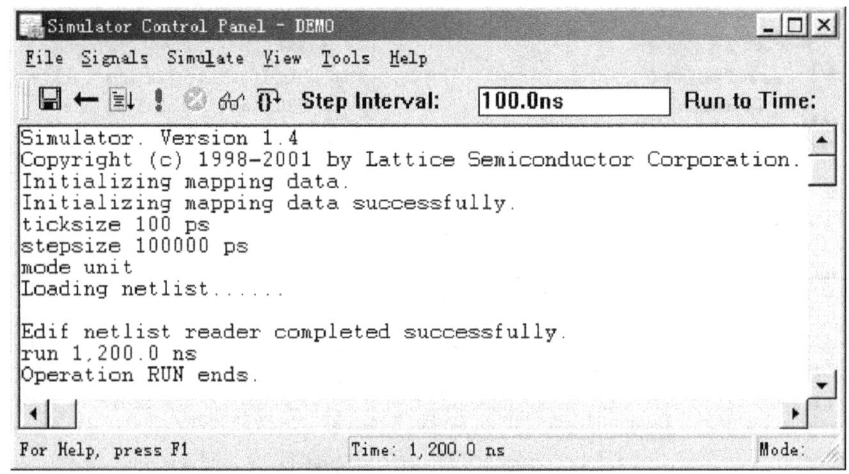


附图 4. 15　仿真控制窗口

(2) 在上述窗口的菜单“Signals”中,选择“Debug”进入跟踪调试模式,其状态如附图 4. 16 所示。

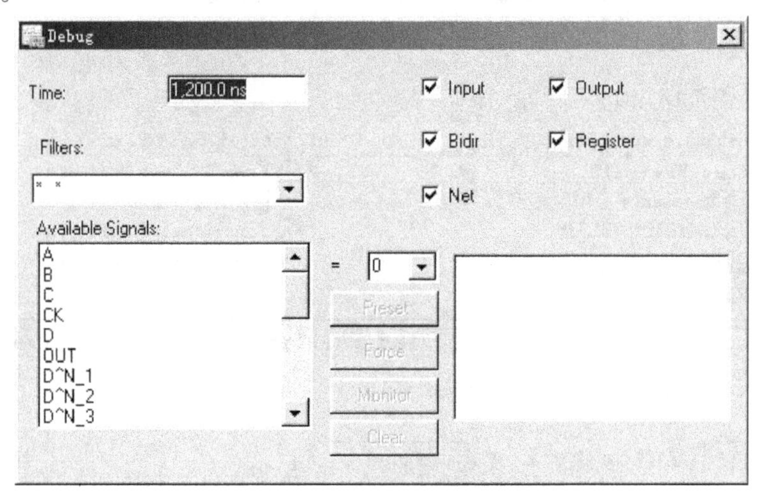


附图 4. 16　跟踪调试设定

(3) 在“Available Signals”工具条中,选中所要跟踪查看的信号名,如“A”“B”“C”“D”“CK”“OUT”,单击“Monitor”按钮,可跟踪查看这些信号的状态。

(4) 在“Simulator Control Panel”窗口的菜单“Simulate”中选择“Run”,将根据“ *. abv”文件中所给出的输入波形,进行一步到位的仿真。

(5) 在“Simulator Control Panel”窗口的“Tool”菜单中选择“Waveform Viewer”菜单,将波形观察器“Waveform Viewer”打开,如附图 4. 17 所示。

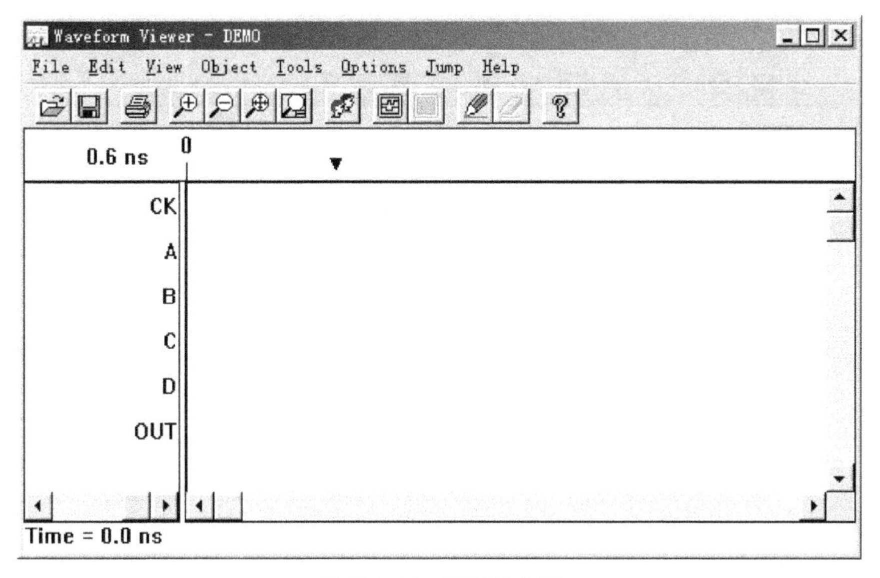


附图 4.17 波形观察器

(6) 为了能观察到波形,选择"Edit"菜单中的"Show"命令。这时将看到如附图 4.18 所示的对话框,其中列出了输入、输出端口的信号名。

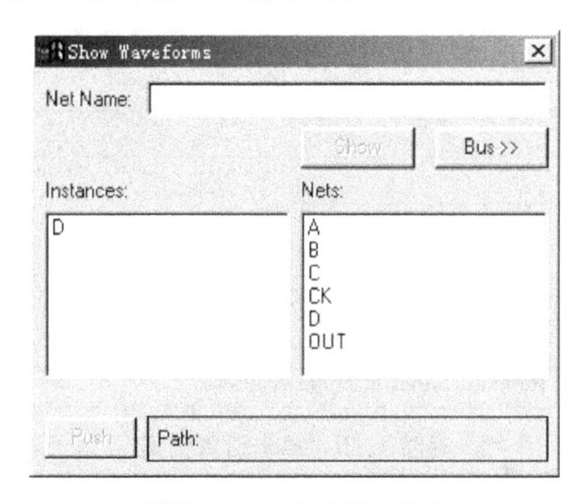


附图 4.18 波形显示设定

(7) 单击每一个想看的信号名,然后单击"Show"按钮,每一个所选的波形都显示在波形观察器的窗口中,如附图 4.19 所示。

(8) 如需查看内部节点波形,可先在"Simulator Control Panel"窗口中选中该节点,然后单击"Monitor"按钮,即可在"Waveform Viewer"窗口中看到该信号波形。

(9) 单步仿真。在"Simulator Control Panel"窗口的"Simulate"菜单中选择"Step"项,可对设计进行单步仿真。ispEXPERT 系统中仿真器的默认步长为 100 ns,可根据需要选择"Simulate"菜单中的"Settings"项来重新设置所需要的步长。选择"Simulate"菜单中的"Reset"项,可将仿真状态退回至初始状态(0 时刻)。随后,每单击一次"Step"按钮,仿真器便仿真一个步长。附图 4.20 是单击了七次"Step"按钮后所显示的波形(所选步长为 100 ns)。

(10) 设置断点(Breakpoint)。在"Simulator Control Panel"窗口中,执行"Signals"→"Breakpoints"命令,会显示如附图 4.21 所示的断点设置控制对话框"Breakpoints"。

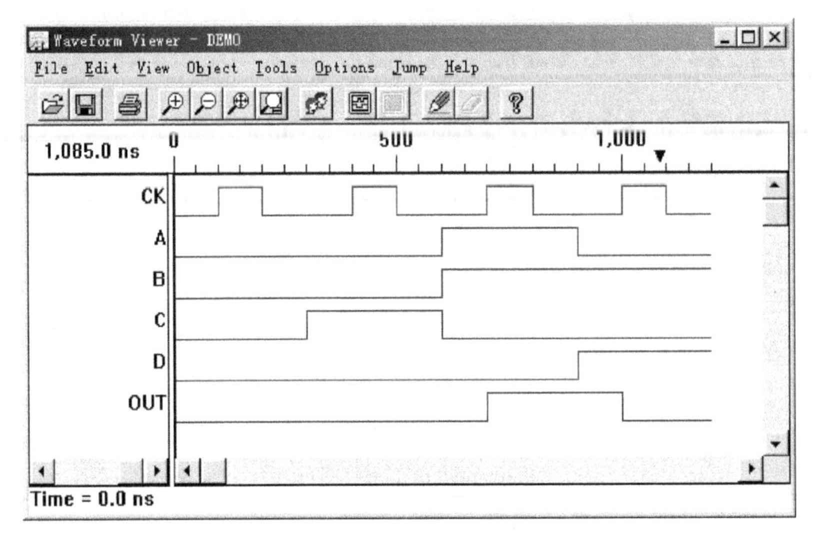


附图 4.19　波形结果显示

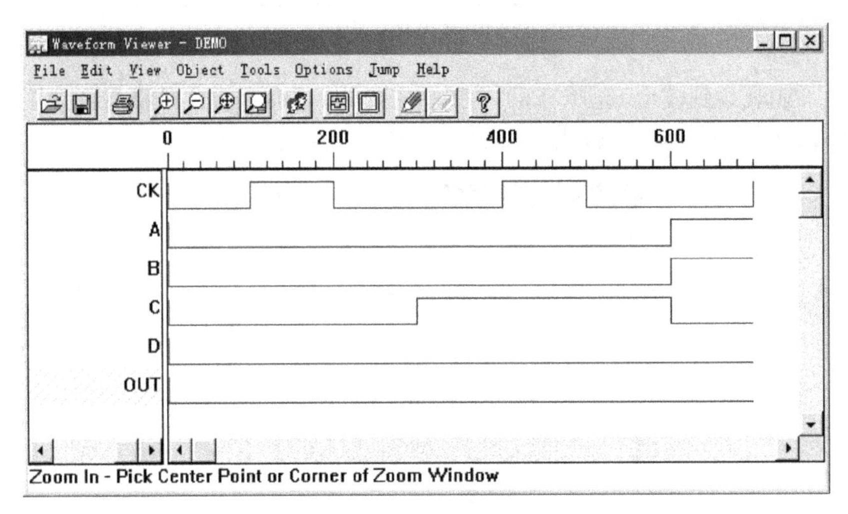


附图 4.20　单步仿真结果

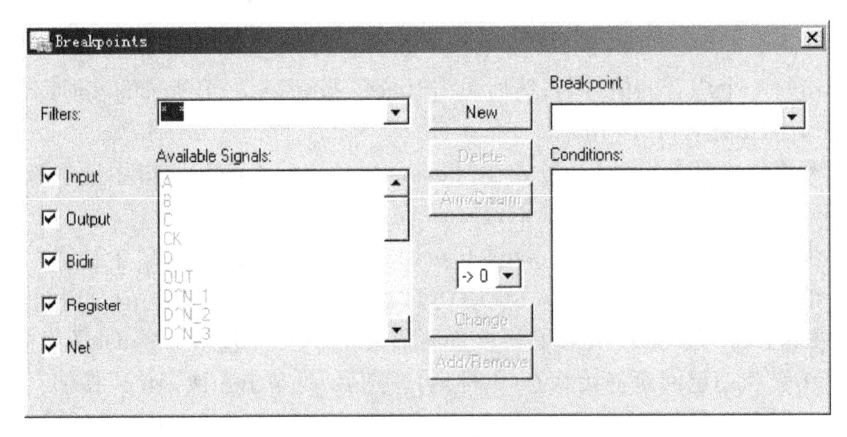


附图 4.21　断点设置

在附图 4.21 所示对话框中单击“New”按钮,开始设置一个新的断点。在“Available Signals”栏中单击鼠标选择所需的信号,在窗口中间的下拉滚动条中可选择设置断点时该信号的变化要求,例如:“→0”指该信号变化到 0 状态;“!=1”指该信号处于非 1 状态。一个断点可以用多个信号所处的状态来作为定义条件,这些条件在逻辑上是“与”的关系。最后在“Breakpoints”窗口中单击“Arm/Disarm”按钮使所设断点生效。本例中选择信号“OUT→?”作为断点条件,其意义是断点成立的条件为 OUT 信号发生任何变化(变为 0、1、Z 或 X 状态)。这样仿真过程中在 0 ns、700 ns、1 000 ns 时刻都会遇到断点。

波形编辑(Waveform Edit)的方法如下:

除了用 *.abv 文件描述信号的激励波形外,ispEXPERT 系统还提供了直观地激励波形的图形输入工具 Waveform Editor。以下是用 Waveform Editor 编辑激励波形的步骤(仍以设计 demo.sch 为例):

(1) 在“Simulator Waveform Editor”窗口中,选择“Tools”→“Waveform Editor”菜单,进入波形编辑器窗口“Waveform Eidtor”,如附图 4.22 所示。

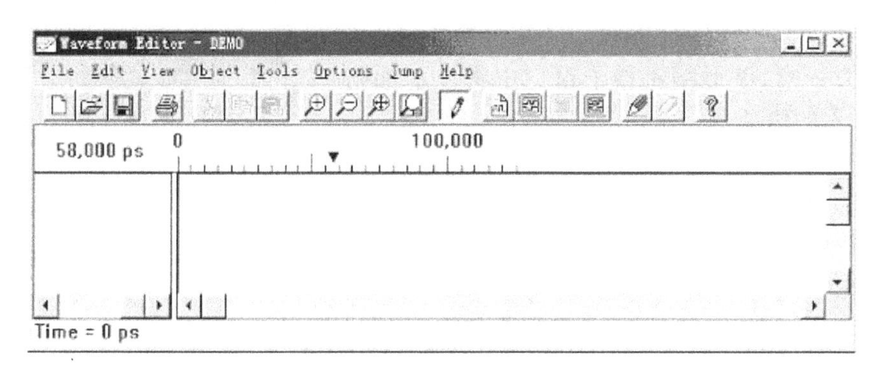


附图 4.22　波形编辑器窗口

(2) 在附图 4.22 所示窗口中选择“Object”→“Edit Mode”菜单,将弹出如附图 4.23 所示的对话框。

(3) 在附图 4.22 所示窗口中选择“Edit”→“Add New Wave”菜单,将弹出如附图 4.24 所示的对话框。

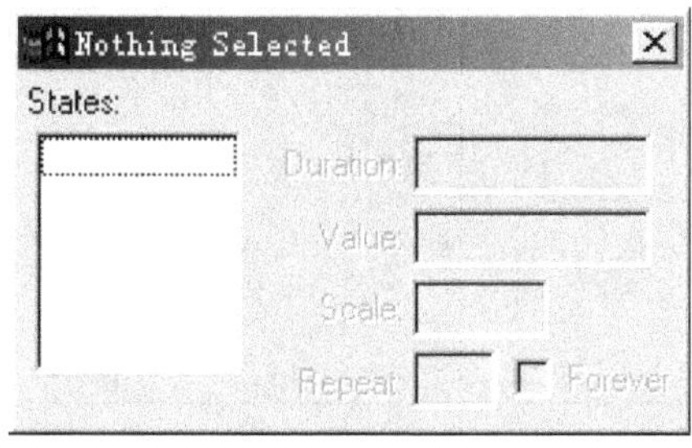


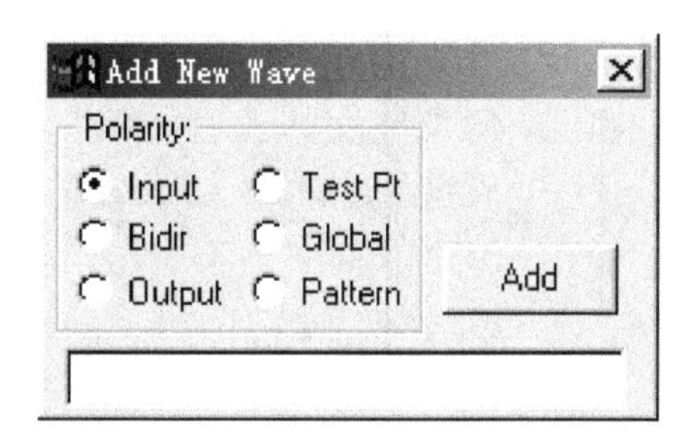


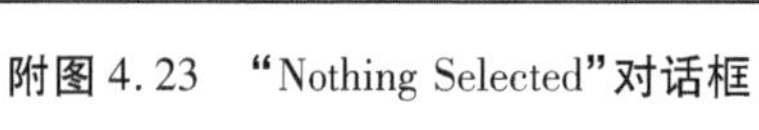
附图 4.23　“Nothing Selected”对话框　　附图 4.24　“Add New Wave”对话框

在“Add New Wave”对话框中的“Polarity”选项中选择“Input”,然后在下部的文本框中输入信号名“A”“B”“C”“D”“CK”。每输完一个信号名单击一次“Add”按钮。

(4) 完成上述步骤后,“Waveform Editor”窗口中有了“A”“B”“C”“D”“CK”的信号名,如附图 4.25 所示。

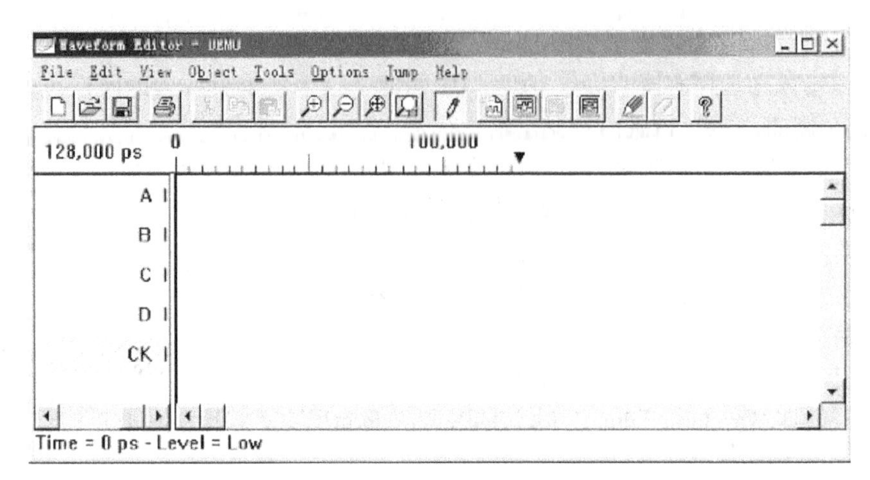


附图 4.25　完成波形添加

(5) 单击窗口左侧的信号名 A,开始编辑 A 信号的激励波形。单击 0 时刻右端且与 A 信号所处同一水平位置任意一点,波形编辑器子窗口中将显示如附图 4.26 所示的信息。

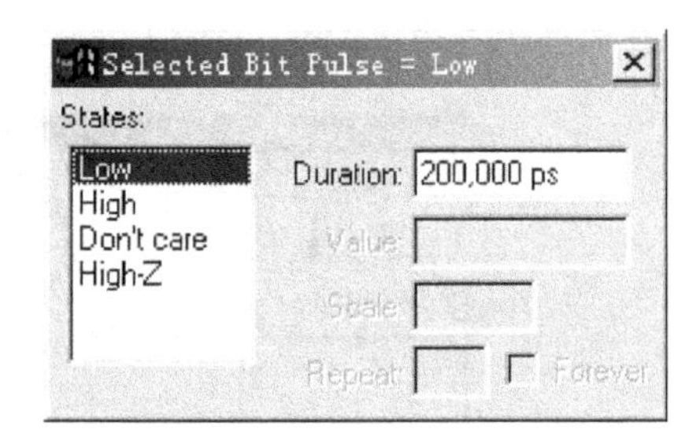


附图 4.26　编辑波形

(6) 在"States"栏中选择"Low",在"Duration"栏中填入"200 000 ps"并按回车键。这时,在"Waveform Editor"窗口中会显示 A 信号在 0 ~ 200 ns 为 0 的波形。然后在"Waveform Editor"窗口中单击 200 ns 右侧区间任一点,可在波形编辑器的子窗口中编辑 A 信号的下一个变化。重复上述操作过程,并将它存盘为 wave_in. wdl 文件。完成后,"Waveform Editor"窗口如附图 4.27 所示。

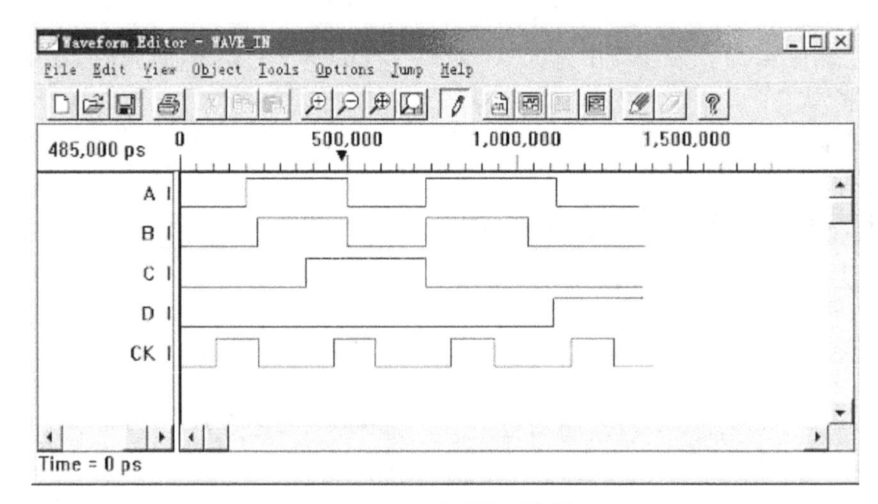


附图 4.27　完成波形编辑

(7) 在"Waveform Editor"窗口中,选择"File"→"Consistency Check"菜单,检测激励波形是否存在冲突。在该例中,错误信息窗口会提示"No Error Dected"。

(8) 此时,激励波形已描述完毕,剩下的工作是调入激励文件"wave_in. wdl"进行仿真。

回到 ispLEVER Project Navigator 主窗口，选择“Source”→“Import”菜单，调入激励文件“wave_in. wdl”。在窗口左侧的源程序区选中“wave_in. wdl”文件，双击窗口右侧的“Functional Simulation”栏进入功能仿真流程，以下的步骤与用 *. abv 描述激励的仿真过程完全一致，在此不再赘述。

2. 时序仿真(Timing Simulation)

时序仿真的操作步骤与功能仿真基本相似，以下简述其操作过程中与功能仿真的不同之处。

仍以设计 Demo 为例，在 ispLEVER Project Navigator 主窗口中，在左侧源程序区选中“Demo. abv”，双击右侧的“Timing Simulation”栏进入时序仿真流程。由于时序仿真需要与所选器件有关的时间参数，因此双击“Timing Simulation”栏后，软件会自动对器件进行适配，然后打开与功能仿真时间相同的“Simulator Control Panel”窗口。

时序仿真与功能仿真操作步骤的不同之处，在于仿真的参数设置上。在时序仿真时，打开“Simulator Control Panel”窗口中的“Simulate”→“Settings”菜单，弹出“Setup Simulator”对话框。在此对话框中可设置延时参数(Simulation Delay)：最小延时(Minimum Delay)、典型延时(Typical Delay)、最大延时(Maximum Delay)和0延时(Zero Delay)。最小延时是指器件可能的最小延时时间，0延时指延时时间为0。需要注意的是，在 ispEXPERT 系统中，典型延时时间均为0延时。

在“Setup Simulator”对话框中，仿真模式(Simulation Mode)可设置为两种形式：惯性延时(Inertial Mode)和传输延时(Transport Mode)。

将仿真参数设置为最大延时和传输延时状态，在“Waveform Viewer”窗口中显示的仿真结果如附图4.28所示。

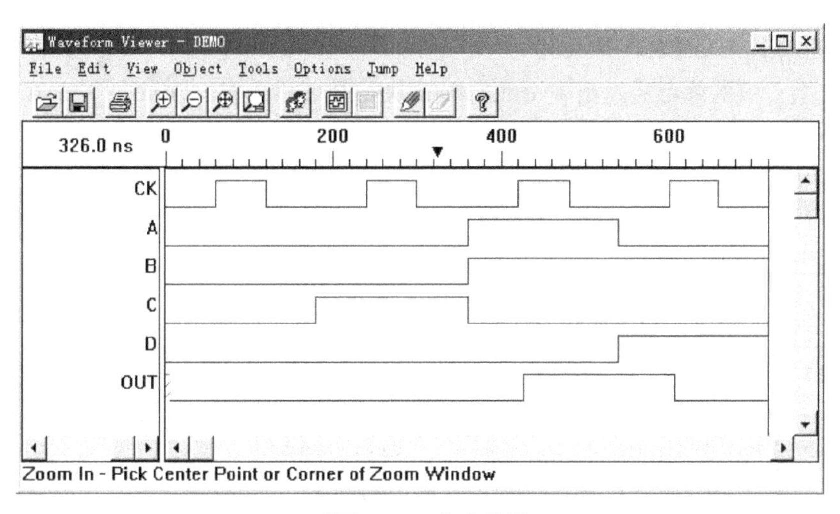


附图4.28　仿真结果

由附图4.28可见，与功能仿真不同的是：输出信号 OUT 的变化比时钟 CK 的上升沿滞后了 8ns。

**(四) 建立元件符号(Symbol)**

ispEXPERT 工具的一个非常有用的特点是能够迅速地建立起一张原理图的符号目录。

通过这一步骤,可以建立一个可供反复调用的逻辑宏元件,以便放置在更高一层的原理图纸上。下面将介绍如何调用,这里仅介绍如何建立元件符号。

(1) 双击原理图的资源文件"demo. sch",将其打开。

(2) 在原理图编辑器中,选择"File"菜单。

(3) 从下拉菜单中,选择"Matching Symbol"命令。

(4) 关闭原理图。

**(五) 将设计编译到 Lattice 器件中**

现已完成设计输入和编译,并且通过了仿真。进一步,可将设计通过编译适配到指定的 Lattice ispLSI/pLSI 器件之中。也可以跳过余下的内容,直接进入下一节 ABEL 语言和原理图的混合输入。因为早先已经选择了器件,所以可以直接进入下面的步骤:

(1) 选择 ispLSI 1032 源文件,并观察相对应的处理过程。

(2) 双击处理过程 Fit Design。这将迫使项目管理器完成对源文件的编译,然后连接所有的源文件,最后再进行逻辑分割、布局和布线,将所设计的逻辑适配到所选择的 Lattice 器件中。

(3) 当上述步骤都完成后,可以双击 ispEXPERT Compiler Report,查看有关的设计报告和统计数据。当然,也可以查看 ispEXPERT Compiler Report 底下的有关时序特性的报告(Maximum Frequency、Setup/Hold、Tpd Path Delay、Tco Path Delay)。

## 四、ABEL语言和原理图混合输入

本节要建立一个简单的 ABEL HDL 语言输入的设计,先将其与上一节中完成的原理图进行合并,以层次结构的方式,画在顶层的原理图上,然后对这个完整的设计进行仿真、编译,最后适配到 ispLSI 器件中。

**(一) 启动 ispEXPERT System**

如果在上一节的练习后退出了 ispLEVER,执行"Start"→"Programs"→"Lattice Semiconductor"→"ispLEVER"命令,屏幕上项目管理器应如附图 4.29 所示。

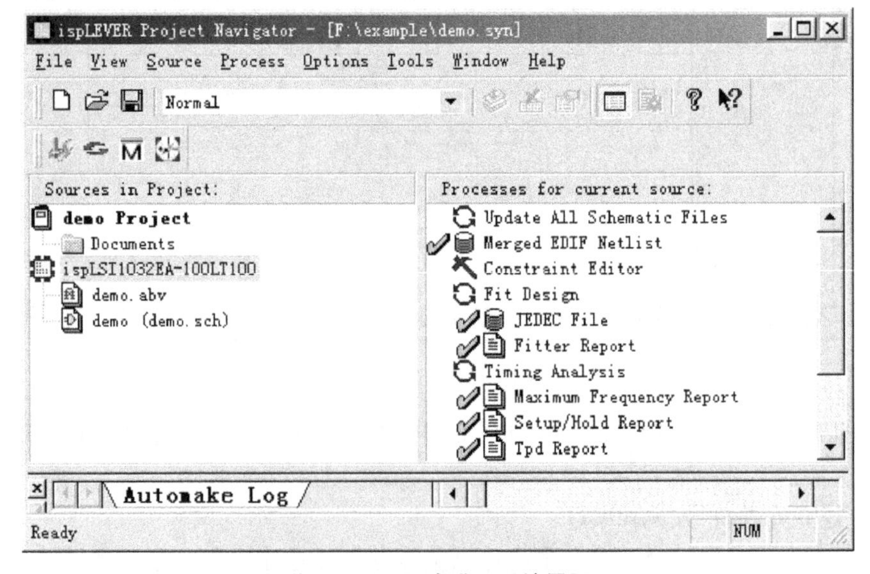


附图 4.29　再次进入系统界面

**（二）建立顶层的原理图**

（1）仍旧选择 1032E 器件，从菜单上选“Source”。

（2）选择“New”。

（3）在对话框中选择“Schematic”，并单击“OK”按钮。

（4）选择路径“F:\examples”，然后在文本框中输入文件名“top.sch”，并单击“OK”按钮。

（5）进入原理图编辑器。

（6）调用前面创建的元件符号。选择“Add”菜单中的“Symbol”项，这时会出现“Symbol Libraries”对话框。选择 Local 库，下部的文本框中出现一个元件符号 demo，这就是自行建立的元件符号。

（7）选择“demo”元件符号，并放到原理图上的合适位置。

**（三）建立内含 ABEL 语言的逻辑元件符号**

现在要为 ABEL HDL 设计文件建立一个元件符号，只要知道了接口信息，就可以为下一层的设计模块创建一个元件符号。而实际的 ABEL 设计文件可以在以后再完成。

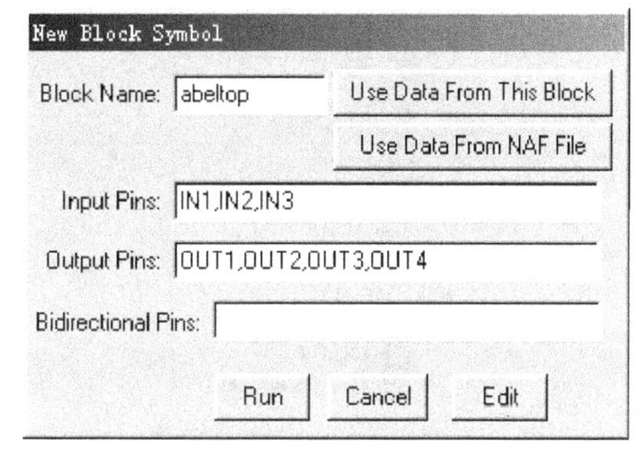


附图 4.30　模块参数设定

（1）在原理图编辑器里，选择“Add”菜单里的“New Block Symbol”命令。

（2）这时会出现一个对话框，提示输入 ABEL 模块名称及其输入信号名和输出信号名。按照附图 4.30 所示输入信息。

（3）当完成信号名的输入，单击“Run”按钮，就会产生一个元件符号，并放在本地元件库中。同时元件符号还粘连在光标上，随之移动。

（4）将这个符号放在 demo 符号的左边。

（5）单击鼠标右键，就会显示“Symbol Libraries”对话框。请注意 abeltop 符号出现在“Local”库中。

（6）关闭对话框。原理图应如附图 4.31 所示。

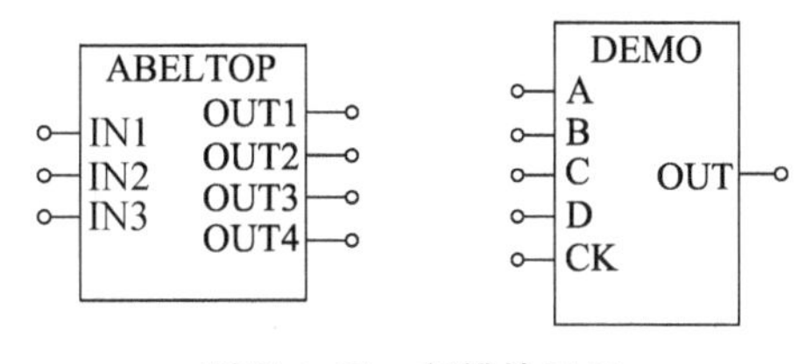


附图 4.31　新模块显示

**（四）完成原理图**

添加必需的连线、连线名称及 I/O 标记，来完成顶层原理图，使其看上去如附图 4.32 所示。如果需要帮助，请参考前面有关添加连线和符号的指导方法。画完后，应存盘后再退出。

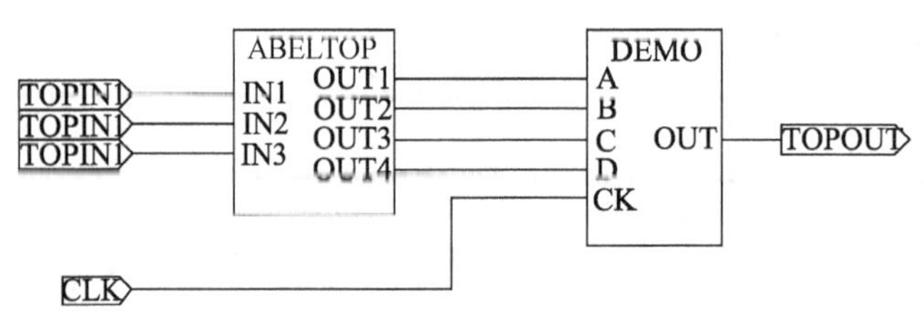


附图 4.32　完成模块连线

### (五) 建立 ABEL-HDL 源文件

现在需要建立一个 ABEL 源文件,并把它链接到顶层原理图对应的符号上。要求所建立的 Project 类型为 Schematic/ABEL,项目管理器使这些步骤简化了:

(1) 当前的管理器应该如附图 4.33 所示。

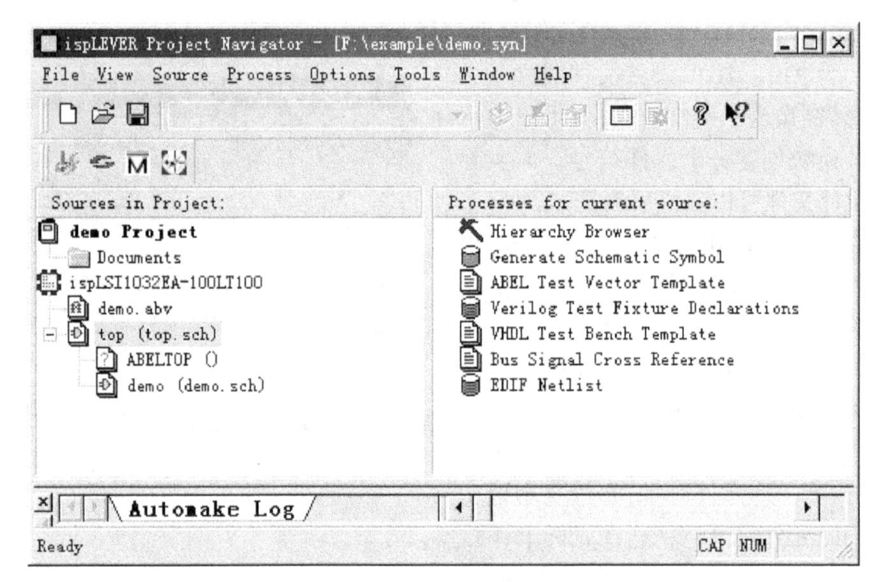


附图 4.33　项目管理器显示

(2) 请注意 ABELTOP 左边的红色"?"图标。这意味着目前这个源文件还是个未知数,因为还没有建立它。同时请注意源文件框中的层次结构,abeltop 和 demo 源文件位于 top 原理图的下面并且偏右,这说明它们是 top 原理图的低层源文件。这也是 ispLEVER 项目管理器另外一个有用的特点。

(3) 为了建立所需的源文件,选择"ABELTOP",然后选择"Source"菜单中的"New"命令。

(4) 在"New Source"对话框中,选择"ABEL - HDL Module"并单击"OK"按钮。

(5) 弹出如附图 4.34 所示的对话框,填写相应的栏目,如模块名、文件名、模块的标题。为了将源文件与符号相链接,模块名必须与符号名一致,而文件名没有必要与符号名一致。但为了简单,可以给它们取相同的名字。

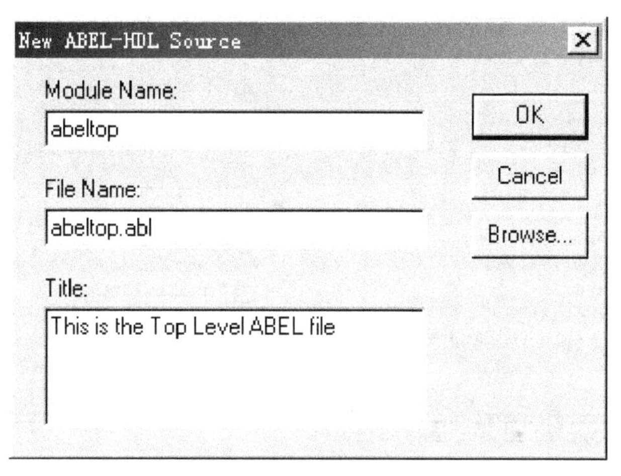


附图 4.34 新建 ABEL－HDL 资源

（6）单击"OK"按钮，进入"Text Editor"窗口，可见 ABEL HDL 设计文件的框架已呈现出来。

（7）输入下列的代码，确保输入代码位于 TITLE 语句和 END 语句之间。

```
MODULE abeltop
TTTLE  'This is the Top Level ABEL file'
"Inputs
IN1,IN2,IN3 PIN;
"Outputs
OUT1,OUT2,OUT3,OUT4 PIN;
Equations
OUT1 =IN1&! IN3;
OUT2 =IN1&! IN2;
OUT3 =! IN1&IN2&IN3;
OUT4 =IN2&IN3;
END
```

（8）完成后，选择"File"菜单中的"Save"命令。

（9）退出文本编辑器。

（10）请注意项目管理器中 abeltop 源文件左边的图标已经改变了，这就意味着已经有了一个与此源文件相关的 ABEL 文件，并且已经建立了正确的连接。

**（六）编译 ABEL HDL**

（1）选择"abeltop"源文件。

（2）在处理过程列表中，双击"Compile Logic"过程。当处理过程结束后，项目管理器应如附图 4.35 所示。

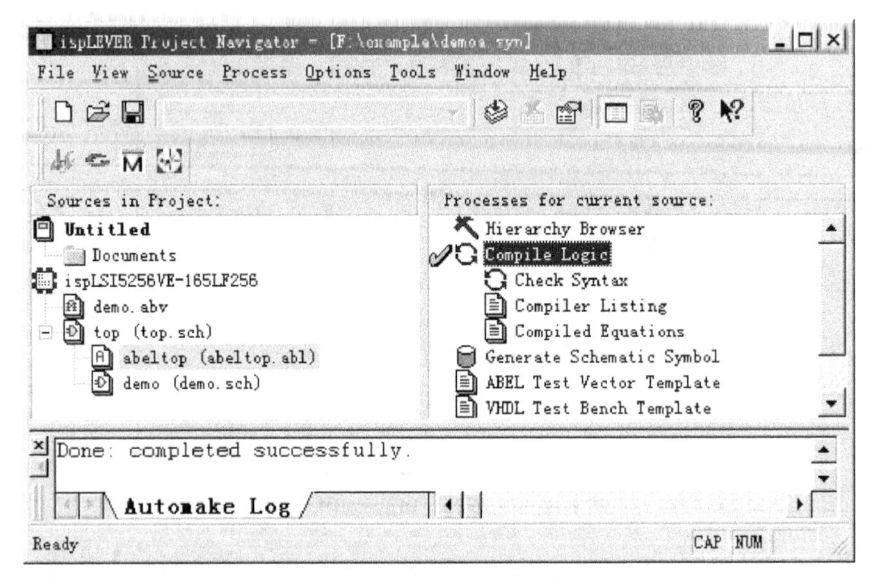


附图 4.35　编译源文件

**(七) 仿真**

对整个设计进行仿真需要一个新的测试矢量文件,在本例中只需修改当前的测试矢量文件。

(1) 双击 demo.abv 源文件,出现文本编辑器。

(2) 按照以下内容修改测试矢量文件。

```
module demo
c,x = .c.,.x.;
CLK,TOPIN1,TOPIN2,TOPIN3,TOPOUT PIN;
TEST_VECTORS
([CLK,TOPIN1,TOPIN2,TOPIN3]->[TOPOUT])
[c,0,0,0]->[x];
[c,0,0,1]->[x];
[c,0,1,0]->[x];
[c,0,1,1]->[x];
[c,1,0,0]->[x];
[c,1,0,1]->[x];
[c,1,1,0]->[x];
[c,1,1,1]->[x];
END
```

(3) 完成后,存盘退出。

(4) 仍旧选择测试矢量源文件,双击“Functional Simulation”过程,进行功能仿真。

(5) 进入“Simulation Control Panel”窗口,单击“Tools”→“Waveform Viewer”,打开波形观测器准备查看仿真结果。

(6) 为了查看波形,必须在“Simulation Control Panel”窗口的“Signals”菜单中选择

"Debug",使"Simulation Control Panel"窗口进入 Debug 模式。

(7) 在 Available Signals 栏中选择"CLK""TOPIN1""TOPIN2""TOPIN3""TOPOUT"信号,并单击"Monitor"按钮,使这些信号名都可以在波形观测器中观察到。再单击"RUN"按钮进行仿真,其结果如附图 4.36 所示。

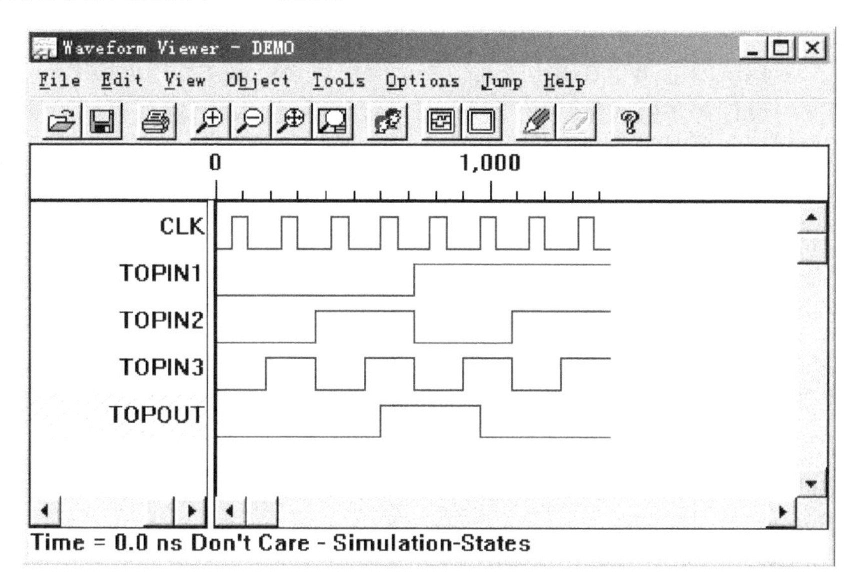


附图 4.36　仿真结果

(8) 在步骤(4)中,如双击"Timing Simulation"过程,即可进入时序仿真流程,仿真步骤与功能仿真相同。

**(八) 把设计适配到 Lattice 器件中**

现已完成原理图和 ABEL 语言的混合设计及其仿真,剩下的步骤只是将设计放入Lattice ispLSI 器件中。前面已经选择了器件,所以这里可以直接执行下面的步骤:

(1) 在源文件窗口中选择"ispLSI1032E - 70LJ84"器件作为编译对象,并注意观察对应的处理过程。

(2) 双击处理过程"Fit Design",使项目管理器完成对源文件的编译,然后连接所有的源文件,最后进行逻辑分割、布局和布线,将设计适配到所选择的 Lattice 器件中。

(3) 当这些都完成后,可双击"ispEXPERT Compiler Report",查看设计报告和有关统计数据。

现已完成了设计例子,且用户已掌握了 ispLEVER 的主要功能。

**(九) 层次化操作方法**

层次化操作是 ispEXPERT 系统项目管理器的重要功能,它能够简化设计的操作。

(1) 在项目管理器的源文件窗口中,选择最顶层原理图"op. sch"。此时在项目管理器右边的操作流程清单中必定有 Navigation Hierarchy 过程。

(2) 双击"Navigation Hierarchy"过程,即会弹出最顶层原理图"op. sch"。

(3) 选择"View"菜单中的"Push/Pop"命令,光标就变成十字形状。

(4) 用十字光标单击顶层原理图中的"abeltop"符号,即可弹出描述 abeltop 逻辑的文本文件"abeltop. abl"。此时可以浏览或编辑 ABEL HDL 设计文件。浏览完毕后单击"File"菜单中的“Exit”命令退回顶层原理图。

(5) 用十字光标单击顶层原理图中的“demo”符号,即可弹出描述 demo 逻辑的低层原理图“demo. sch”。此时可以浏览或编辑低层原理图。

(6) 若欲编辑低层原理图,可以利用“Edit”菜单中的“Schematic”命令进入原理图编辑器。编译完毕后用“File”菜单中的“Save”和“Exit”命令退出原理图编辑器。

(7) 低层原理图浏览完毕后用十字光标单击图中任意空白处即可退回上一层原理图。

(8) 若某一设计为多层次化结构,则可在最高层逐层进入其低层,直至最低一层;退出时亦可以从最低层逐层退出,直至最高一层。

(9) 层次化操作结束后单击“File”菜单中的“Exit”命令退回项目管理器。

**(十) 锁定引脚的另一种方法**

引脚的锁定除了在原理图中定义 I/O Pad 的属性外,还可用引脚锁定文件( *. ppn)的形式来实现。其操作方法如下:

(1) 按照规定的格式建立引脚锁定文件:

【引脚名称】 【引脚属性】 【引脚编号】

以下为引脚锁定文件实例——PIN LOCK. PPN:

```
TOPIN1    IN     26
TOPIN2    IN     27
TOPIN3    IN     28
TOPOUT    OUT    29
CLK       IN     30
```

(2) 在源文件窗口中选择一种具体的器件,如“ispLSI 1032E - 70LJ84”,然后在处理过程窗口中选择“Fit Design”功能,此时位于窗口下方的 Properties 按钮就被激活。

(3) 单击“Properties”按钮,打开控制参数编辑对话框。

(4) 在控制参数编辑对话框中找到“Pin File Name”行,单击该行使之进入编辑方式,然后在输入栏中键入参数文件名称“PIN LOCK. PPN”,并确认。

(5) 单击控制参数对话框中的“Close”按钮,关闭对话框。

至此就可以用引脚锁定文件来控制适配器的编译,而原理图中原来锁定的引脚无效。锁定效果在器件编译完成后通过 ispEXPERT Compiler Report 反映出来。

ispLSI 1016 和 ispLSI 2032 两种器件的 Y1 端是功能复用的。如果不加任何控制,适配软件在编译时将 Y1 默认为是系统复位端口(RESET)。若欲将 Y1 端用作时钟输入端,必须通过编译器控制参数来进行定义。

(1) 建立描述 Y1 功能的参数文件 Y1 AS CLK. PAR。

```
Y1 AS RESET OFF    END
```

(2) 在源文件窗口中选择一种具体的器件,如“ispLSI 2032 - 150TQFP44”,然后在处理过程窗口中选择“Fit Design”功能,此时位于窗口下方的 Properties 按钮被激活。

(3) 单击“Properties”按钮,打开控制参数编辑对话框。

(4) 在控制参数编辑对话框中找到“Parameter File Name”行,单击该行使之进入编辑方式,然后在输入栏中键入参数文件名称“Y1 AS CLK. PAR”,并确认。

(5) 单击控制参数对话框中的“Close”按钮,关闭对话框。

至此就将 Y1 端口定义成了时钟输入端,因而在逻辑设计中允许将某个时钟输入端锁定到 Y1 端口上,否则编译过程就会出错。

## 五、ispEXPERT系统中VHDL和Verilog语言的设计方法

除了支持原理图输入外,商业版的 ispEXPERT 系统中提供了 VHDL 和 Verilog 语言的设计入口。用户的 VHDL 或 Verilog 设计可以经 ispEXPERT 系统提供的综合器进行编译综合,生成 EDIF 格式的网表文件。然后可进行功能或时序仿真,最后进行适配,生成可下载的 JEDEC 文件。

**(一) VHDL 设计输入的操作步骤**

(1) 在 ispLEVER Project Navigator 主窗口中,选择“File”→“New Project”菜单建立一个新的工程文件,此时会弹出如附图 4.37 所示的对话框,请注意:在该对话框中的“Project type”栏中,必须根据设计类型选择相应的工程文件的类型。本例中,选择 VHDL 类型。若是Verilog设计输入,则选择 Verilog HDL 类型。将该工程文件存盘为 demov. syn。

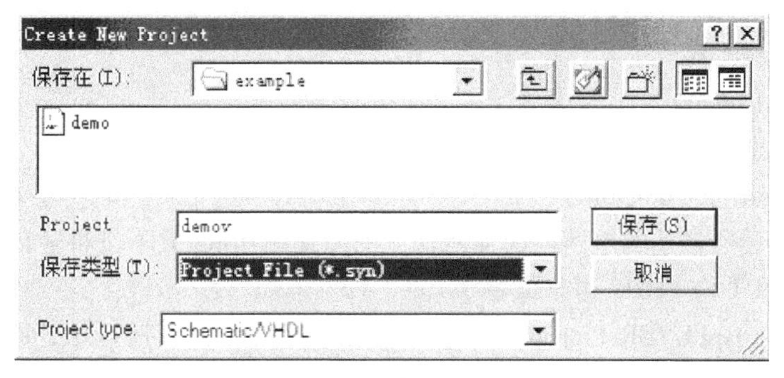


附图 4.37　新建 VHDL 工程

(2) 在 ispLEVER Project Navigator 主窗口中,选择“Source”→“New”菜单。在弹出的“New Source”对话框中,选择“VHDL Module”类型。

(3) 此时,会产生一个如附图 4.38 所示的“New VHDL Source”对话框。在该对话框的各栏中,分别填入如附图 4.38 所示的信息。单击“OK”按钮后,进入文本编辑器——Text Editor 编辑 VHDL 文件。

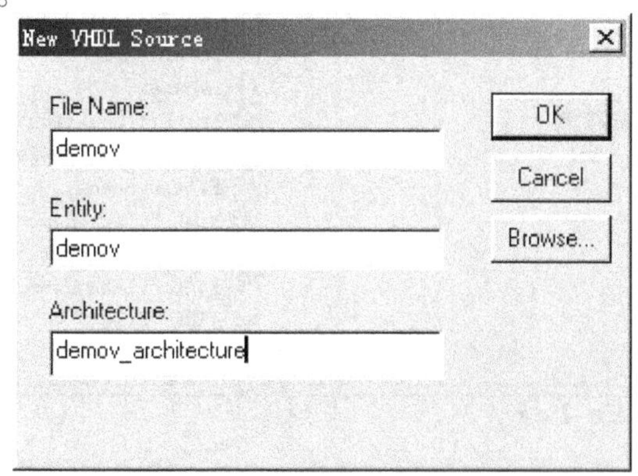


附图 4.38　新建 VHDL 对话框

(4) 在 Text Editor 中输入如下的 VHDL 设计,并存盘。

```
library ieee;
use ieee.std_logic_1164.all;
entity demov is
  port (A,B,C,D,CK:in std_logic;
        OUTP:out std_logic);
  end demov;
architecture demov_architecture of demov is
  signal INF:std_logic;
  begin
  Process(INF,CK)
    begin
      if(rising_edge(CK))then
      OUTP <= INF;
      end if;
    end process;
      INF <= (A and B) or (C and D);
end demov_architecture;
```

此 VHDL 设计所描述的电路与前面所输入的原理图相同,只不过将输出端口 OUT 改名为 OUTP(因为 OUT 为 VHDL 语言保留字)。

(5) 此时,在 ispLEVER Project Navigator 主窗口左侧的源程序区中,demov.vhd 文件被自动调入。单击源程序区中的"ispLSI5256VE - 165LF256",选择"ispLSI 1032E - 70LJ84",此时的 ispLEVER Project Navigator 主窗口如附图 4.39 所示。

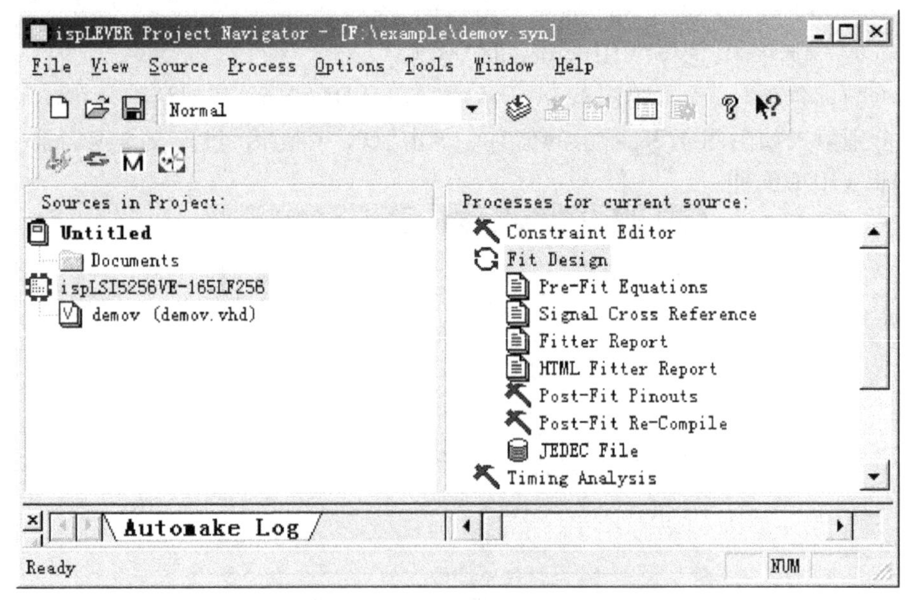


附图 4.39 添加资源后的项目管理器

（6）双击主窗口右侧的“Fit Design”，对 demov.vhd 文件进行编译、综合。在此过程结束后，会出现如附图 4.40 所示窗口。

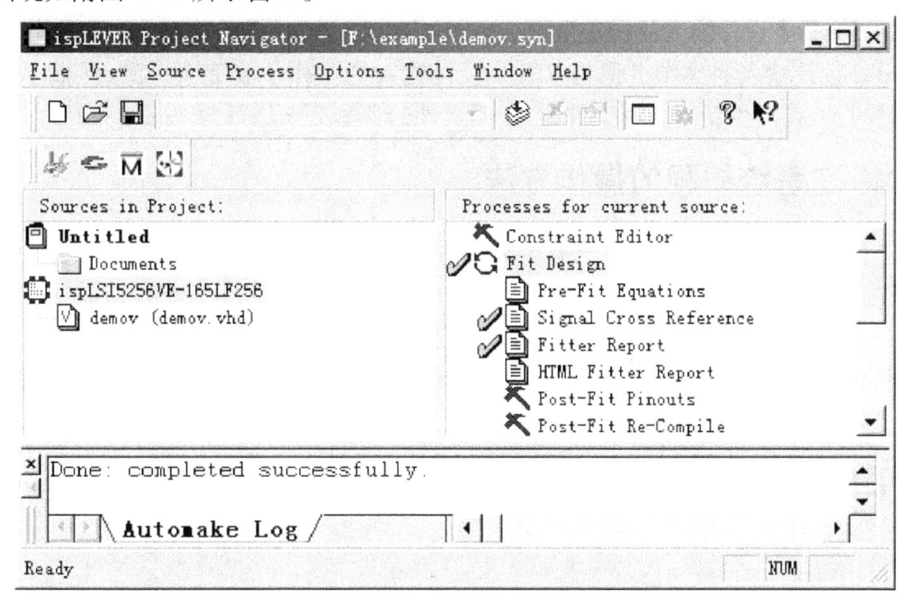


附图 4.40　编译项目

若整个编译、综合过程无错误，在一些文件前会出现绿钩。若在此过程中出错，双击上述 ispLEVER Project Navigator 窗口中 Automake Log 栏中的红色项，进行修改并存盘，然后仍然双击 Processes for current source 栏中的“Fit Design”重新编译。

（7）在通过 VHDL 综合过程后，可对设计进行功能和时序仿真。仿真过程和前面原理图仿真过程一样。仿真结果如附图 4.41 所示。

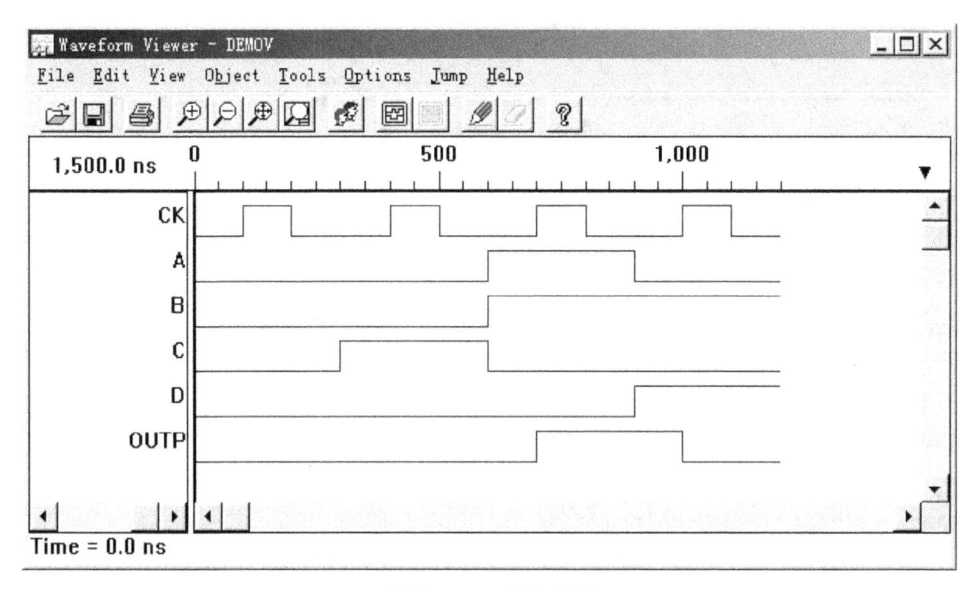


附图 4.41　仿真结果

（8）在 ispLEVER Project Navigator 主窗口中选中左侧的“ispLSI 1032E - 70LJ84”器件，

双击右侧的"Fit Design"栏,进行器件适配。该过程结束后会生成用于下载的 JEDEC 文件demov. jed。

**(二) Verilog 设计输入的操作步骤**

Verilog 设计输入的操作步骤与 VHDL 设计输入的操作步骤完全一致,在此不再赘述。需要注意的是,在产生新的工程文件时,工程文件的类型必须选择为 Verilog HDL。

## 六、在系统编程的操作方法

假定在 D 盘 demov 文件夹下已有名为 demov. vhd 的文件,则新建名为 demov 的项目,并选择器件 ispLSI1032E - 70LJ84。

在 ispEXPERT System Project Navigator 主窗口左侧单击右键,调入 demov. vhd 文件。单击源程序区中的"ispLSI1032E - 70LJ84"栏,此时的 ispEXPERT System Project Navigator 主窗口如附图 4.42 所示。按照前面所述,对 demov. vhd 文件进行编译、综合、仿真。

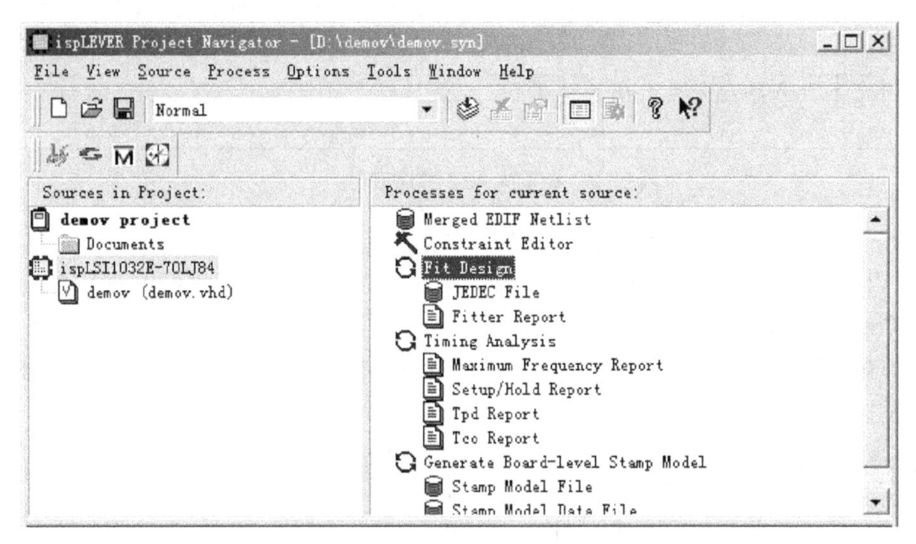


附图 4.42 项目界面

以下介绍管脚锁定和下载的方法。

(1) 在 ispEXPERT System Project Navigator 主窗口中,双击右侧的"Constraint Editor",系统弹出如附图 4.43 所示"Constraint Editor"对话框。

(2) 选择"Pin Attribute"→"Location Assignment"菜单,进行管脚锁定。

(3) 由于之前已经选定了目标芯片 ispLSI1032E - 70LJ84, Assignment 中直接列出了管脚号与对应的输入/输出类型,以便用户选择。可在未锁定管脚列表"Signals"区看到在该设计中的输入/输出信号,若希望将输入信号"CK"锁定在 ispLSI1032E - 70LJ84 的 66 号管脚,只需在 Signals 中选中"CK",在 Assignment 中选中"66 C"(C 表示该管脚为时钟信号输入端),单击"Add"按钮,如附图 4.44 所示。

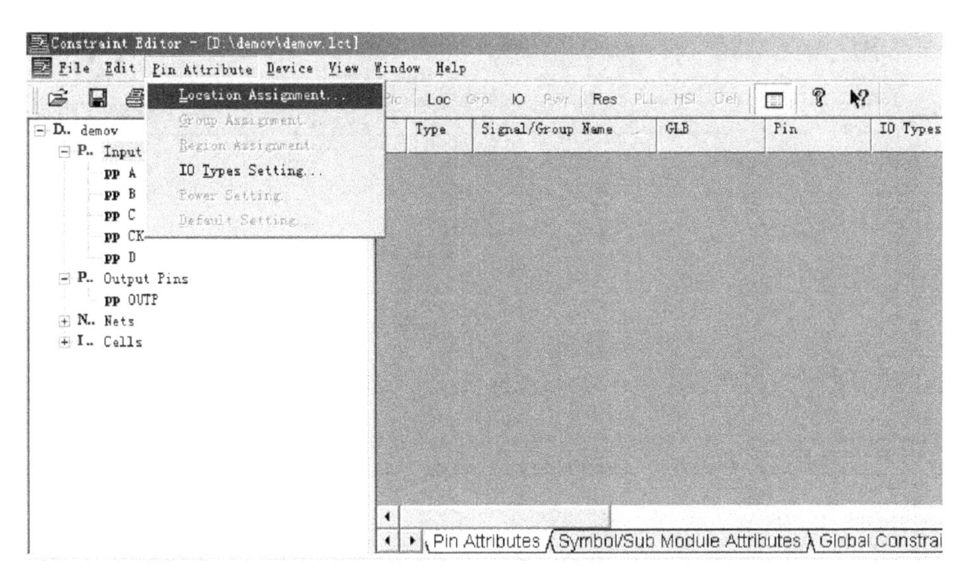


附图 4.43　Constraint Editor 界面

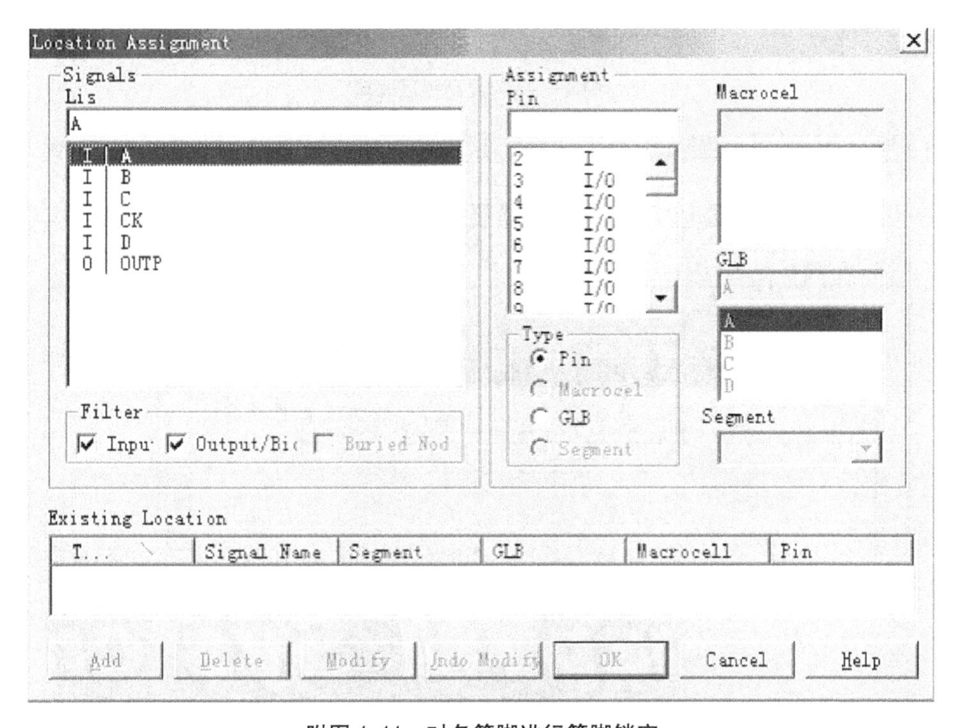


附图 4.44　对各管脚进行管脚锁定

其他可仿此法锁定:A—39,B—38,C—37,D—36,如附图 4.45 所示。

(4) 锁定管脚后,保存退出。

(5) 启动 ispVM System,如附图 4.46 所示。

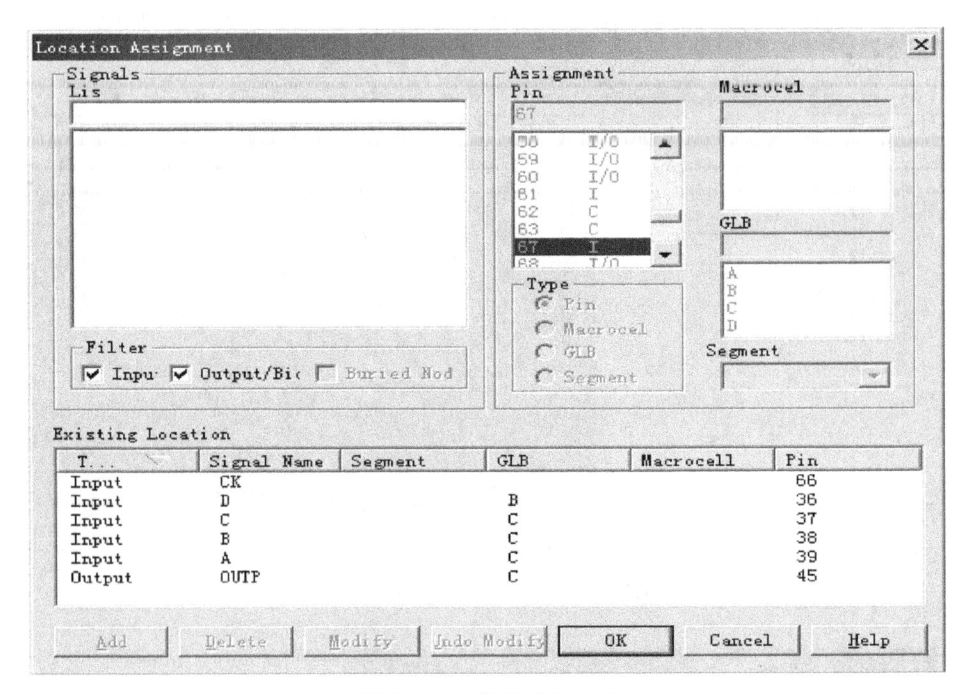


附图 4.45 管脚锁定完成

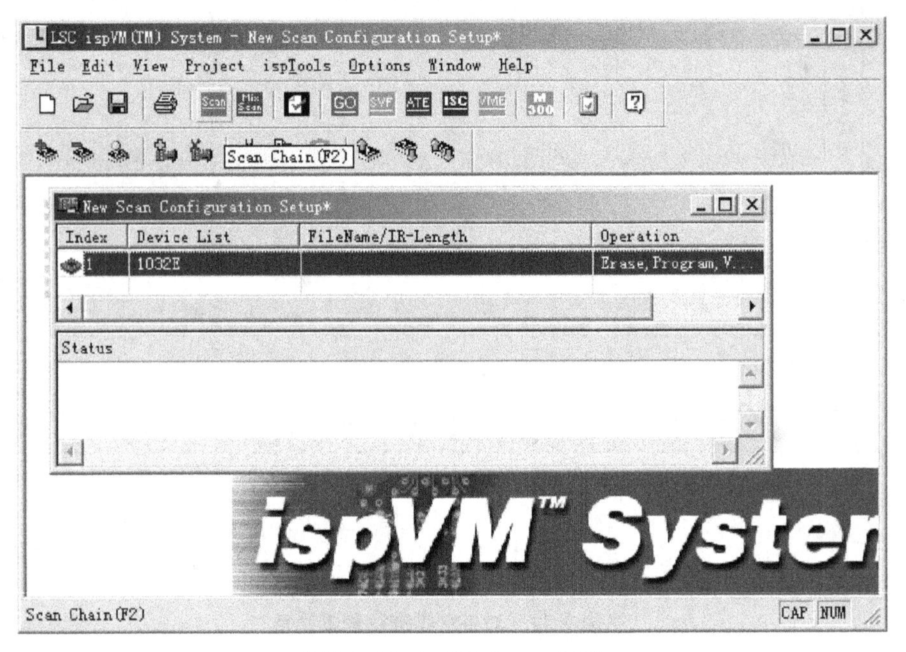


附图 4.46 ispVM System 界面

(6) 单击 Scan 扫描下载芯片。双击扫描到的 1032 芯片,打开“Device Information”对话框,单击“Browse”,选定要下载的 jed 文件,本例为 D:\demov\demov. jed,如附图 4.47 所示。

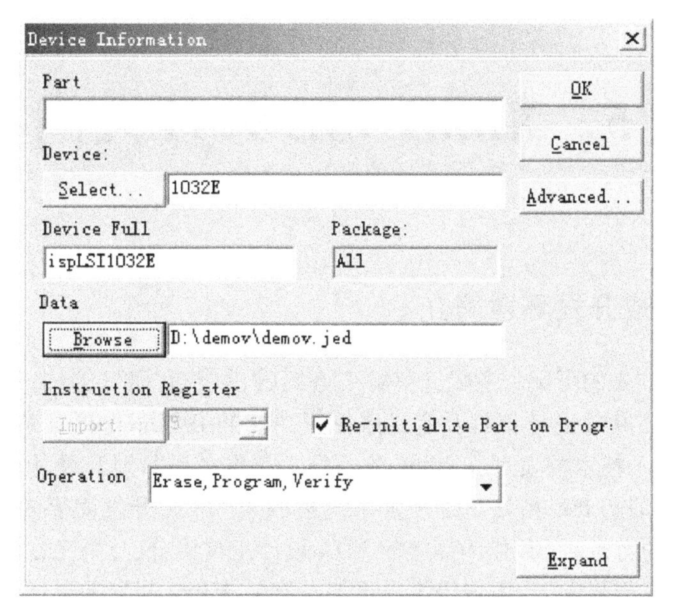


附图 4.47　选择 jed 文件

(7) 单击“OK”按钮,回到 ispVM System。

(8) 单击工具栏中的“GO”,执行下载,如附图 4.48 所示。

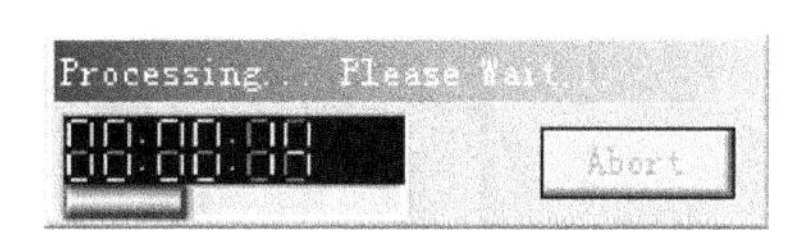


附图 4.48　下载显示

下载完成后,进程显示自动关闭。

# 附录5 Xilinx ISE 9.1i入门指导

## 一、ISE集成开发环境简介

Xilinx 是全球领先的可编程逻辑完整解决方案的供应商,研发、制造并销售应用范围广泛的高级集成电路、软件设计工具及定义系统级功能的 IP(Intellectual Property)核,长期以来一直推动着 FPGA 技术的发展。Xilinx 的开发工具也在不断地升级,由早期的 Foundation 系列逐步发展到目前的 ISE 系列。该开发系统集成了 FPGA 开发需要的所有功能,具有界面友好、操作简单的特点。ISE 作为高效的 EDA 设计工具集合,与第三方软件相结合取长补短,使软件功能越来越强大,为用户提供了更加丰富的 Xilinx 开发平台。如附图 5.1 所示为 ISE 9.1i 的主界面。

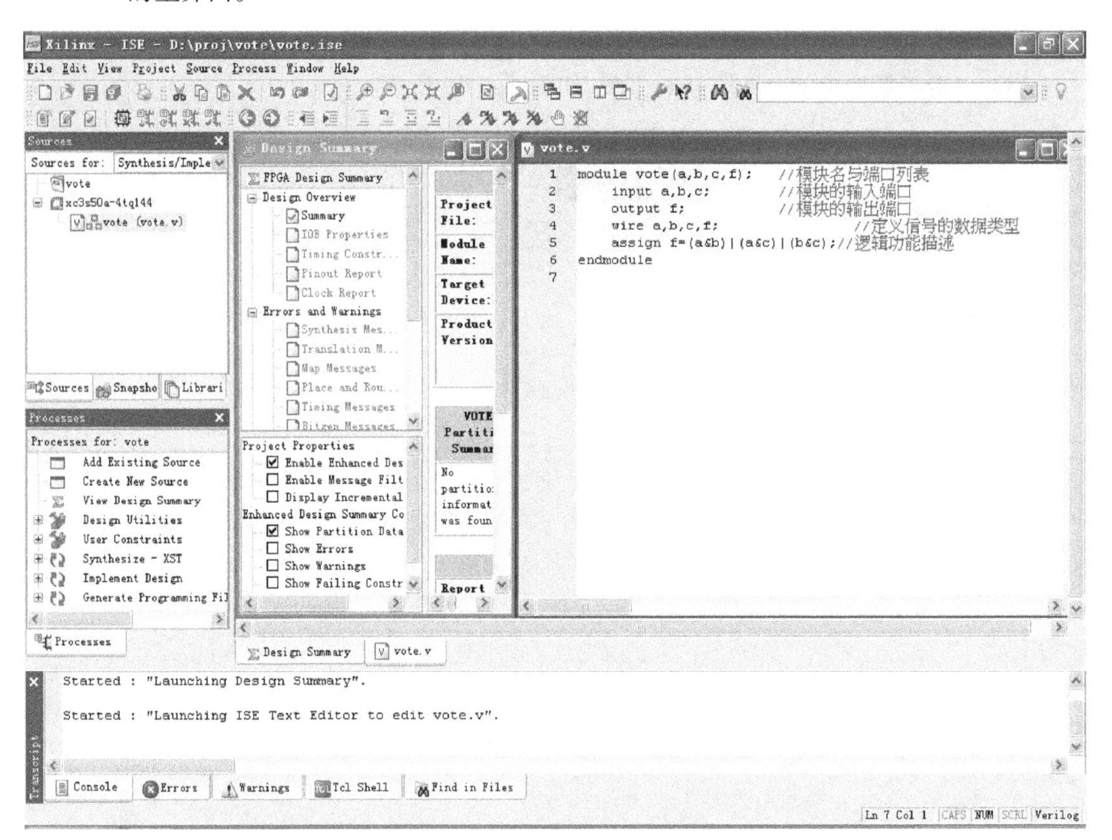


附图 5.1　ISE 9.1i 的主界面

ISE 9.1i 涵盖了 FPGA 开发的全过程,主要功能包括设计输入、综合、仿真、实现和下载;从功能上讲,其工作流程无须借助任何第三方 EDA 软件。

- 设计输入：ISE 提供的设计输入工具包括用于输入 HDL 代码的文本编辑器、用于原理图编辑的工具 ECS(The Engineering Capture System)、用于生成 IP Core 的 Core Generator、用于状态机设计的 StateCAD 及用于约束文件编辑的 Constraint Editor 等。
- 综合：ISE 的综合工具内嵌 XST，同时可调用 Mentor Graphics 公司的 LeonardoSpectrum 和 Synplicity 公司的 Synplify，实现无缝衔接。
- 仿真：ISE 提供一个具有图形化波形编辑功能的仿真工具 HDL Bencher，又可调用 Model Tech 公司的 Modelsim 进行仿真。
- 实现：包括了翻译、映射、布局布线等，还具备时序分析、管脚锁定及增量设计等高级功能。
- 下载：下载功能包括 BitGen，用于将布局布线后的设计文件转换为位流文件。iMPACT 用于设备配置和通信，控制将程序烧写到 FPGA 芯片中去。

## 二、建立项目和HDL代码输入

### 1. 新建工程

本节旨在建立一个 4 位的二进制加法器的 Verilog HDL 项目。

（1）打开 ISE，选择“File”→“New Project”命令，在弹出的新建工程对话框中的“Project Name”中输入“adder”。在“Project Location”中单击“Browse”按钮，将工程放到指定目录，如附图 5.2 所示。

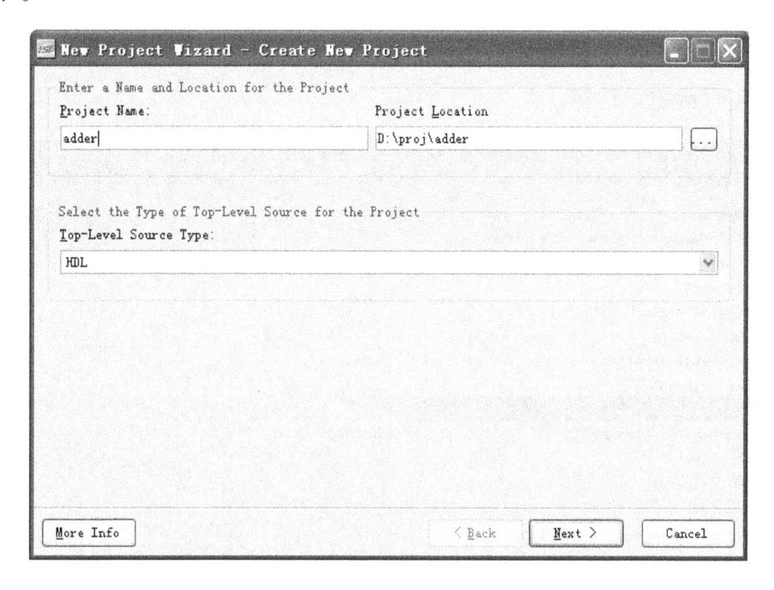


附图 5.2　利用 ISE 新建工程的示意图

（2）单击“Next”按钮进入下一页，选择所使用的芯片类型及综合、仿真工具。计算机上所安装的所有用于仿真和综合的第三方 EDA 工具都可以在下拉菜单中找到，如附图 5.3 所示。在图中，我们选用了 Spartan3A 芯片，并且指定综合工具为 XST，仿真工具选为 ISE Simulator。

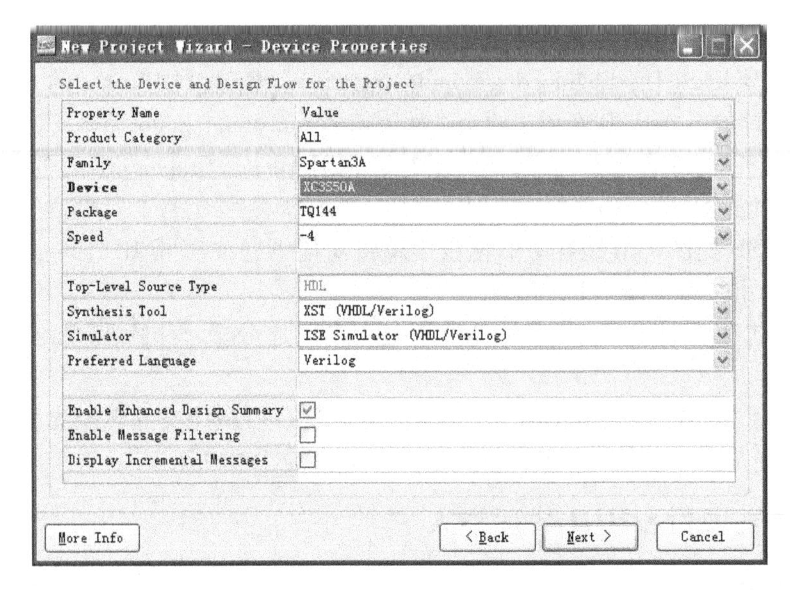


附图 5.3 新建工程器件属性配置表

(3) 单击“Next”按钮进入下一页,可以选择新建源代码文件,也可以直接跳过,进入下一页。第 4 页用于添加已有的代码,如果没有源代码,单击“Next”按钮进入最后一页,单击“OK”按钮后,就可以建立一个完整的工程。

2. 代码输入

(1) 在工程管理区任意位置单击鼠标右键,在弹出的菜单中选择“New Source”命令,会弹出如附图 5.4 所示的对话框。

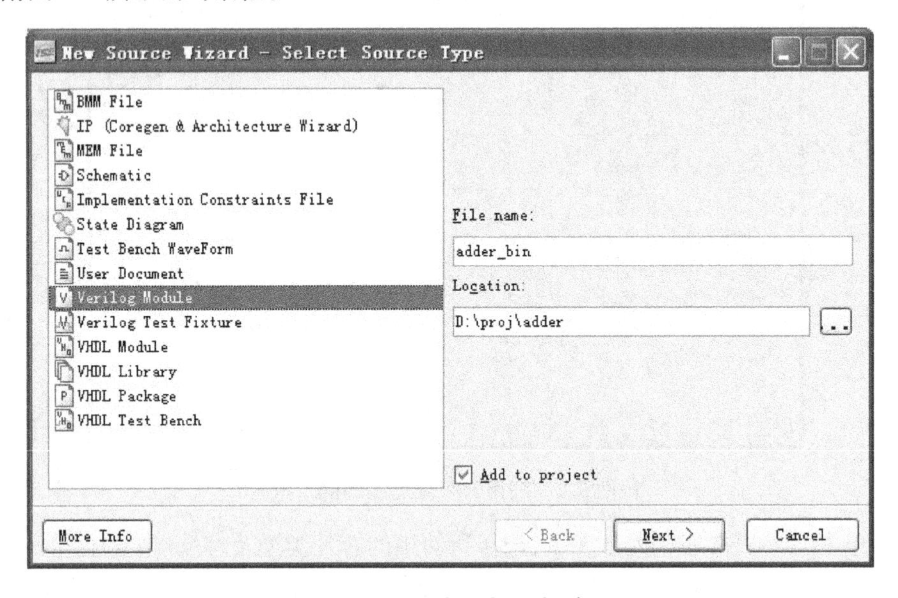


附图 5.4 新建源代码对话框

(2) 在代码类型中选择“Verilog Module”选项,在“File name”文本框中输入“adder_bin”,单击“Next”按钮进入端口定义对话框,可以定义所有输入/输出端口,进而完成所有源程序的输入。假如已经用其他编辑工具编辑了源程序,则可以选择“Add Existing Sources”,

如附图 5.5 所示。

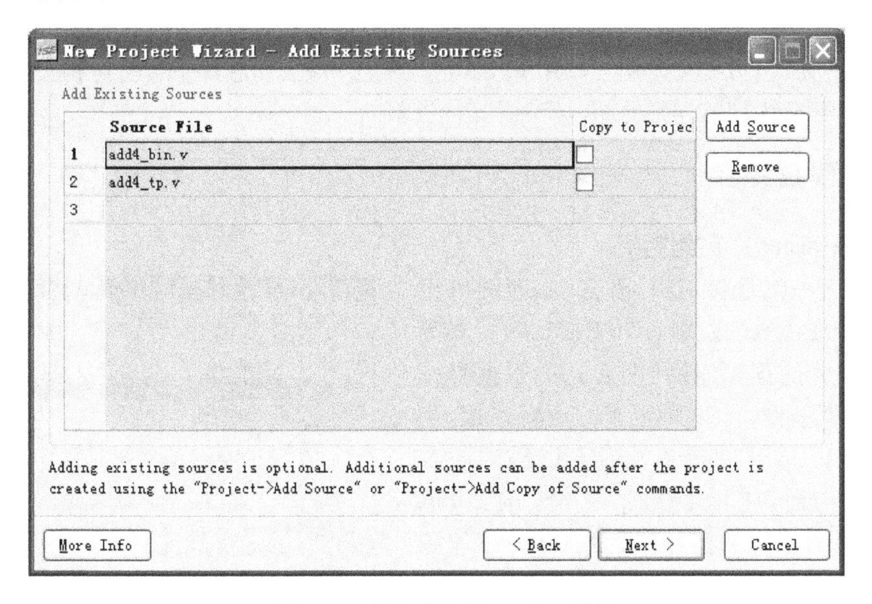


**附图 5.5　添加现存的 Verilog 模块**

整个代码如下：

```
module adder_bin(cout,sum,ina,inb,cin);
    input cin; input[3:0] ina,inb;
    output[3:0] sum; output cout;
    assign {cout,sum} = ina + inb + cin;
endmodule
```

### 3. 代码模板及 IP Core 的使用

ISE 中内嵌的语言模块包括了大量的开发实例和所有 FPGA 语法的介绍和举例，包括 Verilog HDL/HDL 的常用模块、FPGA 原语使用实例、约束文件的语法规则及各类指令、符号的说明。语言模板不仅可在设计中直接使用，还是 FPGA 开发最好的工具手册。执行 ISE 菜单中的“Edit”→“Language Templates”命令，可以打开语言模板。

IP Core 是预先设计好、经过严格测试和优化过的电路功能模块，如乘法器、FIR 滤波器、PCI 接口等，并且一般采用参数可配置的结构，方便用户根据实际情况来调用这些模块。随着 FPGA 规模的增加，使用 IP core 完成设计成为发展趋势。

IP Core 生成器(Core Generator)是 Xilinx FPGA 设计中的一个重要设计工具，提供了大量成熟的、高效的 IP Core 为用户所用，涵盖了汽车工业、基本单元、通信和网络、数字信号处理、FPGA 特点和设计、数学函数、记忆和存储单元、标准总线接口等 8 大类，从简单的基本设计模块到复杂的处理器，一应俱全。配合 Xilinx 网站的 IP 中心使用，能够大幅度减轻设计人员的工作量，提高设计可靠性。

Core Generator 最重要的配置文件的后缀是“.xco”，既可以是输出文件，又可以是输入文件，包含了当前工程的属性和 IP Core 的参数信息。

启动 Core Generator 有两种方法，一种是在 ISE 中新建 IP 类型的源文件，另一种是双击执行“开始”→“程序”→“Xilinx ISE 9.1i”→“Accessories”→“Core Generator”命令。

Xilinx 公司提供了大量的、丰富的 IP Core 资源,究其本质可以分为两类:一类是面向应用的,和芯片无关;另一类是用于调用 FPGA 底层的宏单元,和芯片型号密切相关。

有关这部分内容的详细介绍,请参看其他资料。

## 三、项目综合

### 1. 基于 Xilinx XST 的综合

所谓综合,就是将 HDL 语言、原理图等设计输入翻译成由与、或、非门和 RAM、触发器等基本逻辑单元的逻辑连接(网表),并根据目标和要求(约束条件)优化所生成的逻辑连接,生成 EDF 文件。XST 内嵌在 ISE 3 以后的版本中,并且在不断完善。此外,由于 XST 是 Xilinx 公司自己的综合工具,对于部分 Xilinx 芯片独有的结构具有更好的融合性。

在过程管理区双击 Synthesize-XST,如附图 5.6 所示,就可以完成综合,并且能够给出初步的资源消耗情况。附图 5.7 给出了模块所占用的资源。

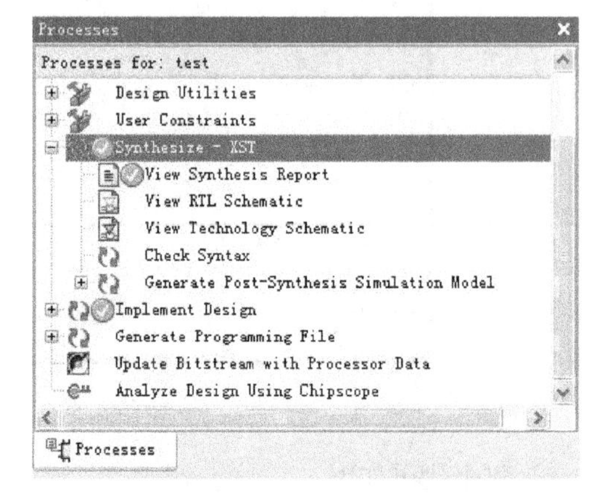


附图 5.6　电路设计综合窗口

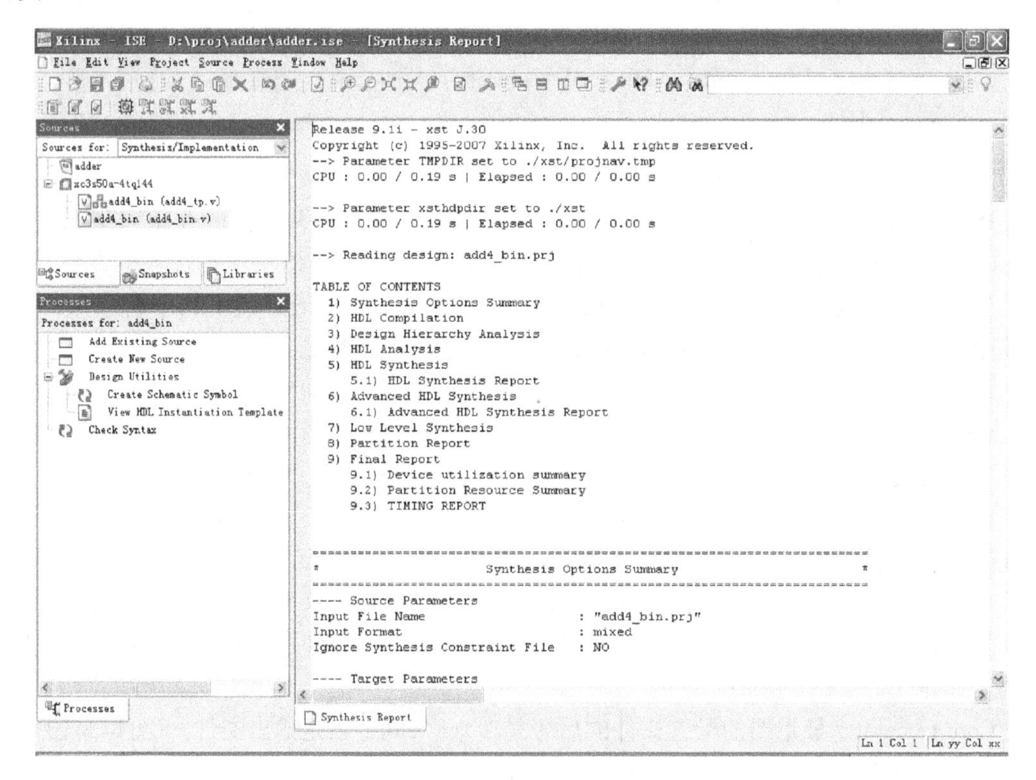


附图 5.7　综合结果报告

综合结果有 3 种可能:如果综合后完全正确,则在 Synthesize-XST 前面有一个打钩的绿色小圈圈;如果有警告,则出现一个带感叹号的黄色小圆圈;如果有错误,则出现一个带叉的红色小圈圈。综合完成之后,可以通过双击 View RTL Schematics 来查看 RTL 级结构图,或者通过 View Technology 来查看综合结构是否按照设计意图来实现电路,如附图 5.8 所示。

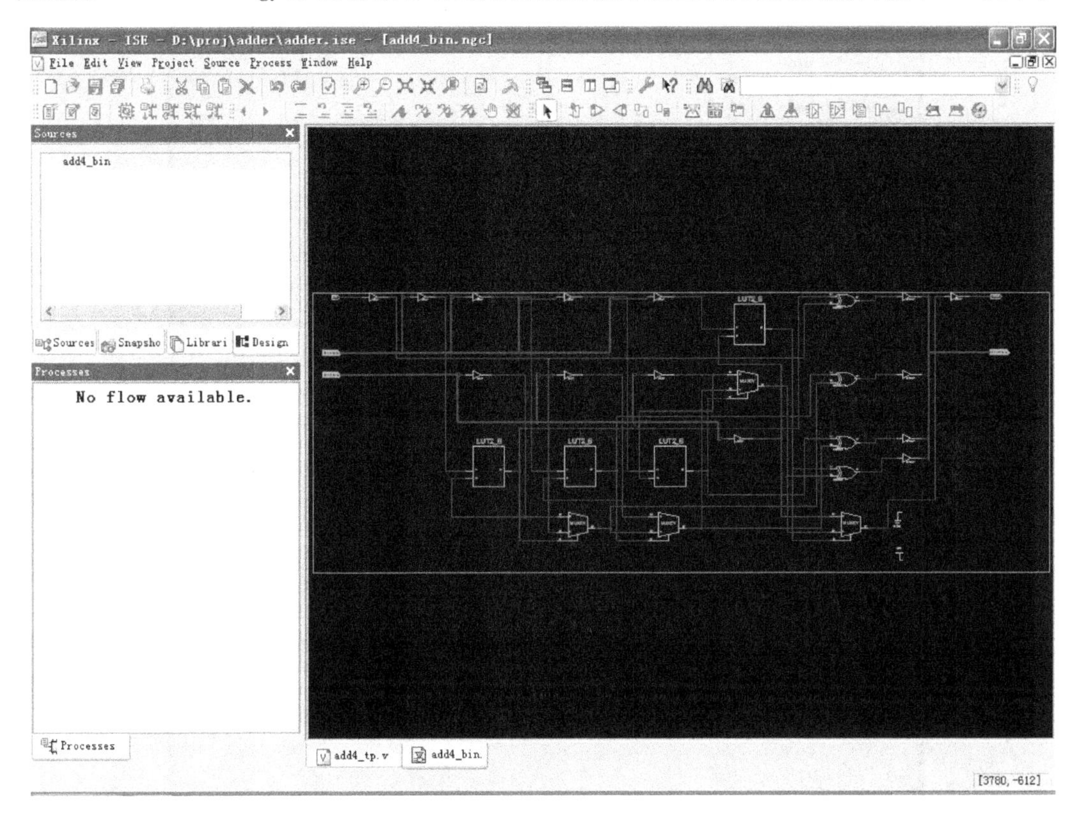


附图 5.8 经过综合后的 Technology 级 Schematic 结构图

一般在使用 XST 时,所有的属性都采用默认值。其实 XST 对不同的逻辑设计可提供丰富、灵活的属性配置。

## 四、基于ISE的仿真

在代码编写完毕后,需要借助于测试平台来验证所设计的模块是否满足要求。ISE 提供了两种测试平台的建立方法,一种是使用 HDL Bencher 的图形化波形编辑功能进行编写,另一种就是利用 HDL 语言。

### 1. 测试波形法

在 ISE 中创建 testbench 波形,可通过 HDL Bencher 修改,再将其和仿真器连接起来,验证设计功能是否正确。首先在工程管理区将“Sources for”设置为“Behavioral Simulation”,其次在任意位置单击鼠标右键,在弹出的菜单中选择“New Source”命令,最后选中“Test Bench WaveForm”类型,输入文件名为“tb_add4_bin.tbw”,如附图 5.9 所示。

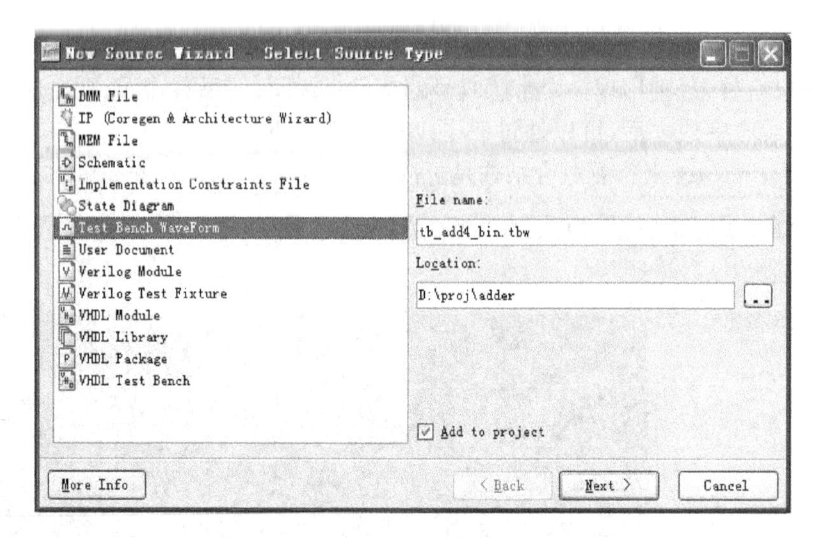


附图 5.9 新建测试向量图形输入文件

单击"Next"按钮进入下一页,这时,工程中所有 Verilog Module 的名称都会显示出来,设计人员需要选择要进行测试的模块。由于本工程只有一个模块,所以只列出了 add4_bin,如附图 5.10 所示。

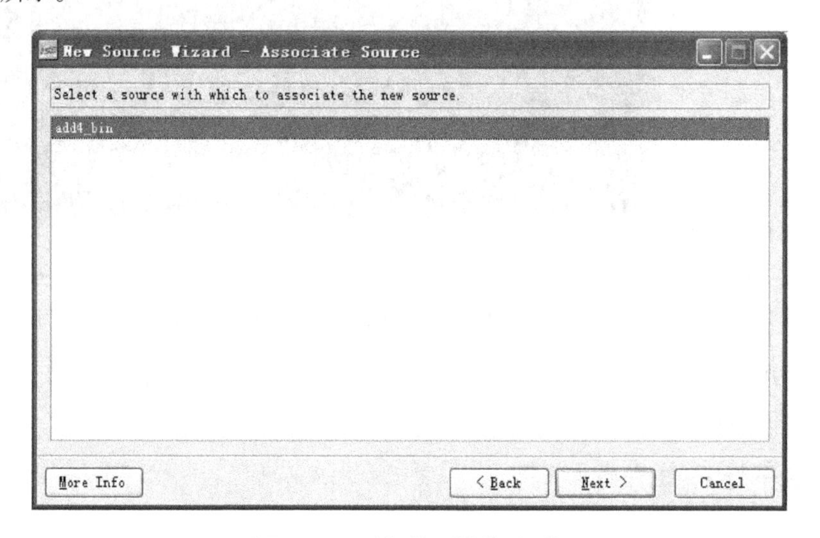


附图 5.10 选择待测模块对话框

用鼠标选中"add4_bin",单击"Next"按钮进入下一页,直接单击"Finish"按钮。此时 HDL Bencher 程序自动启动,等待用户输入所需的时序要求,如附图 5.11 所示。

时钟高电平时间(Clock High Time)和时钟低电平时间(Clock Low Time)一起定义了设计操作必须达到的时钟周期,输入建立时间(Input Setup Time)定义了输入在什么时候必须有效,输出有效延时(Output Valid Delay)定义了有效时钟延时到达后多久必须输出有效数据。默认的初始化时间设置如附图 5.11 所示。由于本例是组合电路,所以时钟不必输入,只要在 Clock Information 中选择第三项就可以了。

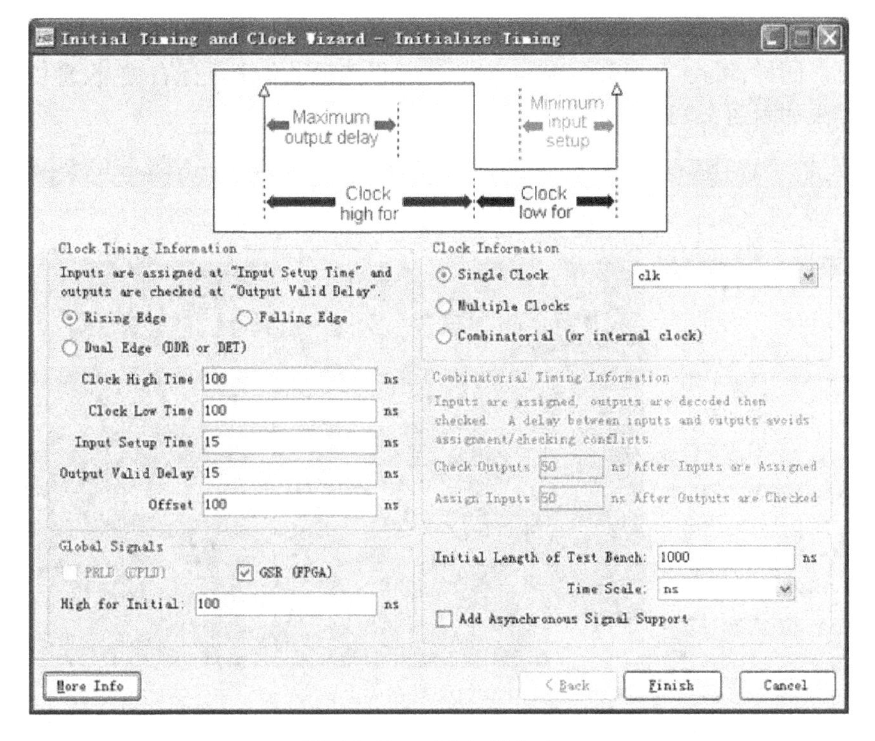


附图 5.11　时序初始化窗口

输入激励信号方法为:选中信号,在其波形上单击,从该单击所在位置开始,到往后所有的时间单元内该信号电平反相。测试矢量波形显示如附图 5.12 所示。

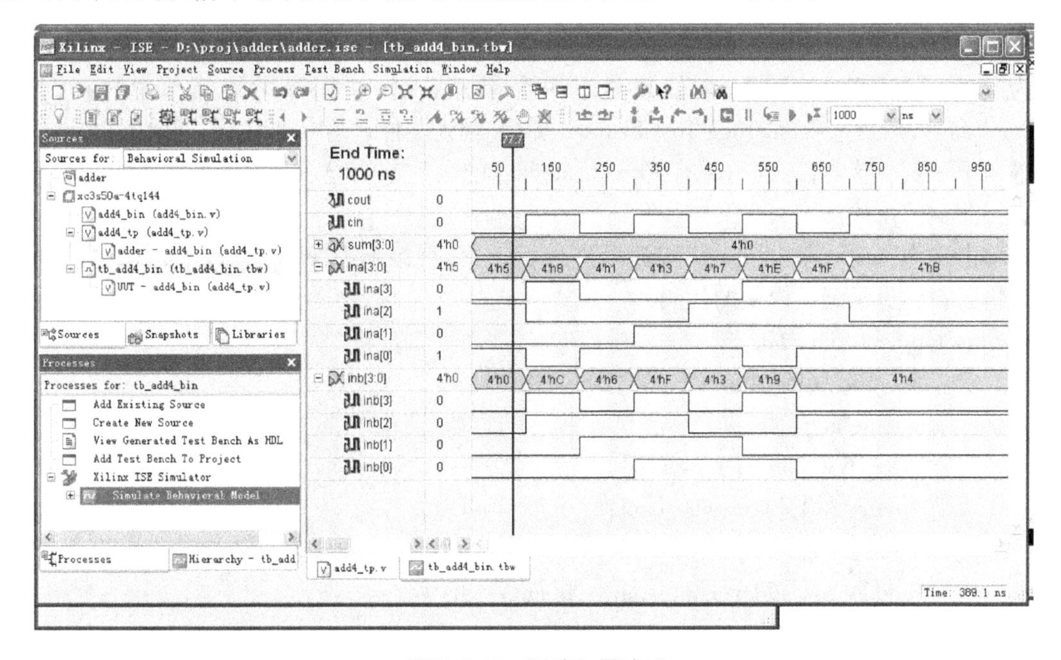


附图 5.12　测试矢量波形

将 testbench 文件存盘,则 ISE 会自动将其加入到仿真的分层结构中,在代码管理区会列出刚生成的测试文件 tb_add4_bin. tbw。

选中 tb_add4_bin. tbw 文件,然后双击过程管理区的“Simulate Behavioral Model”,即可完成功能仿真。同样,可在“Simulate Behavioral Model”选项上单击鼠标右键,设置仿真时间等。功能仿真结果如附图 5.13 所示。

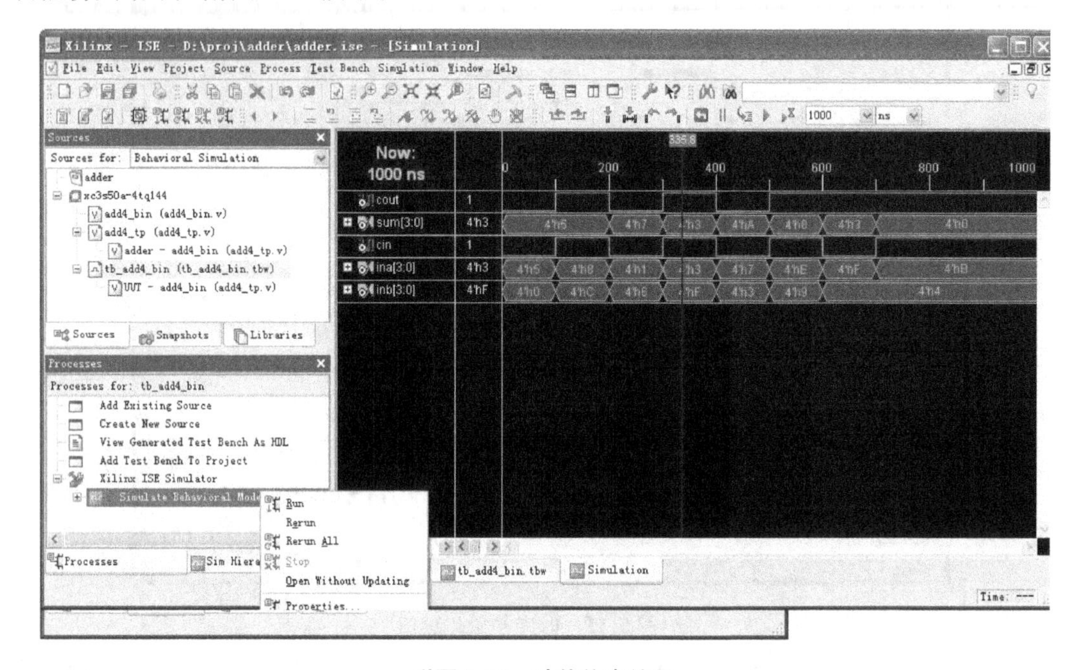


附图 5.13 功能仿真结果

2. 测试代码法

下面介绍基于 Verilog 语言建立测试平台的方法。首先在工程管理区将“Sources for”设置为“Behavioral Simulation”,在任意位置单击鼠标右键,并在弹出的菜单中选择“New Source”命令,然后选中“Verilog Test Fixture”类型,输入文件名为“add4_tp”,再单击“Next”按钮进入下一页。这时,工程中所有 Verilog Module 的名称都会显示出来,设计人员需要选择要进行测试的模块。

单击选中“test”,单击“Next”按钮后进入下一页,直接单击“Finish”按钮,ISE 会在源代码编辑区自动显示测试模块的代码:

```
'timescale 1ns/1ns
  'include "add4_bin.v"
  module add4_tp;
    reg[3:0] a,b; reg cin;
    wire[3:0] sum;wire cout;
    integer i,j;
    add4_bin adder(cout,sum,a,b,cin);
    always #5 cin = ~cin;
    initial
      begin
      a =0;b =0;cin =0;
```

```
    for(i = 1;i < 16;i = i + 1)
    # 10 a = i;
    end
  initial
    begin
    for(j = 1;j < 16;j = j + 1)
    # 10 b = j;
    end
  initial
    begin
     $monitor( $time,,,"%d + %d + %b = {%b,%d}",a,b,cin,cout,sum);
    # 160  $finish;
    end
Endmodule
```

完成测试平台后。在工程管理区将“Sources for”选项设置为“Behavioral Simulation”,这时在过程管理区会显示与仿真有关的进程,如附图 5.14 所示。

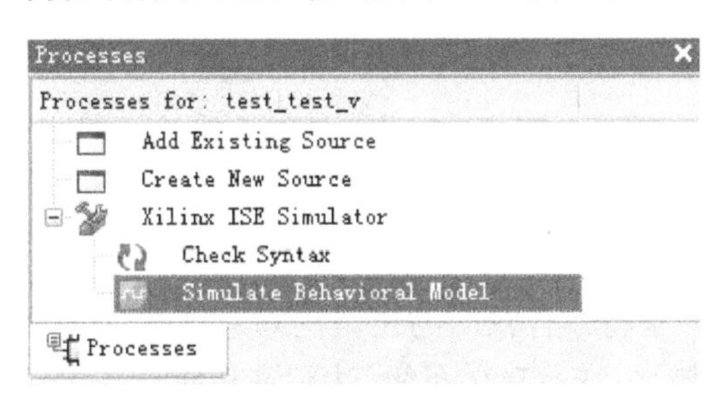


**附图 5.14　选择待测模块对话框**

选中附图 5.14 中“Xilinx ISE Simulator”下的“Simulate Behavioral Model”项,单击鼠标右键,选择弹出菜单的“Properties”项,会弹出如附图 5.15 所示的属性设置对话框,最后一行的“Simulation Run Time”就是仿真时间的设置,可将其修改为任意时长,本例采用默认值。

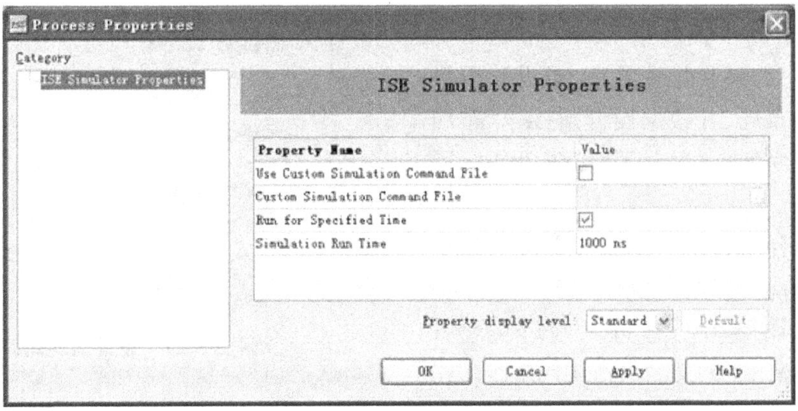

**附图 5.15　仿真过程示意图**

仿真参数设置完后，就可以进行仿真了，直接双击 ISE Simulator 软件中的 Simulate Behavioral Model，则 ISE 会自动启动 ISE Simulator 软件，并得到如附图 5.16 所示的仿真结果，从中可以看到设计达到了预计目标。

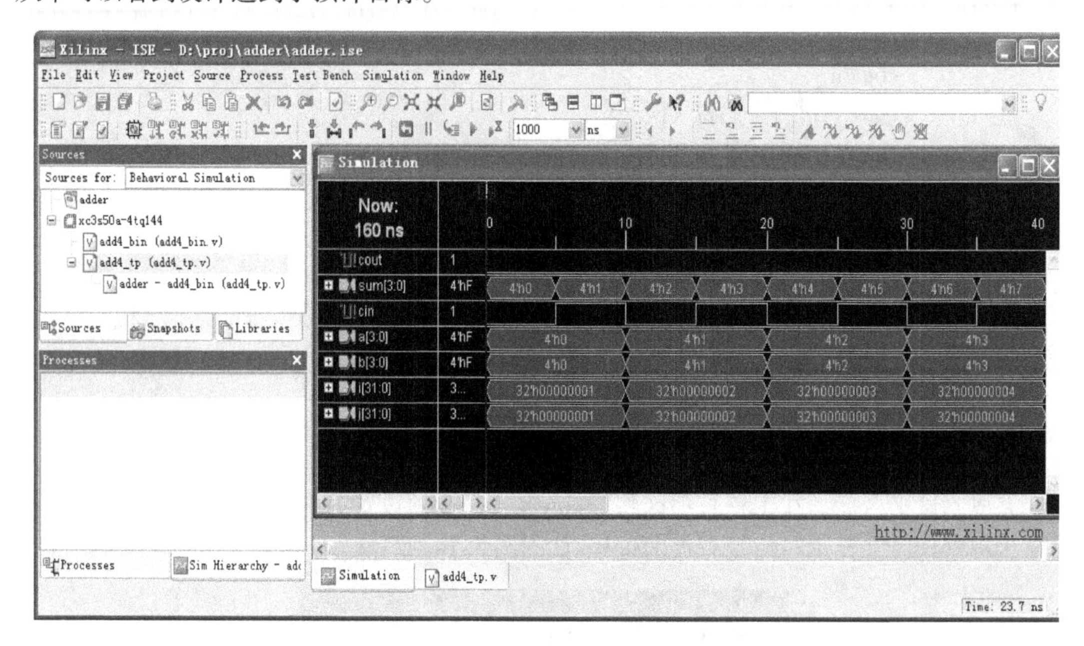

附图 5.16　add4_tp 模块的仿真结果

## 五、基于ISE的实现

所谓实现（Implement）是将综合输出的逻辑网表翻译成所选器件的底层模块与硬件原语，将设计映射到器件结构上，进行布局布线，达到在选定器件上实现设计的目的。实现主要分为 3 个步骤：翻译（Translate）逻辑网表，映射（Map）到器件单元与布局布线（Place & Route）。翻译的主要作用是将综合输出的逻辑网表翻译为 Xilinx 特定器件的底层结构和硬件原语。映射的主要作用是将设计映射到具体型号的器件上（LUT、FF、Carry 等）。布局布线步骤调用 Xilinx 布局布线器，根据用户约束和物理约束，对设计模块进行实际的布局，并根据设计连接，对布局后的模块进行布线，产生 FPGA/CPLD 配置文件。

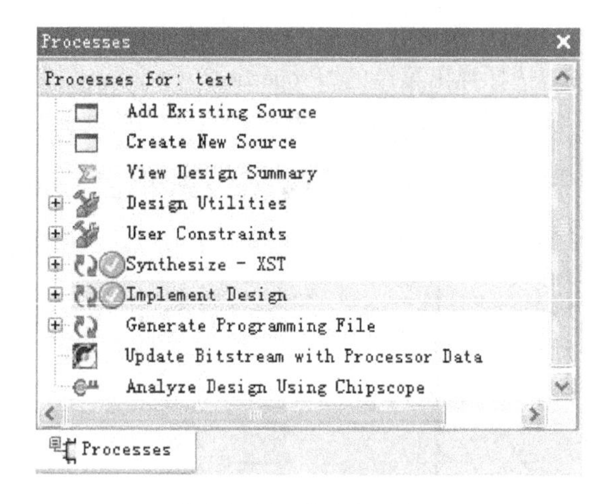

附图 5.17　设计实现窗口

经过综合后，在过程管理区双击“Implement Design”选项，就可以完成实现（Implement），如附图 5.17 所示。经过实现后能够得到精确的资源占用情况，如附图 5.18 所示。

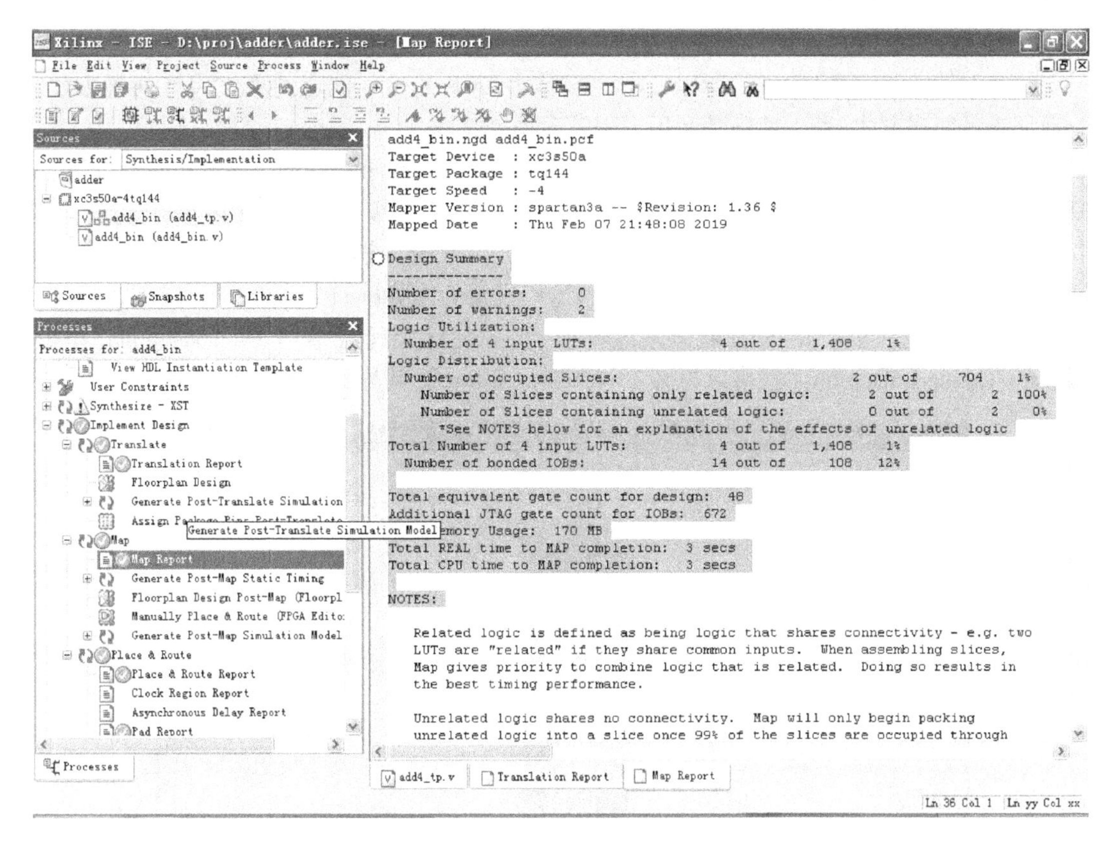


**附图 5.18　实现后的资源统计结果**

### 4. 实现属性设置

一般在综合时，所有的属性都采用默认值。实际上 ISE 提供了丰富的实现属性设置。打开 ISE 中的设计工程，在过程管理区选中“Implement Design”并单击右键，可以进行属性设置，包括翻译、映射、布局布线及后仿时序参数等。

## 六、约束文件的编写

### 1. 约束文件的概念

FPGA 设计中的约束文件有三类：用户设计文件(.UCF 文件)、网表约束文件(.NCF 文件)及物理约束文件(.PCF 文件)，可以完成时序约束、管脚约束及区域约束。三类约束文件的关系为：用户在设计输入阶段编写 UCF 文件，然后 UCF 文件和设计综合后生成 NCF 文件，最后再经过实现后生成 PCF 文件。本节主要介绍 UCF 文件的使用方法。

UCF 文件是 ASCII 码文件，描述了逻辑设计的约束，可以用文本编辑器和 Xilinx 约束文件编辑器进行编辑。NCF 约束文件的语法和 UCF 文件相同，两者的区别在于：UCF 文件由用户输入，NCF 文件由综合工具自动生成，当二者发生冲突时，以 UCF 文件为准，这是因为 UCF 的优先级最高。PCF 文件可以分为两个部分：一部分是映射产生的物理约束，另一部分是用户输入的约束，同样用户约束输入的优先级最高。一般情况下，用户约束都应在 UCF 文件中完成，不建议直接修改 NCF 文件和 PCF 文件。

2. 创建约束文件

约束文件的后缀是“.ucf”,所以一般也被称为UCF文件。创建约束文件有两种方法。一种是通过新建方式,另一种则是利用过程管理器来完成。

第一种方法:新建一个源文件,在代码类型中选取“Implementation Constraints File”,在“File Name”中输入“add4_ucf”。单击“Next”按钮进入模块选择对话框,选择模块“one2two”,然后单击“Next”按钮进入下一页,再单击“Finish”按钮完成约束文件的创建。

第二种方法:在工程管理区中,将“Source for”设置为“Synthesis/Implementation”。“Constraints Editor”是一个专用的约束文件编辑器,双击过程管理区中“User Constraints”下的“Create Timing Constraints”就可以打开“Constraints Editor”,其界面如附图5.19所示:

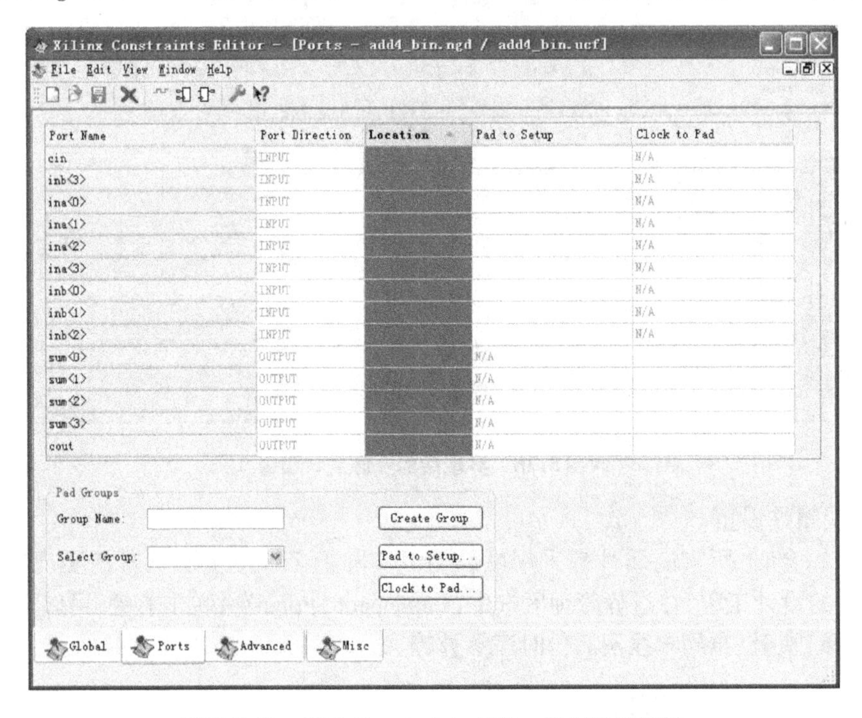


**附图5.19 启动 Constraints Editor 引脚约束编辑**

在“Ports”选项卡中可以看到,所有的端口都已经罗列出来了,如果要修改端口和FPGA管脚的对应关系,只需要在每个端口的“Location”列中填入管脚的编号即可。例如,在UCF文件中描述管脚分配的语法为

NET “端口名称” LOC =引脚编号;

需要注意的是,UCF文件是大小写敏感的,端口名称必须和源代码中的名字一致,且端口名字不能和关键字一样。但是关键字NET是不区分大小写的。

3. 编辑约束文件

在工程管理区中,将“Source for”设置为“Synthesis/Implementation”,然后双击过程管理区中“User Constraints”下的“Edit Constraints (Text)”就可以打开约束文件编辑器,如附图5.20所示,即可新建当前工程的约束文件。

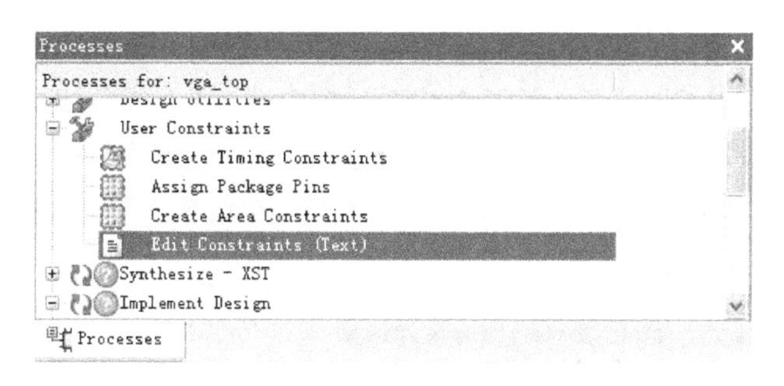


附图 5.20　用户约束管理窗口

### 4. 使用 PACE 完成管脚约束

ISE 中内嵌了图形化的引脚和区域约束编辑器 PACE(Pinout and Area Constraints Editor)可以将设计管脚映射到器件中,并对逻辑区块进行平面布置,方便地完成管脚约束和区域约束。在 PACE 中,可将管脚拖放到器件的显示图形上,通过容易识别的彩色编码将管脚进行逻辑分组,定义 I/O 标准和库,分配和放置微分 I/O 等。和使用约束文件相比,在中、大规模 FPGA 的开发中,能大大简化管脚约束流程。

通过检查定义的 HDL 层级和核对逻辑区块与预计的门尺寸的关系,PACE 可以实现区块映射,使区块定义变得快速、准确和容易。在 HDL 编码开始之前,就可以使用 PACE 分配管脚,然后写 HDL 开始模板,供编辑。可以通过标准 CSV 文件,将管脚信息导出或导入到 PCB 布局编辑器中,这大大简化了设计计划的编制。

PACE 的启动方法有两种:一种是单独启动 PACE,直接执行"开始"→"程序"→"Xilinx ISE 9.1i"→"Accessories"→"PACE"命令即可启动;另一种是在工程经过布局布线后,在过程管理区执行"User Constraints"→"Assign Package Pins"命令来打开 PACE,并自动加载当前工程。需要注意的是,在启动 PACE 之前,要确保相应的设计中存在 UCF 文件,否则会提示错误。这是因为,通过 PACE 完成的操作,最终依然要写入相应的 UCF 文件中。

在 PACE 中有两种方法可完成管脚分配,一种方法是直接将设计浏览区中"I/O Pins"目录下的信号或总线直接拖到芯片管脚封装试图区中;另一种方法是在设计信号列表区中,选中相应的信号,直接在"LOC"列所对应的表格中输入位置。分配完毕后,单击工具栏中的"保存"按钮即可。

## 七、基于ISE的硬件编程

本节简要介绍 ISE 软件中的硬件编程流程。生成二进制编程文件并下载到芯片中,也就是所谓的硬件编程和下载,是 FPGA 设计的最后一步。生成编程文件在 ISE 中的操作非常简单,如附图 5.21 所示,在过程管理区中双击"Generate Programming File"选项即可完成,完成后则该选项前面会出现一个打钩的圆圈。生成的编程文件放在 ISE 工程目录下,是一个扩展名为".bit"的位流文件。

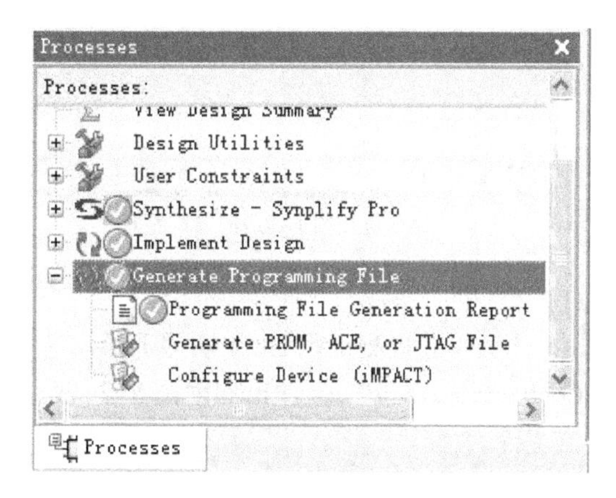


附图 5.21　生成编程文件的窗口

双击过程管理区的“Generate Programming File”选项下面的“Configure Device(iMPACT)”项,然后在弹出的“Configure Device”对话框中选取合适的下载方式,ISE 会自动连接 FPGA 设备。成功检测到设备后,会出现如附图 5.22 所示的 iMPACT 的主界面。

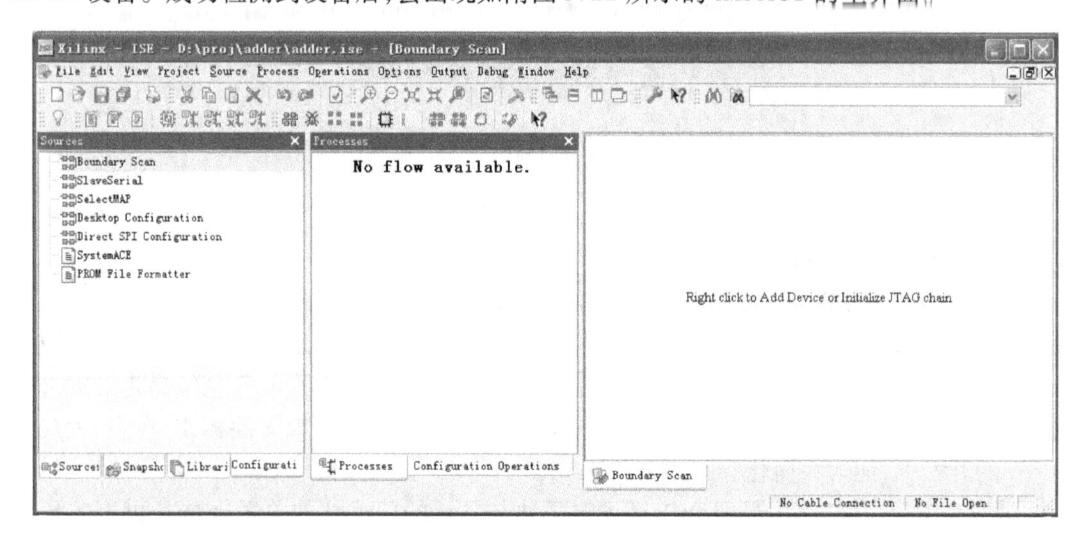


附图 5.22 iMPACT 主界面

在主界面的中间区域内单击鼠标右键,并选择菜单的“Initialize Chain”选项,如果 FPGA 配置电路 JTAG 测试正确,则会将 JTAG 链上扫描到的所有芯片在 iMPACT 主界面上列出来,如附图 5.23(a)所示;如果 JTAG 链检测失败,其弹出的对话框如附图 5.23(b)所示。

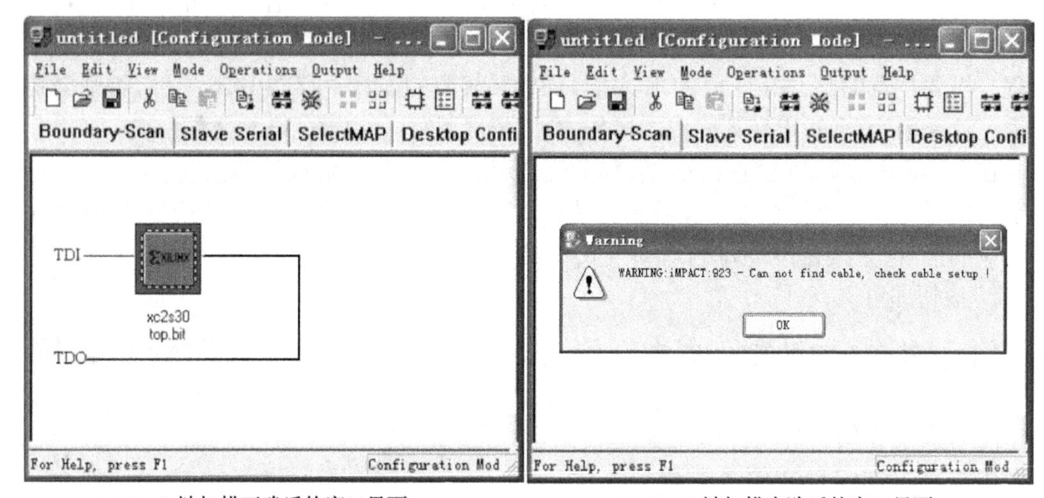


(a) JTAG 链扫描正确后的窗口界面　　(b) JTAG 链扫描失败后的窗口界面

附图 5.23 JTAG 链扫描结果示意图

JTAG 链检测正确后,在期望 FPGA 芯片上点击右键,在弹出的菜单中选择“Assign New Configuration File”,会弹出如附图 5.24 所示的窗口,让用户选择后缀为“. bit”的二进制比特流文件。

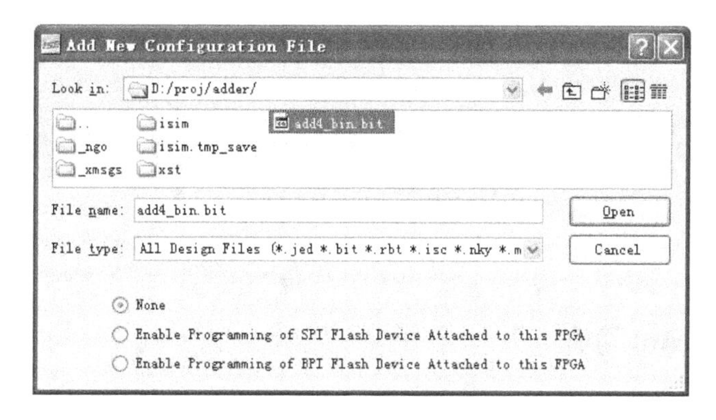


附图 5.24　选择位流文件

选中下载文件后，单击“Open”按钮，在 iMPACT 的主界面会出现一个芯片模型及位流文件的标志，在此标志上单击鼠标右键，在弹出的对话框中选择“Program”选项，就可以对 FPGA 设备进行编程，如附图 5.25 所示。配置成功后，弹出界面，如附图 5.26 所示。

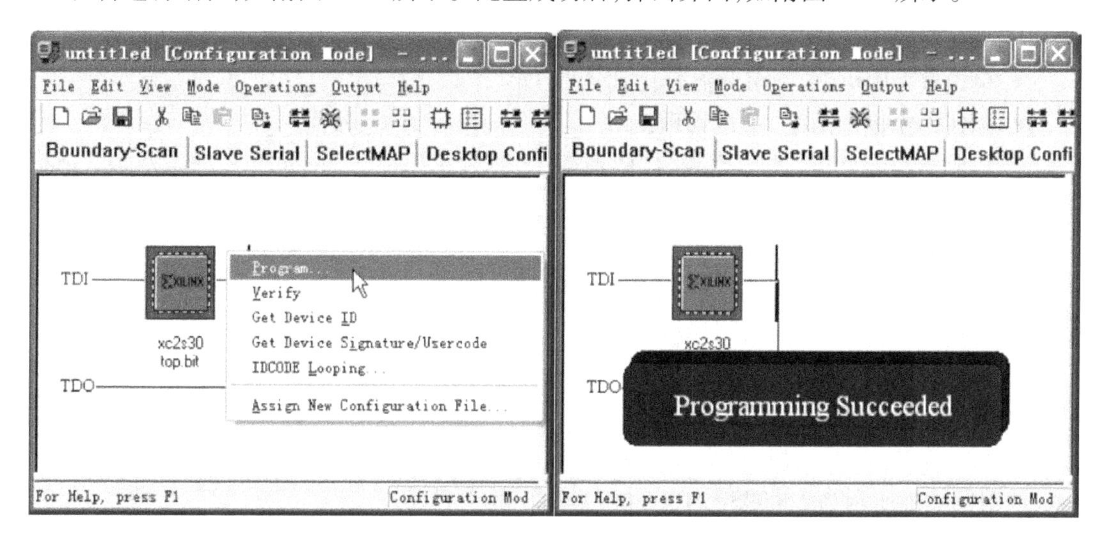


附图 5.25　对 FPGA 设备进行编程示意图　　附图 5.26　FPGA 配置成功指示界面

至此，就完成了一个完整的 FPGA 设计流程。当然，ISE 的功能十分强大，以上介绍的只是其中最基本的操作，更多的内容和操作需要读者通过阅读 ISE 在线帮助来了解，在大量的实际操作中来熟悉。

# 附录 6 ModelSim 入门指导

## 一、ModelSim简介

Mentor 公司的 ModelSim 是业界最优秀的一款 HDL 语言仿真软件,它能提供友好的仿真环境,是业界唯一的单内核支持 VHDL 和 Verilog 混合仿真的仿真器。它采用直接优化的编译技术、Tcl/Tk 技术和单一内核仿真技术,编译仿真速度快,编译的代码与平台无关,便于保护 IP 核,个性化的图形界面和用户接口,为用户加快调错提供强有力的手段,是 FPGA/ASIC 设计的首选仿真软件。其主要特点有:

- RTL 和门级优化,本地编译结构,编译仿真速度快,跨平台跨版本仿真;
- 单内核 VHDL 和 Verilog 混合仿真;
- 源代码模板和助手,项目管理;
- 集成了性能分析、波形比较、代码覆盖、数据流 ChaseX、Signal Spy、虚拟对象 Virtual Object、Memory 窗口、Assertion 窗口、源码窗口显示信号值、信号条件断点等众多调试功能;
- C 和 Tcl/Tk 接口,C 调试;
- 对 SystemC 的直接支持,和 HDL 任意混合;
- 支持 SystemVerilog 的设计功能;
- 对系统级描述语言的全面支持,SystemVerilog,SystemC,PSL;
- ASIC Sign off;
- 可以单独或同时进行行为(behavioral)、RTL 级和门级(gate-level)的代码。

如附图 6.1 所示为 ModelSim 10.1a 版本运行的主界面。

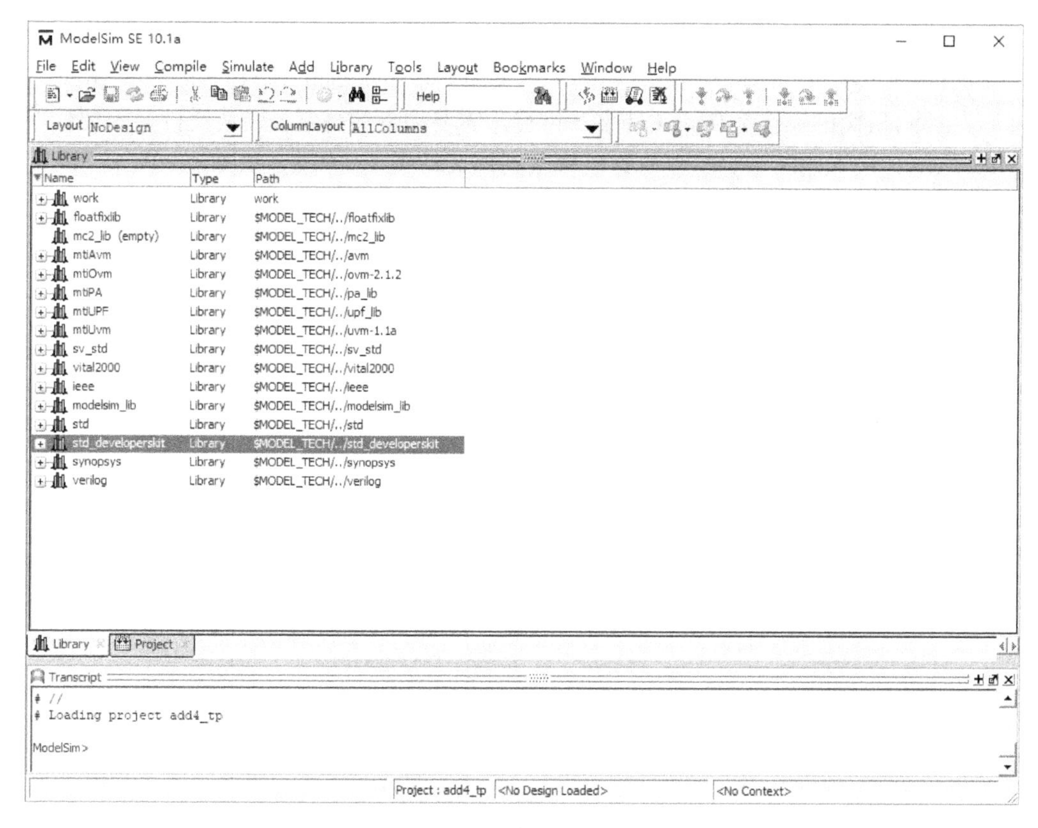


**附图6.1 ModelSim SE 10.1a版本运行的主界面**

## 二、ModelSim仿真方法

### （一）ModelSim仿真的分类

ModelSim的仿真分为前仿真和后仿真，下面先介绍一下两者的区别。

#### 1. 前仿真

前仿真也称为功能仿真，主旨在于验证电路的功能是否符合设计要求，其特点是不考虑电路门延迟与线延迟，主要是验证电路与理想情况是否一致。

#### 2. 后仿真

后仿真也称为时序仿真或者布局布线后仿真，是指电路已经映射到特定的工艺环境以后，综合考虑电路的路径延迟与门延迟的影响，验证电路能否在一定时序条件下满足设计构想的过程，是否存在时序违规，能较好地反映芯片的实际工作情况，确保设计的可靠性和稳定性。

为方便起见，本节只介绍前仿真的简单流程，对于后仿真，请参看其他相关书籍。

### （二）ModelSim仿真的基本步骤

ModelSim的仿真主要有以下几个步骤：

（1）建立库并映射库到物理目录；

（2）编译源代码（包括Testbench）；

（3）执行仿真。

1. 建立库

在执行一个仿真前先建立一个单独的文件夹,启动 ModelSim,执行“File” -> “New” -> “Folder”命令,后面的操作都在此文件夹下进行。需要注意的是路径名或文件名不要使用汉字,ModelSim 无法识别汉字。将当前路径修改到该文件夹下,修改方法如下:单击“File” -> “Change Directory”命令,选择刚刚新建的文件夹,如附图 6.2 所示。

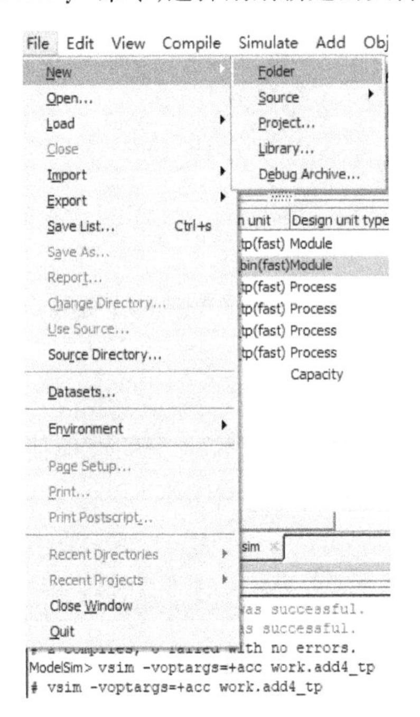


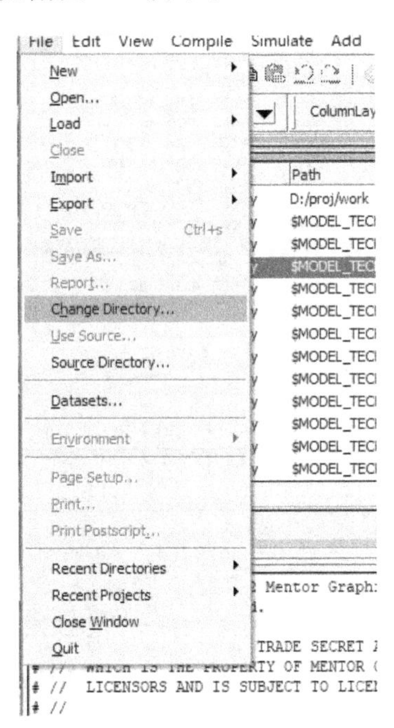


附图 6.2 新建文件夹

仿真库是存储已编译设计单元的目录,ModelSim 中有两类仿真库:一种是工作库,默认的库名为 work;另一种是资源库。work 库下包含当前工程下所有已经编译过的文件。

建立仿真库的方法有两种:一种是在用户界面模式下,执行“File” -> “New” -> “Library”命令,选中“a new library and a logical mapping to it”单选按钮,在“Library Name”内输入要创建库的名称 work,然后单击“OK”按钮,即可生成一个已经映射的新库;另一种方法是在 Transcript 窗口中输入以下命令:

```
vlib work
vmap work
```

为方便起见,本节中采用项目管理的方法来处理,这样有些操作能自动完成。如附图 6.3所示,在 d:\proj 目录中,建立 adder 项目。在项目管理器中,可以新建 Verilog 源程序,也可以添加利用其他编辑工具已经建立好的源程序,如附图 6.4、附图 6.5 所示。在建立源程序时,可以利用源程序模板来快速建立、编辑各类源程序,包括建立测试向量文件 Testbench。

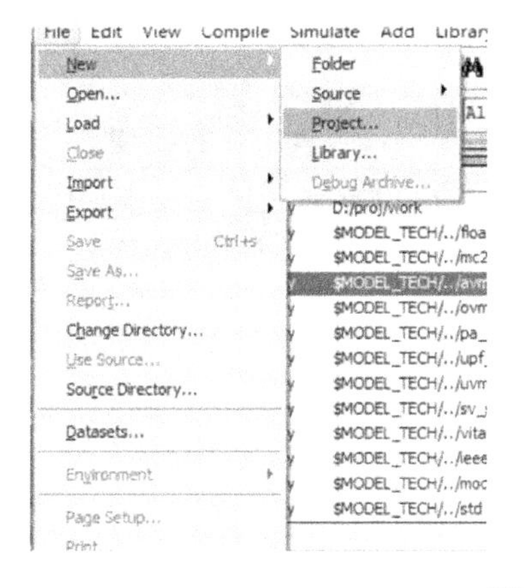


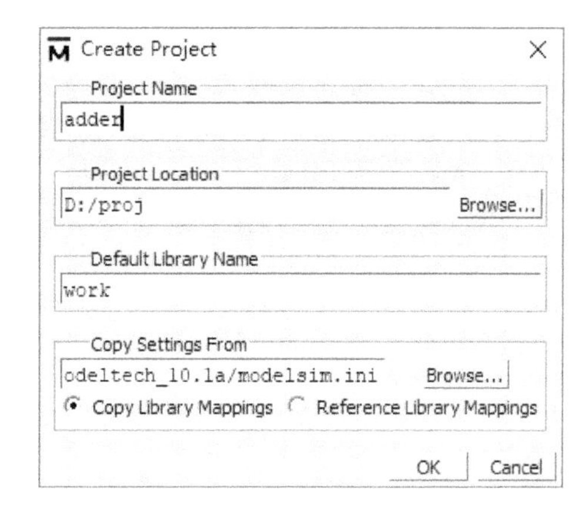


附图 6.3　建立项目

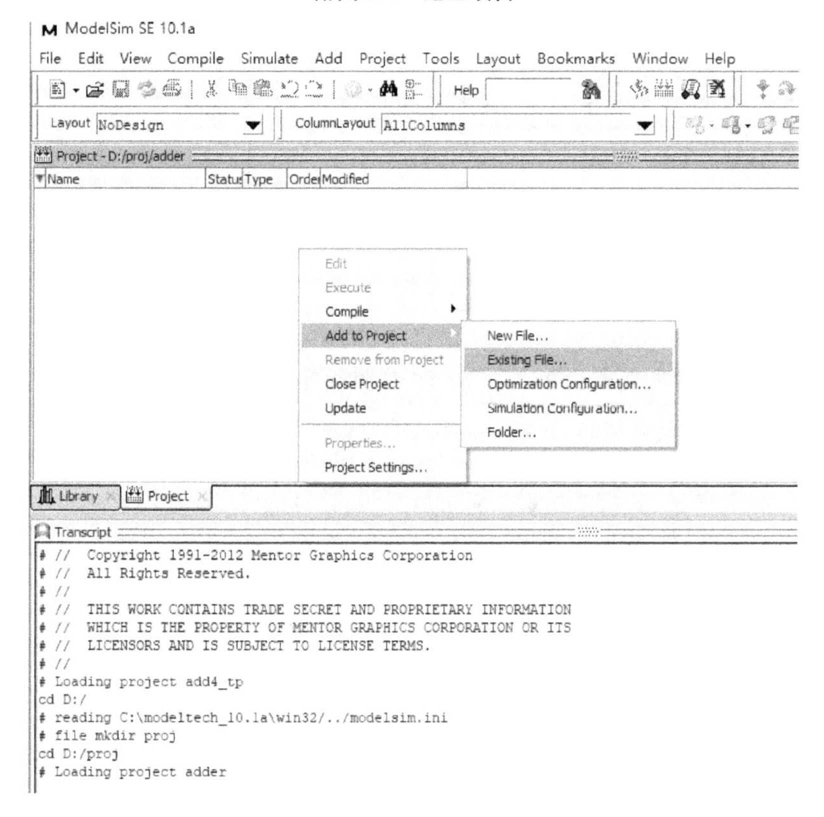


附图 6.4　项目中添加现有的源程序

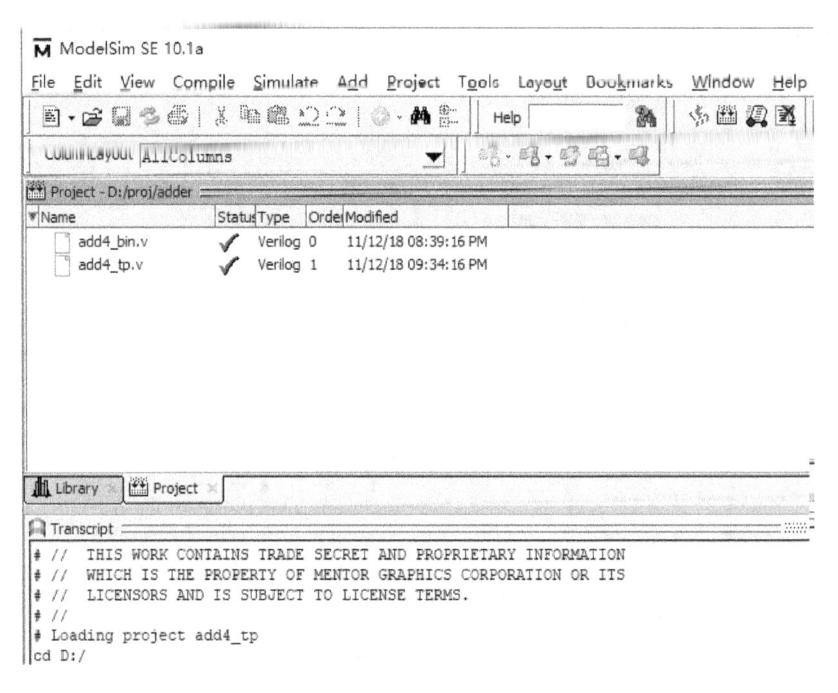


附图 6.5　添加源程序后的项目管理器界面

## 2. 编译源代码

ModelSim 是编译型仿真软件,所以在仿真前,需要手动对源程序进行编译。在项目管理器中右击鼠标或者选中需要编译的 Verilog HDL 源程序,弹出菜单,选中“Compile All”或者“Compile Selected”,如附图 6.6 所示。

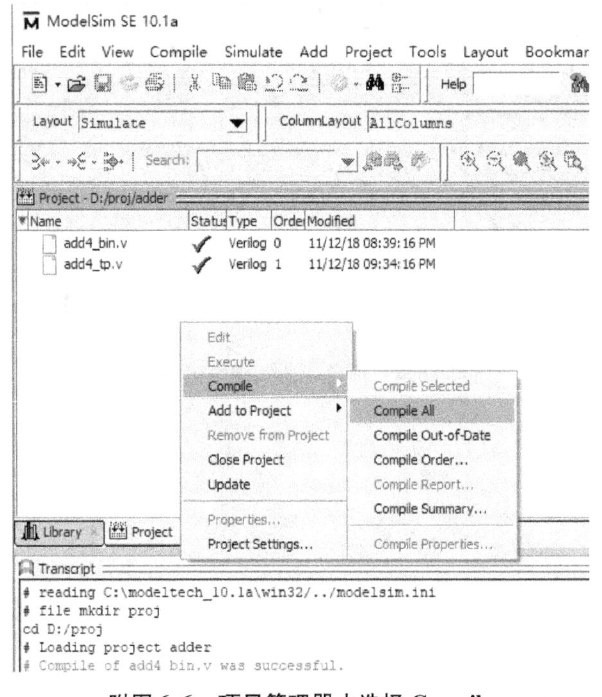


附图 6.6　项目管理器中选择 Compile

假如所编译的源程序没有语法错误，那么项目管理器会在“Library”卡片夹中自动建立 work 库，work 库中就包含了刚才建立的两个源程序 add4_bin 和 add4_tp。假如需要修改源程序，可以在 work 库卡片夹中直接调用内部编辑器进行修改，如附图 6.7、附图 6.8 所示。

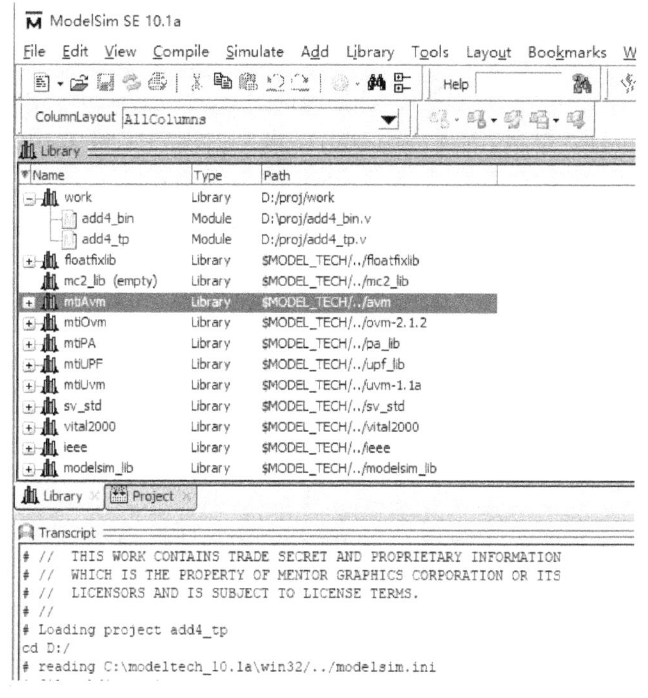


**附图 6.7　编译后的 work 库**

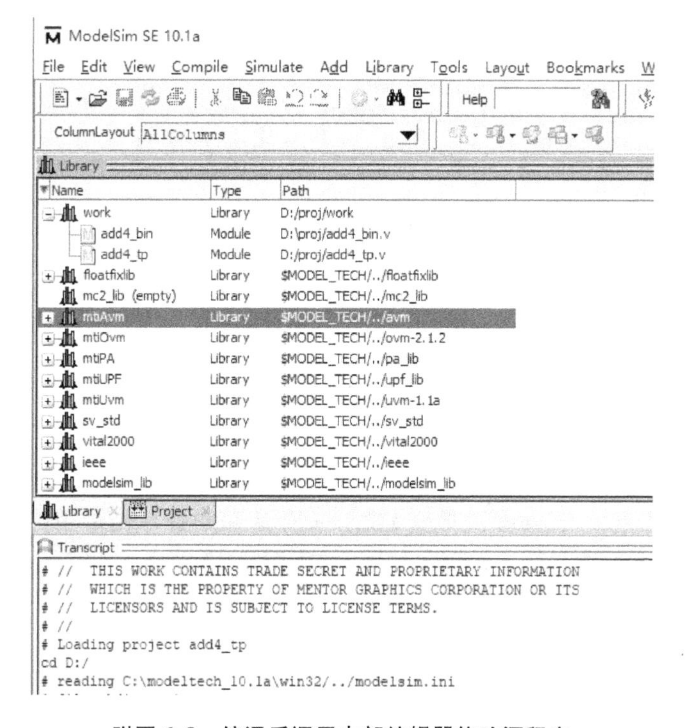


**附图 6.8　编译后调用内部编辑器修改源程序**

3. 执行仿真

ModelSim 支持手动输入波形测试向量文件,当然也支持 Verilog 测试向量文件 testbench。对于复杂的设计文件,最好是自己编写 testbench 文件,这样可以精确定义各信号及各个信号之间的依赖关系等,提高仿真效率。

对于一些简单的设计文件,可以采用前者。具体方法如下:右击 work 库里的目标仿真文件,然后单击“Create Wave”。本例中采用后者,add4_tp. v 就是 testbench。如附图 6.9 所示,选择该程序,右击打开窗口,选择 Simulate,结束后出现如附图 6.10 所示;同时出现 sim 卡片夹窗口。

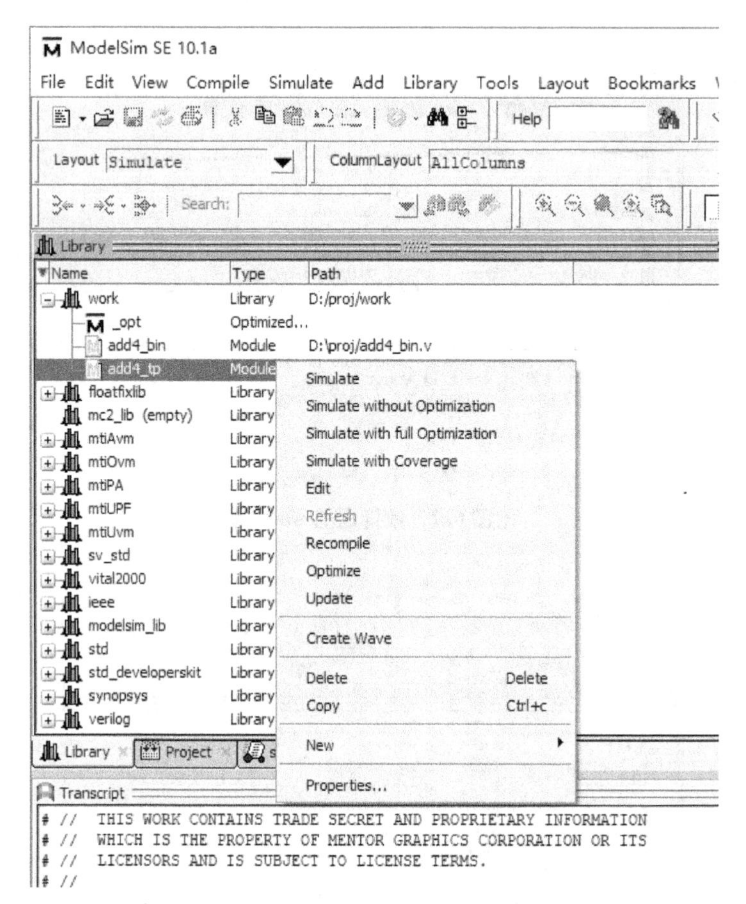


**附图 6.9 调用测试向量程序,进行仿真 Simulate**

在 Objects 对象窗口中选中所有输入/输出信号并右击,在打开的快捷菜单中选择“Add to” -> “Wave” -> “Selected Signals”命令,如附图 6.11 和附图 6.12 所示。可以看到,待观察的输入/输出信号已经加入 Wave 波形查看器。接下来就可以单击调用仿真波形查看按钮来观察仿真的结果。波形查看按钮在菜单栏中,如附图 6.13 所示,包括 run、run all 等按钮,视仿真需求来定。

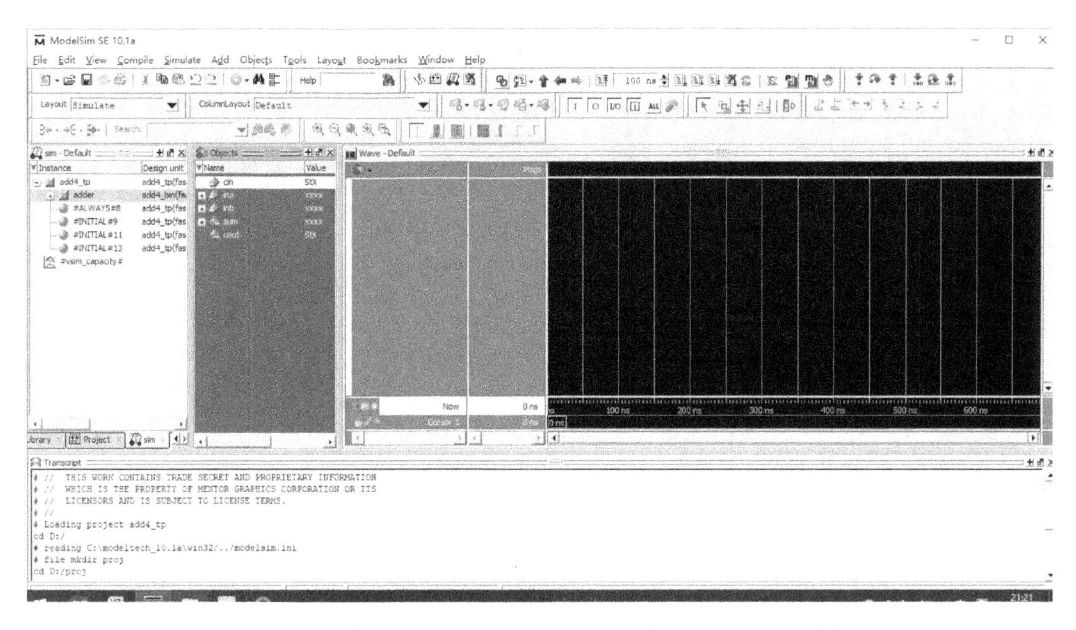


附图 6.10　执行仿真命令后调用 Objects 和 Wave 对象查看器

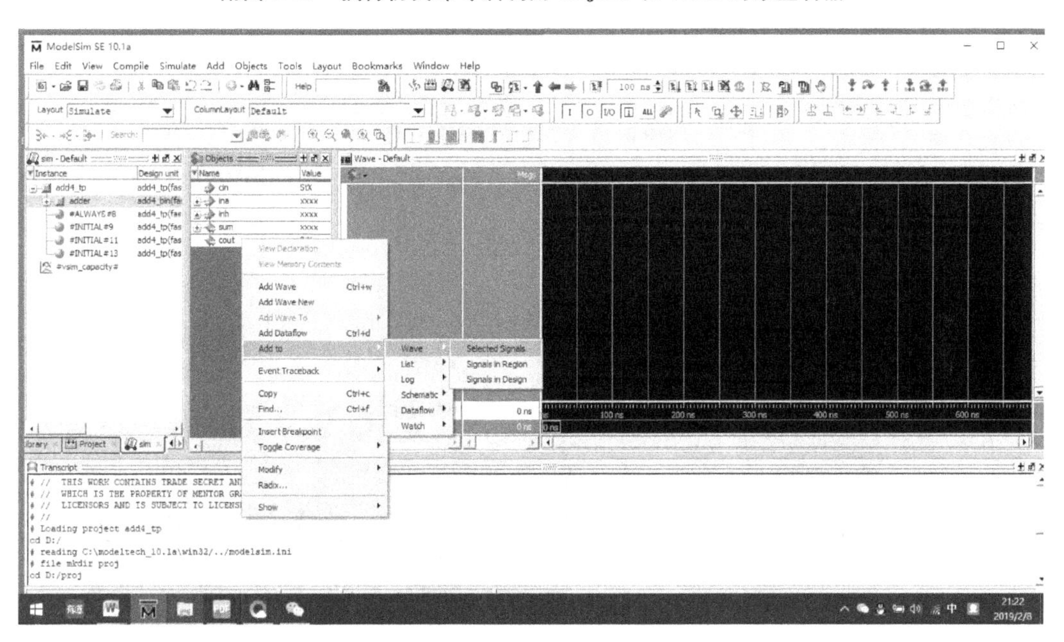


附图 6.11　选中输入/输出信号对象,加入 Wave 窗口

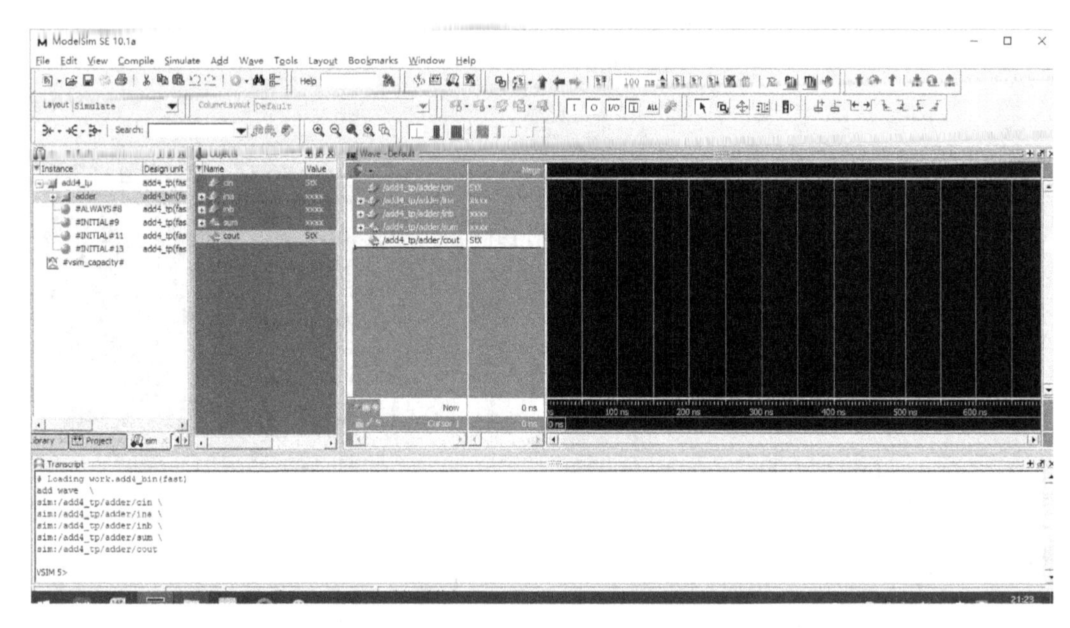


附图 6.12　信号加入 Wave 窗口后的情形

附图 6.13　仿真波形查看按钮

附图 6.14、附图 6.15、附图 6.16 为本例中加法器仿真运行后结果的示意图,可见加法结果完全正确,说明源程序加法器建模没有错误。

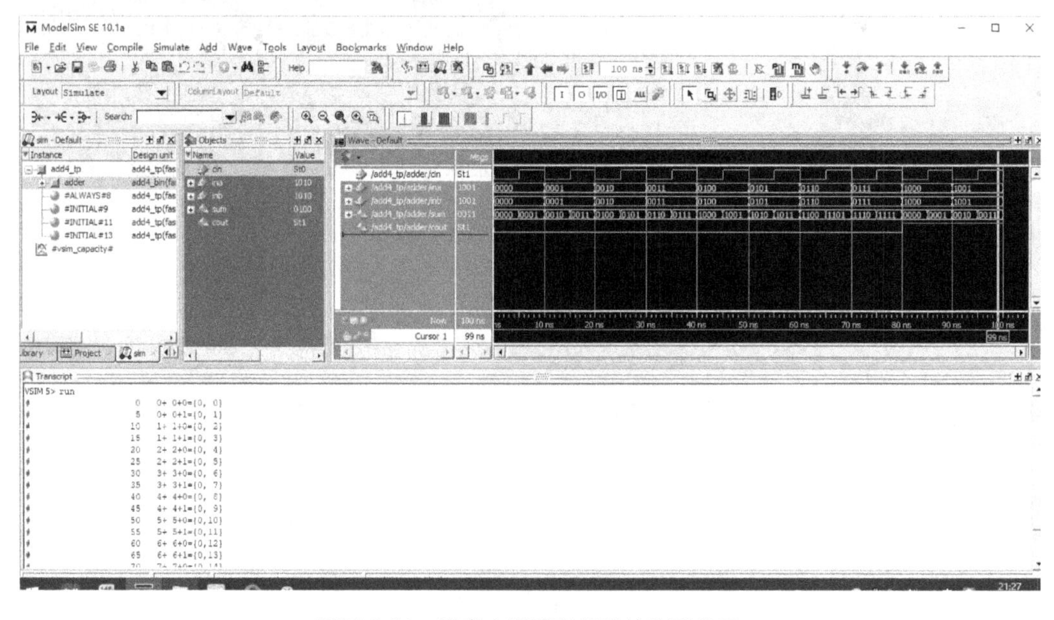


附图 6.14　仿真查看器运行后的波形状况

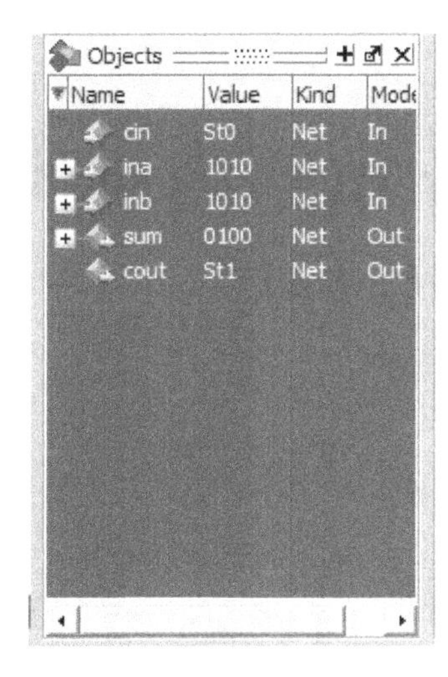


```
#
# Loading work.add4_tp(fast)
# Loading work.add4_bin(fast)
add wave  \
sim:/add4_tp/adder/cin \
sim:/add4_tp/adder/ina \
sim:/add4_tp/adder/inb \
sim:/add4_tp/adder/sum \
sim:/add4_tp/adder/cout
VSIM 5> run
#                    0   0+ 0+0=(0, 0)
#                    5   0+ 0+1=(0, 1)
#                   10   1+ 1+0=(0, 2)
#                   15   1+ 1+1=(0, 3)
#                   20   2+ 2+0=(0, 4)
#                   25   2+ 2+1=(0, 5)
#                   30   3+ 3+0=(0, 6)
#                   35   3+ 3+1=(0, 7)
#                   40   4+ 4+0=(0, 8)
#                   45   4+ 4+1=(0, 9)
#                   50   5+ 5+0=(0,10)
#                   55   5+ 5+1=(0,11)
#                   60   6+ 6+0=(0,12)
#                   65   6+ 6+1=(0,13)
#                   70   7+ 7+0=(0,14)
#                   75   7+ 7+1=(0,15)
#                   80   8+ 8+0=(1, 0)
```

附图6.15　本例中的 Objects 和脚本窗口中的运行结果

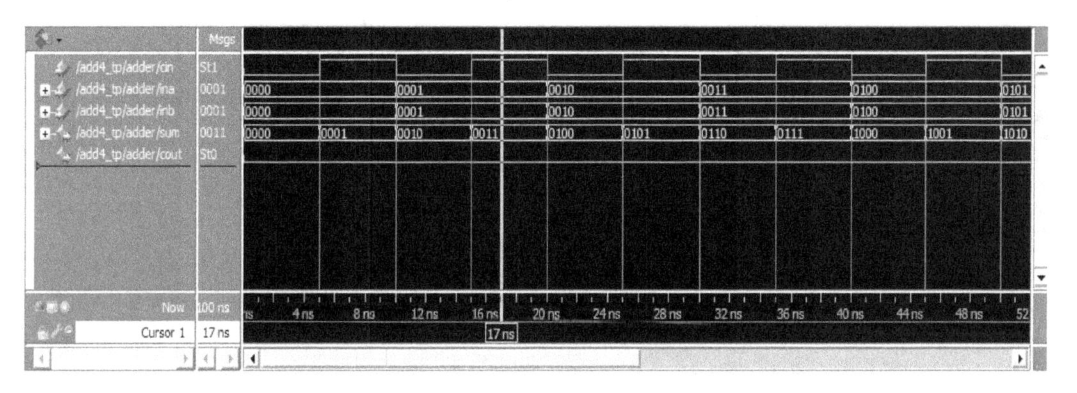


附图6.16　加法器仿真结果的波形图

# 附录 7　常用数字电路模块的 Verilog HDL 程序

1. 试用数据流描述和行为描述分别设计一个 1 位全加器

```
module full_add2(a,b,cin,sum,cout);
  input a,b,cin;
  output sum,cout;
  assign  sum = a ^ b ^cin;
  assigncout = (a & b ) | (b & cin ) | (cin & a );
  endmodule

module full_add3(a,b,cin,sum,cout);
  inputa,b,cin; output reg sum,cout;
  always @ *              //或写为 always @ (a or b or cin)
    begin
      {cout,sum} = a + b + cin;
    end
endmodule
```

2. 用数据流描述设计一个 8 位的数据比较器

```
modulecompare_w(a,b,larger,equal,less);
  parameter SIZE =6;          //参数定义
  input[SIZE -1:0]a,b;
  outputlarger,equal,less; wire larger,equal,less;
  assign larger = (a > b);
  assign equal = (a == b);
  assign less = (a < b);
endmodule
```

3. 设计一个 3-8 译码器

```
module ttl74138(a,y,g1,g2a,g2b);
  input[2:0] a; input g1,g2a,g2b; outputreg[7:0] y;
```

```
  always @ ( * )
    begin
        if(g1 & ~g2a & ~g2b)        //只有当 g1、g2a、g2b 为 100 时,译码器使能
          begin
            case(a)
              3'b000:y = 8'b11111110;          //译码输出
              3'b001:y = 8'b11111101;
              3'b010:y = 8'b11111011;
              3'b011:y = 8'b11110111;
              3'b100:y = 8'b11101111;
              3'b101:y = 8'b11011111;
              3'b110:y = 8'b10111111;
              3'b111:y = 8'b01111111;
              default:y = 8'b11111111;
            endcase
          end
        else
            y = 8'b11111111;
  end
endmodule
```

4. 设计一个两个 8 位二进制数的乘法器

```
modulemult_for(outcome,a,b);
  parameter   size = 8;
  input[size:1]a,b;
  output[2 * size:1]   outcome;
  reg[2 * size:1] outcome;
  integeri;
  always @ (a or b)
    begin
        outcome = 0;
        for(i = 1;i <= size;i = i + 1)
        if(b[i]) outcome = outcome + (a << (i - 1));
    end
endmodule
```

5. 设计一个带异步清 0/异步置 1(低电平有效)的 D 触发器

```
moduledff_asyn(q,qn,d,clk,set,reset);
  inputd,clk,set,reset; output reg q,qn;
```

```
  always @ ( posedge clk or negedge set or negedge reset)
    begin
      if( ~reset)begin q <=1'b0;qn <=1'b1; end          //异步清0,低电平有效
      else if( ~set)begin q <=1'b1;qn <=1'b0; end       //异步置1,低电平有效
      else     begin  q <=d;qn <= ~d; end
    end
endmodule
```

6. 设计一个8位的可逆计数器,要求带模式控制、清零端、预置端

```
moduleupdown_count(d,clk,clear,load,up_down,qd);
  inputclk,clear,load,up_down;
  input[7:0] d; output[7:0]qd; reg[7:0] cnt;
  assignqd =cnt;
  always @ (posedge clk)
  begin
    if(! clear)        cnt <=8'h00;           //同步清0,低电平有效
    else if(load)         cnt <=d;            //同步预置
    else if(up_down)    cnt <=cnt +1;         //加法计数
    elsecnt <=cnt -1;                         //减法计数
  end
endmodule
```

7. 产生一个周期为100 ns的用于仿真的方波

```
`timescale 1ns/1ns
moduleclk_gen_demo(clock1,clock2);
  output clock1,clock2;
  reg clock1,clock2;
  initial   //完成时钟信号的初始化
    begin
      clock1 =0;
      clock2 =1;
      #500  $finish;
    end
  always   #50 clock1 = ~clock1;
  always   #100 clock2 = ~clock2;
endmodule
```

8. 半加器采用数据流描述，并基于此电路用结构描述设计一个全加器

```
modulefull_add(ain,bin,cin,sum,cout);
  inputain,bin,cin; output sum,cout;
  wired,e,f;    //用于内部连接的节点信号
      half_add u1(ain,bin,e,d);
          //半加器模块调用，采用位置关联方式
      half_add u2(e,cin,sum,f);
      or u3(cout,d,f);    //或门调用
endmodule

modulehalf_add(a,b,so,co);
  inputa,b; output so,co;
  assign co = a&b;   assign so = a^b;
endmodule
```

9. 试用行为描述方法设计一个 4 选 1 的多路选择器

```
module mux4_1b(out,in1,in2,in3,in4,s0,s1);
  input in1,in2,in3,in4,s0,s1;
  outputreg out;
  always@(*)          //使用通配符
    case({s0,s1})
          2'b00:out = in1;
          2'b01:out = in2;
          2'b10:out = in3;
          2'b11:out = in4;
          default:out = 2'bx;
    endcase
endmodule
```

10. 设计一个 4 位的 BCD 码加法器

```
module add4_bcd(cout,sum,ina,inb,cin);
    inputcin; input[3:0] ina,inb;
    output[3:0] sum;reg[3:0] sum;
    outputcout; reg cout;
    reg[4:0] temp;
    always @(ina,inb,cin)    //always 过程语句
        begin   temp <= ina + inb + cin;
            if(temp >9) {cout,sum} <= temp +6;
             //两重选择的 IF 语句
```

```
            else {cout,sum} <= temp;
        end
endmodule
```

11. 设计一个简单算术逻辑单元(运算包括加法、减法、位与、位或、位非)

```
`define add    3'd0
`define minus 3'd1
`define band   3'd2
`definebor    3'd3
`definebnot   3'd4
modulealu(out,opcode,a,b);
  input[2:0] opcode;   //操作码
  input[7:0]a,b;     //操作数
  output[7:0] out;
  reg[7:0] out;
  always@ (opcode or a or b)
    begin
        case(opcode)
            `add:out = a + b;
            `minus: out = a - b;
            `band: out = a&b;
            `bor:out = a|b;
            `bnot: out = ~a;
            default:out = 8'hx;
        endcase
    end
endmodule
```

12. 设计一个带异步清0/异步置1的JK触发器

```
modulejkff_rs(clk,j,k,q,rs,set);
  inputclk,j,k,set,rs; output reg q;
  always @ (posedge clk,negedge rs,negedge set)
    begin
      if(! rs)   q <= 1'b0;
      else if(! set) q <= 1'b1;
      else   case({j,k})
                2'b00:q <= q;
                2'b01:q <= 1'b0;
                2'b10:q <= 1'b1;
```

```
                2'b11:q <= ~q;
                default:q <= 1'bx;
            endcase
    end
endmodule
```

13. 设计一个 8 位的同步置数、同步清零的加法计数器

```
module count(out,data,load,reset,clk);
  output[7:0] out;
  input[7:0] data;
  inputload,clk,reset;
  reg[7:0] out;
  always @ (posedge clk)                   //clk 上升沿触发
     begin
       if(! reset)out = 8'h00;            //同步清 0,低电平有效
       else  if(load) out = data;         //同步预置
       else out = out + 1;                //计数
     end
endmodule
```

14. 用数据流描述设计一个三人表决器电路

```
module vote(a,b,c,f);                     //模块名与端口列表
     inputa,b,c;                          //模块的输入端口
     output f;                            //模块的输出端口
     wirea,b,c,f;                         //定义信号的数据类型
     assign f = (a&b)|(a&c)|(b&c);        //逻辑功能描述
endmodule
```

15. 设计一个 8 位的奇偶校验电路

```
module parity(even_bit,odd_bit,a);
  input[7:0] a; outputeven_bit,odd_bit;
  assign even_bit = ^a;
          //生成偶校验位
  assign odd_bit = ~even_bit;
          //生成奇校验位
endmodule
```

16. 设计一个 BCD 码-七段数码管显示译码器

```
module    decode4_7(decodeout,indec);
  output[6:0]decodeout;
  input[3:0]indec;
  reg[6:0]    decodeout;
  always @ (indec)
    begin
      case(indec)                          //用 case 语句进行译码
        4'd0:decodeout =7'b1111110;
        4'd1:decodeout =7'b0110000;
        4'd2:decodeout =7'b1101101;
        4'd3:decodeout =7'b1111001;
        4'd4:decodeout =7'b0110011;
        4'd5:decodeout =7'b1011011;
        4'd6:decodeout =7'b1011111;
        4'd7:decodeout =7'b1110000;
        4'd8:decodeout =7'b1111111;
        4'd9:decodeout =7'b1111011;
        default:decodeout =7'bx;
      endcase
  end
endmodule
```

17. 设计一个七人投票表决器

```
module    voter7(pass,vote);
  output    pass;
  input[6:0]    vote;
  reg[2:0]    sum;
  integeri;
  reg    pass;
  always @ (vote)
    begin
        sum =0;
        for(i =0;i <=6;i =i +1)        //for 语句
          if(vote[i]) sum = sum +1;
        if(sum[2])    pass =1;         //若超过 4 人赞成,则 pass =1
        else          pass =0;
    end
endmodule
```

## 18. 设计一个带同步清0/同步置1(低电平有效)的D触发器

```
moduledff_syn(q,qn,d,clk,set,reset);
  inputd,clk,set,reset; output reg q,qn;
  always @ (posedge clk)
    begin
      if( ~reset) begin    q <= 1'b0;qn <= 1'b1;end        //同步清0,低电平有效
      else if( ~set) begin q <= 1'b1;qn <= 1'b0;end        //同步置1,低电平有效
      else  begin      q <= d; qn <= ~d; end
    end
endmodule
```

## 19. 设计一个4位BCD码加法计数器

```
module count10(cout,qout,reset,clk);
  inputreset,clk;output reg[3:0] qout;
  outputcout;
  always @ (posedge clk)
    begin if(reset)qout <= 0;
              else if(qout < 9) qout <= qout + 1;
              elseqout <= 0;
    end
  assigncout = (qout == 9)? 1:0;
endmodule
```